实用供热外管网土建设计手册

王希杰　编著

中国建筑工业出版社

图书在版编目（CIP）数据

实用供热外管网土建设计手册/王希杰编著．—北京：中国建筑工业出版社，2004
ISBN 7-112-06989-0

Ⅰ.实...　Ⅱ.王...　Ⅲ.建筑—供热管道—建筑设计—技术手册　Ⅳ.TU833-62

中国版本图书馆CIP数据核字（2004）第113264号

本手册是一部新型实用的供热外网土建设计手册，它将土建所有的繁复计算均化为相关图，用简捷的图解法去求解，特别是在简化剪扭计算上，有独创的新解法，因而设计工效极高，计算成果精确，这是设计工作上的一大创新。以相关图取代计算表，不仅使手册篇幅锐减，且图形直观，无需插补，又可进行正（设计）、逆（复核）运算，使用极为方便。手册对支架、支墩的结构形式、尺寸均作了合理的选型与规定，因此可以实现优化设计，大大降低工程造价，对支援祖国经济建设具有重大作用。

本手册内容包括供热外管网常用的各种架空管道支架和直埋管道固定支墩两大类。

支架分为柱形、门形和桁架三类支架，适用于柱长10m、桁架高6.7m以下，承受水平推力600kN以下的各类热力管道支架。

直埋热力管道固定支墩，承受水平推力在1000kN以下，基底埋深在2.7m以内。

本书有详细的计算公式和例题，并附有支架和基础通用图供读者参考，是土建设计、施工技术人员的得力工具书。

责任编辑：姚荣华
责任设计：刘向阳
责任校对：刘　梅　王　莉

实用供热外管网土建设计手册
王希杰　编著

中国建筑工业出版社出版、发行（北京西郊百万庄）
新　华　书　店　经　销
北京市彩桥印刷厂印刷
*
开本：787×1092毫米　横1/16　印张：12¼　字数：300千字
2005年3月第一版　2005年3月第一次印刷
印数：1—3,500册　定价：**26.00**元
ISBN 7-112-06989-0
TU·6230（12943）

本社网址：http://www.china-abp.com.cn
网上书店：http://www.china-building.com.cn

前　　言

本设计手册内容包括供热外管网常用的架空管道支架（分柱架、门架、桁架）和直埋管道固定支墩两大部分。为简化供热外管网土建设计工作，实现优化设计，本手册大胆采用了图解法，取代传统的选用标准图、通用图的革新尝试。当已知供热外管网计算数据后，只需作些简单的辅助计算，无需进行结构力学、钢筋混凝土结构、地基基础和钢结构等全部土建繁复计算。利用查相关图、表，即可求得支架、支墩的全部设计数据，再参照本手册的通用图，便可绘制出支架、支墩设计图纸。通过我们多年设计工作实践证明，利用图解法进行供热外管网土建工程设计是一条简便、精确、高效的捷径，可降低工程造价25%～40%。

本手册简化计算的编制方法是：一、对支架、支墩设计中有关结构部分的各项可变因素进行了合理取值，使可变的因素定值化，将庞杂问题简单化。二、把所有繁复计算结果全部绘制成相关图、表以供查用。最终简化为两大类相关图即：①支架配筋量 A_s 与水平推力 f 的相关图，即 $A_s=f(f)$ 图和支墩受力板弯矩系数 M_k 图；②基础单位底面积 W 与水平推力 f 的相关图，即 $W=f(f)$ 图。有关钢筋混凝土结构的计算数据，均来自笔者自编的《钢筋混凝土结构简化计算图册》，因篇幅庞大，仅将《基础梁板弯矩配筋图》编入本手册中，供设计支墩时查用。由于 $A_s=f(f)$ 与 $W=f(f)$ 相关图是相关曲线，因此它可以进行正（设计）、逆（复核）运算，对在适用范围内的任意值均可直接查得，无需插补，使用极为方便。

本设计手册的特点是：一、用图解法取代了土建设计工作中的全部繁复的计算，特别是在简化剪扭计算上，有独辟蹊径的新解法，快捷无比，因而设计工作效率极高，计算成果精确。这在设计工作上是一大创新；二、用相关图取代计算表，使手册篇幅减少一半多，且图形直观清晰，无需插补，极大地方便查阅使用；三、对支架、支墩的结构形式、尺寸均作了合理的选型与规定，因而可以实现优化设计，达到大大降低工程造价的目的。

我们利用本手册的设计方法，完成了大量供热外管网工程设计，经过多年运行考验，所有供热外网运行情况良好，实现了工程造价低，便于施工和维护，受到用户和施工单位的普遍好评。

本手册适用范围：

1. 支架承受水平推力在600kN以下，支墩承受水平推力在1000kN以下，基底埋深在2.7m以内。

2. 支架柱长10m、桁架高6.7m以下的各种管道支架。

为便于对本手册有全面了解，现将编制依据、方法及计算例题等分章介绍于后。由于本人水平、经验有限，谬误在所难免，特恳请读者批评指正。

参加本书校对人员： 李怡、郭永林、寇荣春、王燕、杨新强、石宏、李哲堃、张晓丽、熊伟、史维杰、姚家新、张喜珍。

王希杰

2004年9月

目　　录

上篇　管道支架与支墩的计算

下篇　管道支架与支墩计算用图表

本图册使用符号及单位

符号	含义	单位
f	水平推力	kN
f_R	水平推力的合力	kN
f_{EK}	结构总水平地震作用标准值	kN
F_1	冲切力	kN
F_w	风压力	kN
F	支架、管道的重量	kN
G	支架基础的重量	kN
G_{eg}	结构等效总重力荷载	kN
N	垂直力、轴向力	kN
w_o	基本风压值	kN/m^2
M	弯矩、倾覆力矩	kN·m
M_1	管道自重产生的抗倾覆力矩	kN·m
M_A	支座弯矩	kN·m
M_{max}	梁跨中最大弯矩	kN·m
K	支架稳定安全系数	
K_1	地基承载力〔f〕的改正系数	
K_2	支架高度计算系数	
α_1	相应于结构基本自震周期的水平地震影响系数	
h	每层桁架的高度	m
l	桁架长度（沿管道轴向）	m
b	桁架宽度	m
D	管道外径	mm
d	管道内径	mm
H	支架柱（肢）的总长度	m
H_1	支架柱（肢）插入杯口的深度	m
H_2	基础顶面以上的覆土厚度	m
H_3	地面以上的支架高度	m
H_0	基础顶面以上的支架高度	m
H_j	支架计算高度	m
h_0	基础底面埋深	m
ω	基础单位底面积	m^2
$\omega_{滑}$	滑动支架单位底面积	m^2
$\omega_{固}$	固定支架单位底面积	m^2
$\omega_{实}$	改正后需要的单位底面积	m^2
〔f〕	地基容许承载力	kPa
A	基础长度	m
B	基础宽度	m
L	基础边长	m
p	基础底面压应力	kPa
p_{max}	基础边缘最大压应力	kPa
q	地基反力	kPa
γ	基础及其以上填土的平均重度	kN/m^3
b	柱（肢）的截面宽度	mm
h	柱（肢）的截面高度	mm

h_1——柱（肢）顶部的截面高度 mm

T——扭矩 kN·m

$T_{筋}$——钢筋混凝土截面的钢筋抗扭力 kN·m

$T_{混凝土}$——钢筋混凝土截面的混凝土抗扭力 kN·m

$T_{总}$——钢筋混凝土截面的总抗扭力 kN·m

V——剪力 kN

$V_{筋}$——钢筋混凝土截面的钢筋抗剪力 kN

$V_{混凝土}$——钢筋混凝土截面的混凝土抗剪力 kN

$V_{总}$——钢筋混凝土截面的总抗剪力 kN

A_S——钢筋截面积 cm^2

s——钢筋间距 mm

ρ——钢筋混凝土截面的配筋百分率 %

ζ——柱的纵筋与箍筋的强度比 %

@——钢筋间距 mm

W_t——混凝土截面的塑性抵抗矩 mm^3

β_t——混凝土截面受扭承载力降低系数

e——偏心矩 mm

a——偏心合力作用点至基础底面最大压力边缘的距离 mm

λ——剪跨比 mm

β——纵筋抗扭力改正系数

i_f——角钢焊缝长度 mm

h_f——焊缝高度 mm

f_{ck}、f_c——混凝土轴心抗压强度标准值、设计值 N/mm^2

f_{cmk}、f_{cm}——混凝土弯曲抗压强度标准值、设计值 N/mm^2

f_{tk}、f_t——混凝土轴心抗拉强度标准值、设计值 N/mm^2

f_y、f'_y——普通钢筋的抗拉、抗压强度设计值 N/mm^2

A_{svI}、A_{stl}——在受剪、受扭计算中单肢箍筋的截面积 mm^2

A_{sv}、A_{sh}——在同一截面内各肢竖向、水平箍筋的全部截面积 mm^2

注：

在本手册计算公式介绍中，引用各规范的符号，若与本手册相同而含义又不相同者，仍按各规范执行。

上篇　管道支架与支墩的计算

第一章　支 架 的 计 算

本章所说的支架，系指柱型和门型支架两类。桁架的计算方法不同于支架，将在第二章中介绍。

管道支架按其受力状况的不同，分为滑（活）动、固定支架两大类。

滑动支架是管道置于支架之上，管道因温度变化而生之胀缩，使管道在支架上产生往复移动。此时管道作用在支架上的外力有：一、管道自重产生的垂直荷载 N；二、管道与支架之间的摩擦力 f，即水平推力。

固定支架是管道焊牢于支架上，该支架是控制供热管网变形的不动的制约点。固定支架承受的外力有：垂直荷载 N、管道轴向推力 f_x，径向推力 f_z 和三轴向的扭矩 M_x、M_y、M_z 等，为空间三维受力状态。

固定支架的计算比较复杂，是支架设计的难点、重点。

第一节　支架计算数据的取值

一、荷　载

1. 管道作用在支架上的垂直荷载、轴向、径向的水平推力和扭矩等数值，按工艺专业提供值。

2. 风荷载：300N/m²。

3. 抗震烈度：7度。

4. 荷载组合：按管道作用诸力、风荷载和地震力同时出现的最不利荷载组合。

如果支架实际使用条件不是上述2、3两项数值时，可按本图册介绍的地震力、风荷载的计算方法进行计算。

二、地基容许承载力〔f〕

热力管道支架是以承受水平推力为主的支架，基础受力状况为大偏心受压。基础底面积的大小，受控于水平推力的大小，同时，基础底面积的大小还应满足《建筑地基基础设计规范》(GB 50007—2002)之要求，即：基础边缘最大压应力 $p_{max} \leqslant 1.2[f]$的要求。

因供热管网多为沿墙边、路边一线布设，有时支架基础埋深受限，地质资料也难于全面提供，本图册按接近实际情况，采用的地基容许承载力〔f〕值为：

滑动支架：〔f〕$\geqslant$100kPa。

固定支架：〔f〕= 130kPa。

当固定支架的实际地基容许承载力小于130kPa时，本手册有修正计算方法。

三、基底埋深 h_0

支架基础底面的埋深 h_0 必须大于冰冻线深度。本手册的最小 h_0 = 冰冻深度 + 200 = 800mm。

h_0 的大小是随支架高度和水平推力的增大而加深，也就是随倾覆力矩 M 的增大而增大。但设计采用之 h_0 必须≥当地的冰冻深度。

本手册在各个基础单位底面积 ω 与水平推力 f 的相关图中，即各个 $\omega = f$（f）相关图中，均有按不同倾覆力矩大小的合理基底埋深 h_0 的取值。

四、柱根插入深度 H_1

为便于施工，本手册的支架采用预制钢筋混凝土支架，基础为现浇钢筋混凝土杯式基础。

支架柱〔肢〕插入杯口内的深度 H_1 采用了较大值。因热力管道支架是以承受水平推力为主的支架，其柱〔肢〕根锚固长度要长些，以确保支架在水平推力作用下的稳固安全。同时，也对杯口适当加强。

柱〔肢〕根插入杯口的深度 H_1 的取值为：

滑动支架：$400 \leqslant H_1 \leqslant 0.07H$

固定支架：$450 \leqslant H_1 \leqslant 0.08H$。

式中　H——支架柱〔肢〕总长度。

五、支架高度计算系数 K_2

1. 滑动支架

按支架底端固接、上端自由计，支架高度计算系数 $K_2 = 1.5$。

滑动支架计算高度 $H_j = K_2 \cdot H_0 = 1.5H_0$

式中　H_0——基础顶面以上支架的高度。

2. 固定支架

支架高度计算系数 $K_2 = 1.3$。

固定支架虽与滑动支架相似，但对于焊牢在支架顶上管道的连续梁作用，予以适当考虑，故 K_2 取为1.3。

六、支架稳定安全系数 K

支架的稳定取决于：一、抗倾覆安全度的大小；二、基础边缘最大压应力 p_{max} 是否超过1.2〔f〕两个因素。

对于承受大推力的固定支架，其稳定系数 K 值的大小，则完全取决于 p_{max} 的大小。据大量计算结果，分析得出各类支架的稳定安全系数 K 的取值范围为：

1. 滑动支架：$K = 1.5 \sim 1.6$。

2. 固定支架：$K = 1.6 \sim 1.8$。

3. 桁　　架：$K = 1.75 \sim 1.85$。

由于本手册采用了较大的支架稳定安全系数，因此在对抗震设防烈度为7度区、风荷载又不大的支架，在验算支架稳定时，对地震作用和风荷载可以不予考虑。

但在复核支架侧推配筋时，对地震作用和风荷载要一并计入，不得漏掉。

第二节　支架的计算

一、支架柱〔肢〕配筋量 A_s 的计算

当已知支架高度 H 和水平推力 f 后，即可查支架配筋量 A_s 与

水平推力 f 的相关图即：$A_s=f(f)$ 图，从图 1-1 中可以查得：

1. 支架柱〔肢〕的经济断面的 b、h 值。

2. 支架柱〔肢〕所需的单面配筋量 A_s 值。

本手册所说的固定支架承受的水平推力是一个综合值 f_R，它是将轴向、径向水平推力及扭矩等合成后的合力值，计算方法见例题。

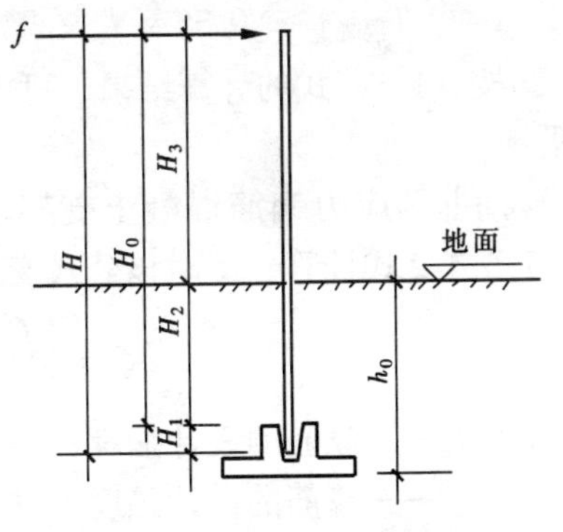

图 1-1 支架弯矩计算图

$A_s=f(f)$ 相关图的编制方法是：

$$M = K_2 f(H_2+H_3) = K_2 f H_0 \tag{1-1}$$

式中 M——柱根弯矩；kN·m；

K_2——支架高度计算系数；

f——水平推力设计值，kN；

H_1——柱根插入杯口的深度，m；

H_2——基础顶面以上覆土厚度，m；

H_3——地面以上支架高度，m；

H_0——基础顶面以上支架净高，m。

对支架高度计算系数 K_2 的取值为：

滑动支架：$K_2=1.5$

固定支架：$K_2=1.3$

支架柱截面的宽度 b、高度 h，按经济断面确定，一般 $h=2b$，最小 b 值不得小于 200mm。

当 $h>500$mm 时，支架柱〔肢〕采用下粗上细的矩形变截面柱，即 b 不变，而柱〔肢〕顶 h 变小。柱〔肢〕的长细比 $H_0/b\leqslant 50$。

支架混凝土 C20，纵筋为 HRB335，箍筋为 HPB235，主筋保护层厚 25mm。

$A_s=f(f)$ 相关图是按自编的《钢筋混凝土结构简化计算图册》中的梁、柱弯矩配筋图查得的。该弯矩配筋图的编制方法是：

1. 当弯矩 M 已知，混凝土强度等级、柱截面尺寸 b、h 及钢筋品种已定时，先求 $A=\dfrac{M}{10bh_0^2}$。

2. 利用 A 与 ρ（混凝土截面配筋百分率）相关图，查得 ρ 值。

3. 按 $A_s=bh_0\rho$ 式，求得所需钢筋截面积 A_s 值。

柱一般按单排筋计算，$a_s=35$，$h_0=h-35$。

用上述方法求得的柱（肢）的截面及配筋量有较大的垂直承载能力，故对管道自重垂直荷载可以不予考虑。

二、支架柱抗扭力 $T_{总}$ 的计算

固定支架是空间三维受力结构，在 x、y、z 三轴方向均可能存在水平推力和扭矩的情况。它属于弯剪扭结构。

弯剪扭结构因它有不同的剪力 V 与扭矩 T 的不同组合。其抗扭能力又有所不同，计算太复杂，现将经过大量计算得出的成果及结论综述如下：

计算公式

支架为非预应力钢筋混凝土构件。《混凝土结构设计规范》（GB 50010—2002）之 7.6.8-3 式变为：

$$T\leqslant 0.35\beta_t f_t \omega_t + 1.2\sqrt{\zeta}\frac{f_{yv}A_{stl}A_{cor}}{s} \tag{1-2}$$

式中 T——剪扭构件的受扭承载力；

β_t——混凝土受扭承载力降低系数；

f_t——混凝土轴心受拉强度设计值；

ω_t——混凝土截面受扭塑性抵抗矩；

ζ——受扭构件纵向钢筋与箍筋的配筋强度比；

f_{yv}——箍筋的抗拉强度设计值；

s——箍筋的间距；

A_{stI}——受扭计算中沿截面周边所配置箍筋的单肢截面积；

A_{cor}——混凝土截面核芯部分面积，它是从箍筋的内表面算起。

（1-2）式的第一部分为混凝土的抗扭能力，第二部分为钢筋的抗扭能力。混凝土受扭承载力降低系数 β_t，按规范的 7.6.8-5 式计算：

$$\beta_t = \frac{1.5}{1 + 0.2(\lambda + 1.5)\dfrac{VW_t}{Tbh_0}} \qquad (1\text{-}3)$$

式中 V——剪力；

T——扭矩；

W_t——混凝土截面塑性抵抗矩；

b——混凝土截面宽度；

h_0——混凝土截面有效高度；

λ——3.0。

$$W_t = \frac{b^2(3h - b)}{6} \qquad (1\text{-}4)$$

（1-4）式为矩形混凝土截面的计算公式。

经采用不同的 V、T 组合，并与本手册之各 $A_s = f$（f）相关图相对照，进行大量计算，得出的结论是：

混凝土受扭承载力降低系数在一般情况下，β_t 均小于 1.0。规范规定，β_t 在 0.5～1.0 之间，取均值 $\beta_t = 0.8$，则不同截面下的混凝土抗扭能力 $T_{混凝土}$为：

$$T_{混凝土} = 0.35 \times f_c \times W_t \times 0.8\beta_t = 0.28 f_c W_t \beta_t \qquad (1\text{-}5)$$

按（1-5）式的计算结果，可以绘出不同截面下混凝土抗扭力图。

对非预应力钢筋混凝土支架的纵筋与箍筋的配筋强度比 ζ，按 7.6.4-2 式计算，此时该公式变为：

$$\zeta = \frac{f_y A_{stL} s}{f_{yv} A_{stI} \mu_{cor}} \qquad (1\text{-}6)$$

式中 f_y——纵筋的设计强度；

f_{yv}——箍筋的设计强度；

A_{stL}——受扭计算中对称布置的全部纵筋截面积；

A_{stI}——受扭计算中箍筋的单肢截面积；

μ_{cor}——混凝土截面核芯部分的周长，它是从箍筋的内表面计算的；

s——箍筋的间距。

本手册采用的钢筋是：纵筋为 HRB335 钢筋，箍筋为 HPB235 钢筋，s 为常用的各种箍筋间距。

为方便使用，本手册采用纵筋为：4Φ12 $A_s = 4.52\text{cm}^2$、4Φ16 $A_s = 8.04\text{cm}^2$ 和 6Φ20 $A_s = 18.85\text{cm}^2$ 三种。箍筋为 $\phi6$、$\phi8$、$\phi10$、$\phi12$ 四种，箍筋间距为 $s = 75 \sim 250\text{mm}$。据上述标准配筋量，求得在常用截面下的不同 ζ 值，当 $\zeta > 1.7$ 时，取 $\zeta = 1.7$。

求得 ζ 值后，再用下式求得纵筋为 4Φ12、4Φ16，6Φ20 而箍筋为 $\phi6$、$\phi8$、$\phi10$，$\phi12$ 在不同柱截面下的钢筋抗扭能力 $T_{筋}$ 值：

$$T_{筋} = 1.2\sqrt{\zeta}\frac{f_{yv} A_{stI} A_{cor}}{s} \qquad (1\text{-}7)$$

据（1-7）式计算成果可以绘出：

纵筋为 4Φ12、4Φ16，6Φ20 箍筋为 $\phi6$、$\phi8$、$\phi10$、$\phi12$ 箍筋间距 $s=75\sim250$mm 的常用的相关图，供计算时查用。还计算了钢筋最大抗扭力 $T_{筋max}$，供简化计算时查用。

因支架柱的纵筋是按弯矩 M 的大小配置的，A_s 为任意值。为此，本图册据计算结果，得出以下换算公式：

$$T_{筋实} = \frac{实际纵筋的 A_s}{4\Phi 16 的 A_s} \times T_{筋} \times \beta \qquad (1\text{-}8)$$

式中　β——纵筋抗扭改正系数。

用（1-8）式可以求得在任意配筋量 A_s 下的柱的钢筋抗扭能力 $T_{筋实}$，为复核柱的抗扭能力提供了条件。

$$纵筋抗扭力改正系数\ \beta = \sqrt{\frac{4\Phi 12、4\Phi 16、6\Phi 20 的 A_s}{实际纵筋的 A_s}} \qquad (1\text{-}9)$$

式中当求得支架柱的混凝土抗扭力 $T_{混凝土}$和钢筋的抗扭力 $T_{筋}$后，则柱的总抗扭力 $T_{总}$ 为：

$$T_{总} = T_{混凝土} + T_{筋} \qquad (1\text{-}10)$$

本手册有了各种常用的箍筋直径、箍筋间距的 $T_{筋}$ 相关图，并可对纵筋为任意 A_s 值进行换算，便可免去了抗扭验算的繁复计算之苦。

当支架在 y 轴（柱轴）向有大扭矩作用时，支架必须采用门形支架。以将 y 轴扭矩变为对门形支架二肢的力偶弯矩，此为用合理的结构形式，去改变不利的受力状态的处理方法。

三、支架柱抗剪力 $V_{总}$ 的计算

本手册对承受小弯矩的柱形或门形支架，当查得的截面 $h<500$mm 时，采用等截面矩形截面。当 $h>500$mm 时，采用下粗上细的矩形变截面柱，但柱顶截面 $h_1 \geqslant b$。

矩形变截面柱（肢），柱（肢）顶截面最小，是支架抗剪验算的截面位置。

支架柱（肢）的抗剪能力按 GB 50010—2002 的 7.6.8-4 式计算：对压应力 0.05MPa 不计，公式变为：

$$V \leqslant (1.5-\beta_t)\left(\frac{1.75}{\lambda+1}f_t b h_0\right) + f_{yv}\frac{A_{sv}}{s}h_0 \qquad (1\text{-}11)$$

式中　λ——剪跨比；

β_t——混凝土截面承载力降低系数；

f_t——混凝土的轴心抗拉强度设计值；

f_{yv}——箍筋的抗拉强度设计值；

A_{sv}——箍筋的截面积；

b——混凝土截面宽；

h_0——混凝土截面的有效高度。

（1-11）式的第一部分为混凝土的抗剪能力 $V_{混凝土}$，第二部分为钢筋的抗剪能力 $V_{筋}$。

本手册采用 $\beta_t=0.8$，λ 取 3.0。

柱（肢）截面混凝土抗剪能力 $V_{混凝土}$为：

$$V_{混凝土} = (1.5-\beta_t)\left(\frac{1.75}{\lambda+1}f_t b h_0\right) \qquad (1\text{-}12)$$

按（1-12）式，据不同柱截面的 b、h（柱的纵筋按单排筋计，$a_s=35$mm，$h_0=h-35$），即可求得其不同的 $V_{混凝土}$值，将计算成果绘制成混凝土抗剪力 $V_{混凝土}$图。

（1-11）式的第二部分为箍筋的抗剪能力 $V_{筋}$：

$$V_{筋} = f_{yv}\frac{A_{sv}}{s}h_0 \qquad (1\text{-}13)$$

箍筋抗剪能力与柱的截面宽 b 无关，规范的公式对纵筋的抗剪力亦未计入。

因本图册采用的柱（肢）截面一般为下粗上细，故危险的剪切破坏截面将发生在支架顶部。为保证支架的抗剪安全，据设计实践经验，特提出以下两点要求：

1. 柱顶截面高 $h_1 \leqslant 300mm$ 时，取 $h_1 = 1.5b \geqslant 300mm$。

式中 b——柱不变的截面宽。

2. 固定支架或当水平推力 $f > 15kN$ 的滑动支架，自柱顶以下箍筋要加密。箍筋加密区长 $= \frac{H}{4}$，箍筋间距为 100mm。

式中 H——柱（肢）的总长度。

将箍筋抗剪能力 $V_{筋}$ 的计算成果，绘制成钢筋抗剪能力 $V_{筋}$ 的相关图，该图箍筋直径有 $\phi6$、$\phi8$、$\phi10$、$\phi12$ 四种，箍筋间距为 75～250mm。

柱（肢）的总抗剪力 $V_{总}$ 为：

$$V_{总} = V_{混凝土} + V_{筋} \tag{1-14}$$

四、地震力及风荷载的计算

地震力及风荷载对支架结构及其稳定都有一定影响，是不能忽视的两项荷载。

由于本手册采用的支架稳定安全系数较大，故可免去支架的稳定验算。但在支架受有较大的径（侧）向推力时，在复核支架侧面配筋时，应将地震作用及风荷载一并计入。

1. 水平地震作用的计算

固定支架由于管道焊牢在支架上，当发生径向水平地震时，管道产生的径向水平地震作用完全作用在支架上，水平地震作用的大小，按《建筑抗震设计规范》（GB 50011—2001）的 5.2.1-1 式计算：

$$F_{EK} = \alpha_1 G_{eg} \tag{1-15}$$

式中 F_{EK}——结构总水平地震作用标准值；

α_1——相应于结构基本自震周期的水平地震影响系数；

G_{eg}——结构等效总重力荷载，单质点取总重力荷载代表值，多质点可取总重力代表值的 85%。

热力管道支架可视为由管道和支架两个单质点所组成的构筑物，然后分别计算其水平地震作用所产生的弯矩，并将两个弯矩叠加作为地震所产生的总弯矩。

截面抗震验算的水平地震影响系数最大值表

烈　度	6	7	8	9
α_{max}	0.04	0.08	0.16	0.32

管道的等效总重力荷载按附表 13-1 或附表 13-2 所列的垂直荷载值。

支架的等效总重力荷载按实际设计值。

2. 风荷载的计算

作用在滑动支架上的风荷载可以忽略不计，而作用在固定支架管道上的风荷载则应全部计入，计算公式如下：

$$f_w = \frac{\pi}{2} w_0 Dl = 1.57 w_0 Dl \tag{1-16}$$

式中 f_w——风载所产生的水平压力，kN；

w_0——基本风压值，kN/m^2；

D——管道保温后的外径，m；

l——管道支架的间距，m。

一架多管的支架，且几根管道标高相同时，可只计算一根最大直径的管道所受到的风压力。

第三节　支架基础的计算

支架基础底面积的大小取决于：（一）支架稳定安全程度的大小；（二）基础边缘应力的大小两个因素。

热力管道支架是以承受水平推力作用为主的支架，是由水平推力及支架高度的大小决定的，即由倾覆力矩 M 的大小来决定的，故《建筑地基基础设计规范》（GB 50007—2002）的基础面积计算公式已不适用了，因为它是以承受垂直荷载为主的计算公式。

本手册的基础单位底面积 ω 的计算公式，是以承受水平推力为主，又考虑了垂直荷载的作用，在满足基础边缘最大压应力 $p_{max} \leqslant 1.2$〔f〕的条件的前提下，而推导出的计算公式。

此公式在小水平推力作用下，即倾覆力矩很小的情况下（如滑动支架，$f<15$kN）只满足支架稳定安全（$K=1.5$）要求即可。而在大水平推力（$f>15$kN）作用下，则 $p_{max}=1.2$〔f〕则成了控制基础底面积大小的决定因素，即支架稳定无问题，而会出现基础边缘最大压应力 $p_{max}>1.2$〔f〕的情况。因此，在固定支架和桁架的基础计算上，支架稳定安全系数 K 取 1.6～1.85。同时，对地基的容许承载力〔f〕，又由滑动支架的〔f〕＝100kPa，提高到了〔f〕＝130kPa。

现将本手册的基础单位底面积 ω 计算公式的假定条件和推导介绍如下：

ω 计算的假定条件是：

1. 基础底面以上基础和回填土的平均重力密度 γ 按 20kN/m^3 计；

2. 因支架基坑回填土的重力密度难以控制，为支架的稳定安全计，对地面以上支架的重量不予考虑；

3. 对以按水平推力 f 的大小来反推而得的管道垂直荷载 N（指滑动支架），考虑到蒸汽管道供热时无水这一情况，而采用了较小值，即取 $N=2.5f$。

一、按稳定计算的基础单位底面积 ω

图 1-2 各符号的含义如下：

N——管道重量，kN；

f——水平推力，kN；

h_0——基底埋深，m；

H_1——柱根插入杯口的深度，m；

H_2——基础顶面以上覆土厚度，m；

H_3——地面以上柱高，m；

H——支架柱总长，m；

A——基础长度，m；

B——基础宽度，m。

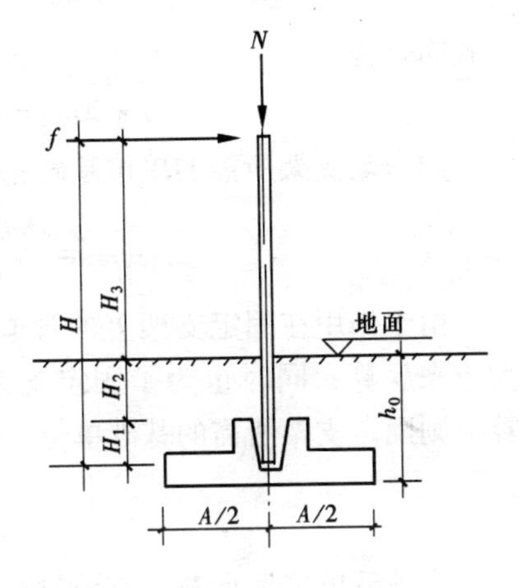

图 1-2　支架稳定计算图

1. 水平推力 f 产生的倾覆力矩 M：

$$M = f(h_0 + H_3) \tag{1-17}$$

2. 管道自重 N 产生的抗倾覆力矩 M_1：

$$M_1 = N \times \frac{A}{2} = 2.5f\frac{A}{2} \tag{1-18}$$

取：$\gamma = 20\text{kN/m}^3$

支架稳定安全系数 K：

滑动支架：$K=1.5\sim1.6$

固定支架：$K=1.6\sim1.8$

据力矩平衡原理，可得下列方程式：

$$ABh_0\gamma\times\frac{A}{2}=KM-M_1 \tag{1-19}$$

令：$\frac{A}{2}=1\text{m}$，$AB=\omega$。将 $\gamma=20\text{kN/m}^3$ 代入（1-19）式后，公式简化为：

$$\omega\times20h_0=KM-M_1$$

则滑动支架所需的单位基础底面积 $\omega_{滑}$ 为：

$$\omega_{滑}=\frac{KM-M_1}{20h_0} \tag{1-20}$$

由于作用在固定支架上的管道重量 N，难以按水平推力 f 的大小来反算，同时也为了固定支架更安全考虑，对 N 值不予计算，则固定支架所需的基础单位底面积 $\omega_{固}$ 为：

$$\omega_{固}=\frac{KM}{20h_0} \tag{1-21}$$

当基础单位底面积 ω 求得后，即可计算基础的长 A、宽 B。计算方法是：先假定 A，再求 B：

$$B=\frac{\omega}{A\times\frac{A}{2}}=\frac{2\omega}{A^2} \tag{1-22}$$

为满足 $p_{max}\leqslant1.2$〔f〕之要求，各类支架基础的长宽比（A/B）应控制在一定范围之内，经大量计算，本图册采用的基础适宜长宽为：滑动支架：$A/B=1.1\sim1.3$

固定支架：$A/B=1.0\sim1.2$

当倾覆力矩已定后，影响基础底面积大小的因素就是基底埋深 h_0 的大小。

本手册依据倾覆力矩的大小，对适宜的基底埋深 h_0 均作了合理的取值。而实际施工现场有时又限制了基底埋深 h_0。为此，可按下式近似的对查得的 ω 值予以改正。

改正后所需单位基础底面积 $\omega_{实}$ 为：

$$\omega_{实}=\frac{h_0}{h_{0实}}\times\omega \tag{1-23}$$

式中 h_0——图注之基底埋深值；

$h_{0实}$——实际允许的基底埋深值。

二、按 p_{max} 计算的基础单位底面积 ω

按满足基底边缘最大压应力 $p_{max}\leqslant1.2$〔f〕的要求，将 GB 50007—2002 之 5.2.2-4 式，按图 1-3 所注符号改为：

$$p_{max}=\frac{2(G+F_1+F_2)}{3Ba} \tag{1-24}$$

式中 G——基础及其以上回填土重，kN；

F_1——地面以上支柱的重量，kN；

F_2——作用在支架上的管道重量，kN；

a——偏心荷载合力作用点至基础外边缘的距离，m。

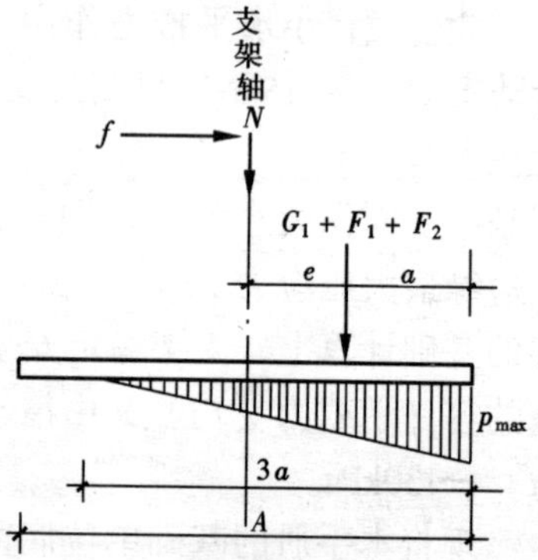

图 1-3 大偏心荷载（$e>A/6$）下基底压力计算图

A—基础长度

$$a=\frac{A}{2}-e \tag{1-25}$$

$$e=\frac{M}{G+F_1+F_2} \tag{1-26}$$

式中　e——偏心距，m；

M——倾覆力矩，kN·m；

$$M = f\ (H_3 + h_0)$$

式中　f——水平推力，kN；

H_3——地面以上支架高度，m；

h_0——基底埋深，m。

当支架上的外力已定后，影响基础单位底面积 ω 大小的决定因素是基底埋深 h_0。h_0 既不能过大，又不能过小。h_0 过大不便施工，过小又会造成基础面积过大。

本手册的 h_0 的取值范围为 0.8～2.7m。均可用人工开挖基坑，不需二次倒土。

依据基底埋深 h_0 的合理取值及柱根插入深度 H_1，即可求得在额定水平推力 f 下、不同柱长 H 下的 ω 值，即水平推力 f 与基础单位底面积的相关图：$\omega = f\ (f)$ 图。

三、基础冲切强度的计算

杯形基础冲切危险断面在基础的变阶处，基础的冲切承载力 F_L 按 GB 50007—2002 的 8.2.7-1 式计算。

$$F_L \leqslant 0.6 b_t b_m h_0 \tag{1-27}$$

$$F_L = p_s A \tag{1-28}$$

$$b_m = \frac{b_t + b_b}{2} \tag{1-29}$$

式中　b_t——冲切破坏锥体最不利一侧斜截面上的上边长。当计算柱与基础交接处的冲切承载力时，取柱宽。当计算变阶处的受冲切承载力时，取上阶宽；

b_b——冲切破坏锥体最不利一侧斜截面的下边长。当计算柱与基础交接处的受冲切承载力时，取柱宽加两倍基础的有效高度。当计算基础变阶处的受冲切承载力时，取上阶宽加两倍该处基础有效高度；

h_0——基础冲切破坏锥体的有效高度；

A——考虑冲切荷载时，取用多边形面积（如图 1-4 中的阴影部分）；

p_s——在荷载设计值作用下基础底面积单位面积上的土反力（应扣除基础自重及其上的土重）。当为偏心荷载时，可取用最大的单位反力。

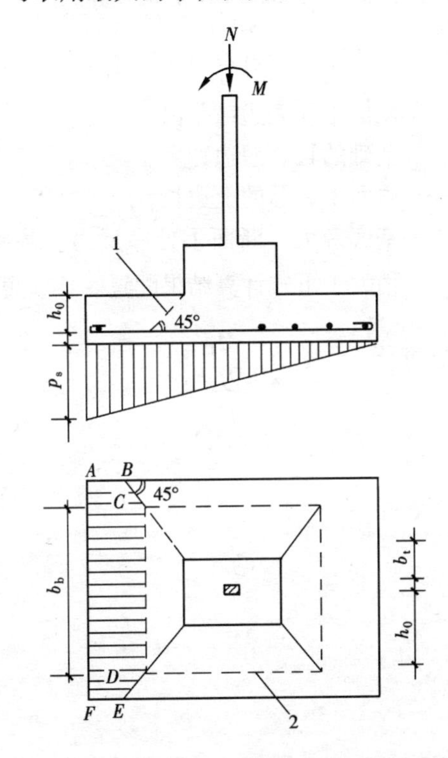

图 1-4　计算阶形基础的受冲切承载力截面位置

1—冲切破坏锥体最不利一侧的斜截面；2—冲切破坏锥体的底面线

根据不同的 ω 值，可求得不同的基础边长 A、B 值。在满足冲切力 F_L 的要求下，将所需的变阶处基础厚度的计算结果，均载入《杯形基础选用表》中，供查用。

四、基础底板配筋的计算

矩形基础的底板配筋，如图 1-5 所示，可只计算长边方向的配筋，长边方向的弯矩 M_1 可按下式计算：

$$M_{\mathrm{I}} = \frac{a_1^2}{12}(2b + a')(p_{j\max} + p_{j\mathrm{I}}) \quad (1\text{-}30)$$

式中 a_1——截面Ⅰ至底边缘距离；

l、b——基础的长、短边；

$a'b'$——截面Ⅰ、Ⅱ的上边长；

$p_{j\max}$、$p_{j\mathrm{I}}$——基底最大、断面Ⅰ处净反力。基础底板配筋，可按稍大于下式计算结果配置。长、短边配筋相同。

底板配筋量 $$A_s = \frac{M_{\mathrm{I}}}{0.9 f_t h_0} \quad (1\text{-}31)$$

式中 M_{I}——计算截面的弯矩，kN·mm；

f_t——钢筋抗拉强度，N/mm^2；

h_0——基础的有效高度，mm。

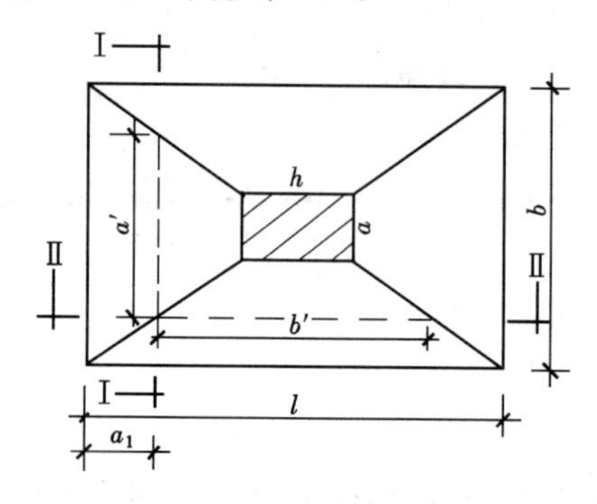

图 1-5 基础底板配筋计算图

本手册按基础边长之大小，将计算所得配筋量列入《杯形基础明细表》中，供查用。

当基础边长 $l > 3$m 时，钢筋长度 $= 0.9l$，交错排列。

第二章　桁架的计算

当管道水平推力 $f>150$kN 时，宜采用桁架型固定支架。

桁架式支架它是由两榀桁架的 4 个柱子、剪刀撑、顶梁和横梁所组成。横梁将两榀桁架连成一个整体，在横梁上架设管道。

桁架按其高度的不同，分为单层、双层桁架两种。

1. 单层桁架

桁架高度为 2.2～3.7m。桁架长度 L（沿管道轴向长度）分为：1.5、2.0、2.5、3.0m 四种。桁架宽度按工艺要求确定，但最大宽度不宜超过 4m。

2. 双层桁架

桁架高度为 4.2～6.7m。桁架长度 L 分为：2.0、2.5、3.0m 三种。

本手册的桁架承受水平推力的范围为 80～600kN。

第一节　桁架的计算

本手册在计算桁架杆件内力时，未计：1. 桁架本身自重；2. 管道自重这两项荷重。

杆件内力的规定：

拉力为"+"，压力为"-"。

水平推力 f：单位为千牛顿（kN）。

长度单位：米（m）。

一、单层桁架计算公式

图 2-1 中符号名称：

L——顶梁，C——斜撑，Z_1、Z_2——桁架前、后柱，h——桁架高，l——桁架长度（沿管道轴向）

桁架各杆件内力的计算公式：

1. 顶梁 L 的压力 $=-\dfrac{f}{2}$

2. 斜撑 C 的拉力 $=\dfrac{f}{2}\times\dfrac{\sqrt{h^2+l^2}}{l}$

$=\dfrac{f\sqrt{h^2+l^2}}{2l}$

3. 后柱 Z_2 的压力 $=\dfrac{f}{2}\times\dfrac{h}{l}=\dfrac{fh}{2l}$

4. 支座垂直反力 $=\dfrac{f}{2}\times\dfrac{h}{l}=\dfrac{fh}{2l}$

5. 左支座水平反力 $=-\dfrac{f}{2}$

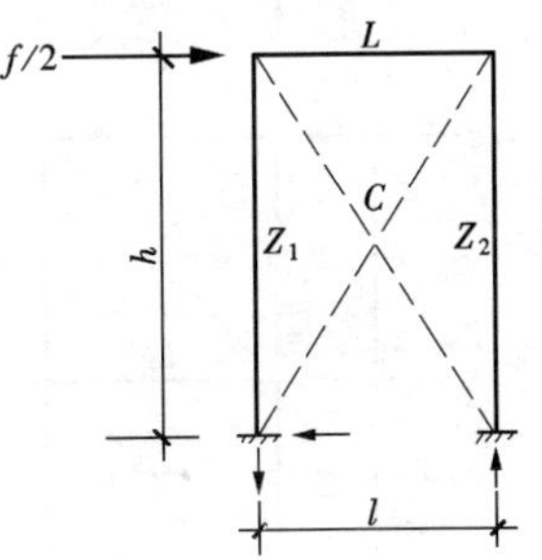

图 2-1　单层桁架图

式中　f——支架承受的总水平推力。

根据 $f=80\sim600$kN，$h=2.2\sim3.7$m（桁架下节点高出地面 0.2m），按 $l=1.5$、2.0、2.5、3.0m 四种情况，将桁架各杆件内力计算成果绘制成：

1. 单层桁架柱压力图

2. 单层桁架斜撑拉力图

以此二图作为桁架杆件的设计依据，由此即可确定：

1. 桁架柱的截面尺寸及配筋。

2. 剪刀撑的角钢规格及焊缝长度。

3. 顶梁按$\frac{f}{2}$的大小确定其角钢规格。

二、双层桁架计算公式

双层桁架（如图 2-2 所示）采用相等层高即 $h_1 = h_2$

1. 上、下层顶梁 L_1、L_2 的压力 $= -\frac{f}{2}$

2. 上层柱 Z_{12}的压力 $= -\frac{fh_1}{2l}$

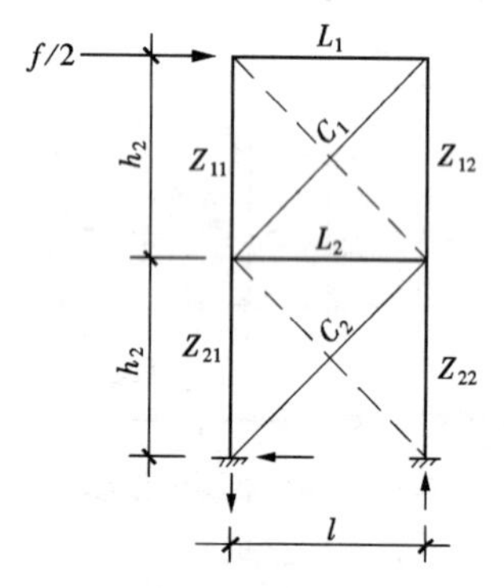

图 2-2　双层桁架图

3. 下层柱 Z_{22}的压力 $= -\frac{fh_2}{l}$

4. 支座垂直反力 $= \frac{fh_1}{l}$

5. 左支座水平反力 $= -\frac{f}{2}$

根据双层桁架高 4.2 ~ 6.7m，$f = 80 \sim 600$kN。$l = 2$、2.5、3m 三种情况，将各杆件内力计算结果，绘制成：

1. 双层桁架柱压力图

2. 双层桁架斜撑拉力图

三、桁架构件的计算

1. 桁架横梁的计算

横梁是将二榀桁架连为一体，梁上焊牢管道，并将管道作用在梁上的外力传递到二榀桁架上去的受力构件。

桁架一般是用做固定支架的，作用在桁架上的管道自重远小于管道的推力，故在横梁计算中，对管道的垂直荷载可不予考虑。见图 2-3。

管道的水平推力 f_R 按单点作用在横梁中央，横梁按两端简支计。

横梁上的侧向弯矩 M 为：

$$M = \frac{f_R L_1}{4} \tag{2-1}$$

式中　f_R——作用在桁架上的总水平推力，kN；

L_1——横梁的轴距，m。

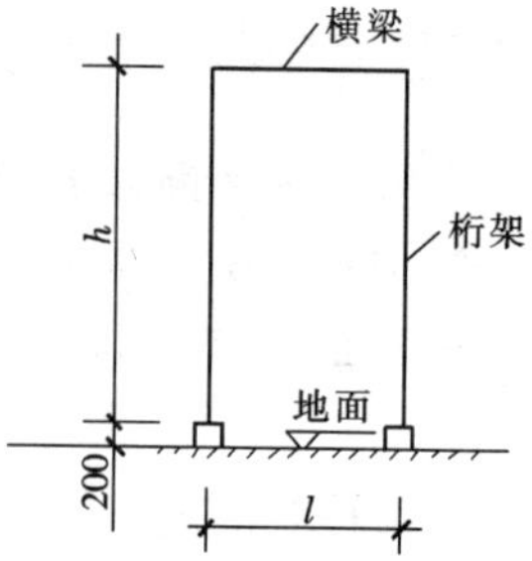

图 2-3　桁架立面图

按自编的《钢筋混凝土结构简化计算图册》中的柱、梁弯矩配筋图，据 $f_R = 80 \sim 600$kN，查得其配筋量 A_s 及横梁截面尺寸。

利用上述成果，绘制了“横梁配筋图”。此图亦作为门形固定支架的横梁计算之用。

横梁长度（轴线距）为 1.5 ~ 4.0m。

横梁为受侧推构件，其侧向宽度即为梁的计算高度 h，横梁的 $h =$ 桁架柱的截面高。

横梁上的预埋件，在管道水平推力较小的情况下，可埋设在梁顶面上。当管道水平推力大的情况下，预埋件最好埋设在横梁的两个侧面上，以尽量使横梁不受扭。若横梁受扭，应对横梁作抗扭验算。

由于桁架承受的水平推力很大，故横梁的箍筋一律取间距 100mm。并应在管道焊接点的两侧增加箍筋。增加箍筋的直径、根数应由水平推力 f 的大小来确定，并应作横梁抗剪验算。

本手册横梁的最大水平推力 = 550kN < 600kN，不足的部分，可将配筋直线延长即可，并不影响计算精度。

滑动支架的横梁：应将管道的垂直荷载 N 全部计入，不得折减。横梁配筋量 A_s 的大小是由垂直荷载的大小来决定的，即主筋 A_s 在梁底架立筋配筋量 $=0.7A_s$。横梁的侧面配筋的多少是由水平推力的大小来确定的，亦应进行侧面配筋的验算。

2. 桁架柱的计算

桁架柱的受力状况可为受压，也可为受拉。本图册按受拉的不利情况计算柱的配筋。

本手册按 $f=80\sim300$kN，分别计算单层、双层桁架柱的配筋图，供查用。

3. 斜撑、顶梁及焊缝的计算

(1) 斜撑的计算

①按已确定的桁架形式（单、双层）、桁架高度，据水平推力 f 的大小，可由桁架斜撑拉力图中查得斜撑拉力值。

②据斜撑拉力的大小，由“角钢容许轴心拉力表”中，可查得所需角钢的规格。

(2) 顶梁及中梁的计算

①单层、双层桁架的顶梁及中梁它们所受的压力均为 $-\dfrac{f}{2}$。

②据顶、中梁所受压力的大小、桁架柱轴长度 l，由“角钢容许轴心压力表”中，查得所需角钢的规格。

(3) 焊缝的计算

当作用力方向平行于焊缝长度方向时，焊缝的计算公式为：

$$l_f=\frac{N}{2h_f\times0.7\times f_f^w\times0.9} \tag{2-2}$$

式中 l_f——角钢的焊缝长度，mm；

N——轴心拉力，kN；

h_f——焊缝高度，mm；

$h_f\times0.7$——焊缝有效高度，mm；

f_f^w——角焊缝强度，按 160N/mm^2（此值为 E43 型焊条，手工焊，钢材为 Q235 钢之值）。

本公式使用的条件是：

1. 角钢为三边满焊，计算按长边的两边满焊计。

2. 施工条件为高空安装焊缝。故 f_f^w 按 0.9 折减。

按（2-2）式计算结果，绘制了“焊缝长度图”。依据斜撑受力大小，由此图可以查得所需焊缝长度、高度值。

焊缝高度：它是由角钢、连接钢板厚度确定的。焊缝高度不得大于前两者中的最小厚度。

连接钢板的尺寸，由焊缝长度的大小所决定。

第二节　桁架基础的计算

桁架基础所需单位底面积 ω 的计算方法同固定支架，略。

本手册根据桁架 ω 计算成果，分别绘制了单层、双层桁架的 $\omega=f(f)$ 相关图。

桁架基础采用筏基。在沿管道走向基础两端的底板下设防滑脚梁。底板上设纵、横梁各两道，四个桁架柱位于纵横梁的交点上。

桁架基础结构计算的假定及公式：

当桁架在外力作用下，在将要发生倾覆时，它是以脚梁为转点而转动，此时脚梁处基础最大压应力 $P_{max}=1.2\,[f]$。桁架基础平面图、计算简图如图 2-4、2-5 所示。

1. 脚梁的计算

脚梁是以两个纵梁外悬端为支点的单跨带悬臂的倒置梁。计算公式为：

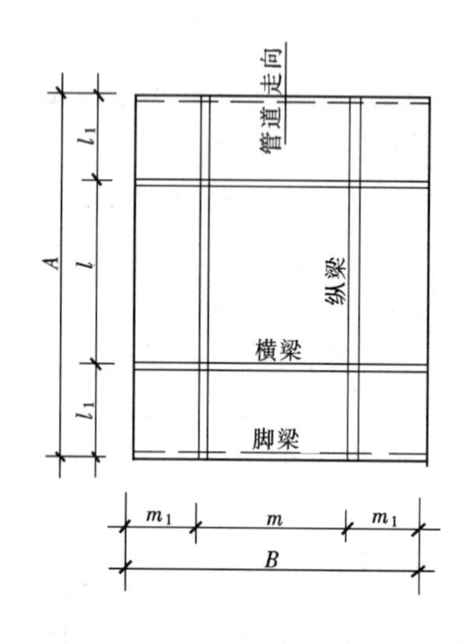

图 2-4　桁架基础平面图

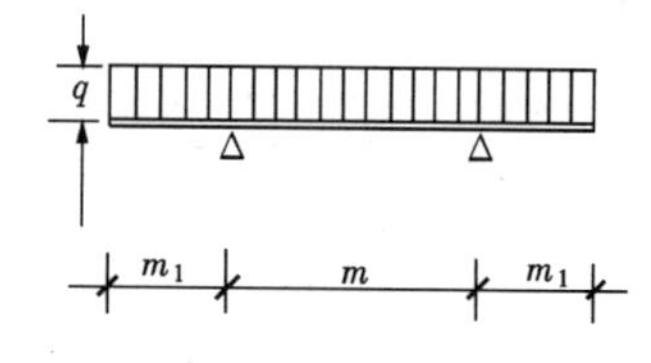

图 2-5　脚梁计算简图

支座弯矩　　$M_A = M_B = -\dfrac{qm_1^2}{2}$　　(2-3)

跨中弯矩　　$M_{max} = \dfrac{qm^2}{8}(1-4\lambda^2)$　　(2-4)

式中　q——地基的净反力　$\lambda = \dfrac{m_1}{m}$

$$q = \frac{l_1}{2} \times 1.2[f] - \frac{l_1}{2}\gamma h_0 = \frac{l_1}{2}(1.2[f] - \gamma h_0) \quad (2\text{-}5)$$

式中　l_1——基础纵梁的外悬长度；

〔f〕——地基容许承载力 = 130kPa；

γ——基础及其以上回填土的平均重力密度 = $20kN/m^3$；

h_0——基础底板的底面埋深，按图注值。

2. 纵横梁的计算

纵梁、横梁的计算简图同脚梁，见图 2-5，但其地基净反力 q 不同于脚梁。

纵、横梁底面承受的地基净反力 $q_下$ 为：

$$q_下 = [f] - \gamma h_0$$

式中　〔f〕= 130kPa。

纵、横梁顶面承受的荷载 $q_上$ 为：$q_上 = \gamma h_0$

纵、横梁的梁底、梁顶承受的总荷载为 $q_下$、$q_上$ 乘以各自负担的底板宽度。

3. 底板的计算

底板的计算简图同脚梁。板下、板上承受的荷载同纵、横梁的 $q_上$、$q_下$，但它仅计算每米宽的荷载，故即为 $q_上$、$q_下$ 值。

底板配筋只计算产生大弯矩的横向配筋。沿管道走向的纵向配筋，按分布筋配筋，取 $\phi 8@200$。

为使桁架基础结构计算与其 $\omega = f(f)$ 相关图一致，本手册的 h_0 取值为：

单层桁架：$h_0 = 2.3$、2.5、2.7m 三种。

双层桁架：$h_0 = 2.5$、2.7m 两种。

底板厚度：200～400mm。

4. 基础诸梁截面尺寸

(1) 梁的宽度 b

脚梁 $b = 400$mm

纵横梁 $b = 300 \sim 450$mm

(2) 梁的高度 h

基础诸梁高度，它是随弯矩 M 的增大而增高，梁高 $h = 400 \sim 1000$mm。

根据以上取值，再按基础诸梁及底板的弯矩计算公式。分别求得基础诸梁和底板的最大弯矩值，按自编《钢筋混凝土结构简化计算图册》中的梁、板弯矩配筋图，分别求得基础梁、板的上、

下层配筋量 A_s 值，将计算成果整理成：

(1) 基础纵梁配筋表

(2) 基础横梁配筋表

(3) 基础脚梁配筋表

(4) 基础底板配筋表

有了上述四表，即可查得在各种情况下的基础梁、板的截面尺寸及配筋。免去了繁复计算。

在使用上述四表时，必须使基底埋深 h_0 值与桁架的 $\omega=f\ (f)$ 相关图中的 h_0 相一致，否则，基础梁、板的配筋必须要加以改正。只改正 h_0，而不改正配筋是不允许的。

第三章　支墩的计算

第一节　板肋型固定支墩结构

板肋型固定支墩是一种轻型板肋结构，它由挡板墙、肋墙、底板和脚梁四部分组成。其受力稳定原理，主要是依靠基础底板及其以上回填土重来抗衡支墩所承受的管道推力。两道肋墙既是挡板墙的两侧支点，又是底板的纵肋。底板两端的脚梁和中间的挡板墙三者构成了底板的横肋。因此支墩底板可以做得很薄，从而使支墩工程量大大减少。支墩示意图如图 3-1 所示。

挡板墙是直接承受管道推力的重要构件，它生根于底板之上，两端又固接在肋墙上，是一个三边固接一边悬臂的板，具有很大的承受外力的性能，因此其截面、配筋量都很小。

脚梁是固定支墩的抗滑、抗倾覆构件，它是以两肋墙作支点的一跨两端带悬臂的梁，也是最经济合理的构件。

脚梁和挡板墙共同组成了支墩的防滑屏障，具有极大的抗滑移能力。

由于板肋型固定支墩的构件布局合理、各构件相互支撑，因此造就其成为轻型板肋结构，它是工程量小、配筋少、投资省的最佳的固定支墩。

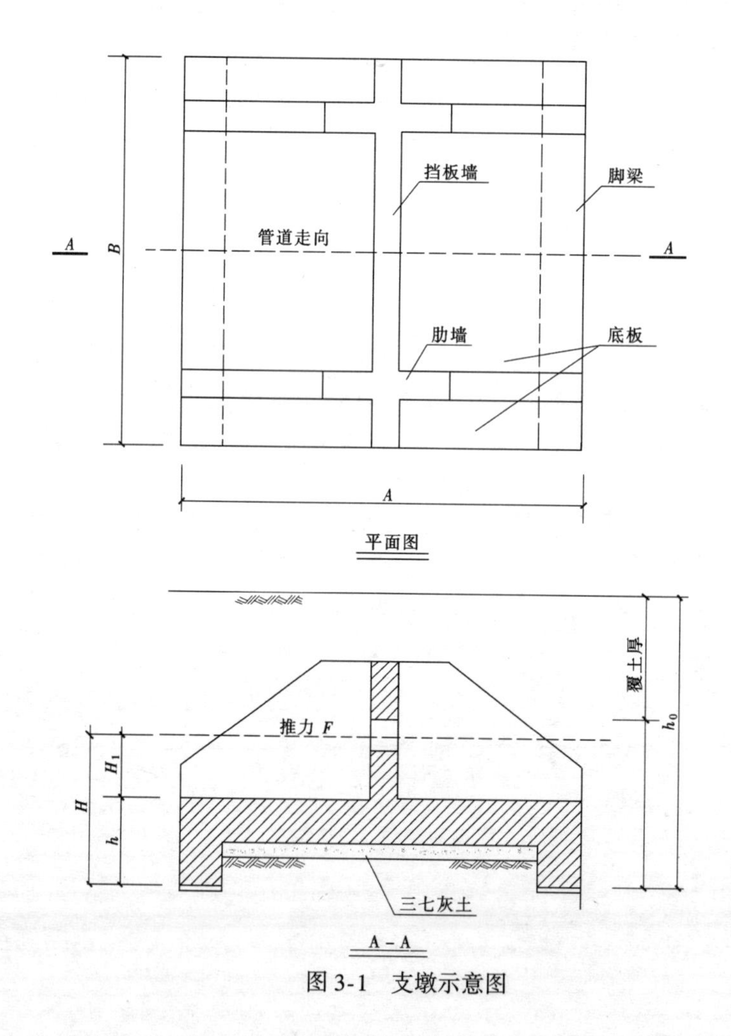

图 3-1　支墩示意图

第二节 基 础 计 算

一、设计数据取值

地基允许承载力［f］=130kPa

基础边缘允许最大压应力$\leqslant 1.2$［f］

底板以上基础及回填土平均重力密度 $\gamma = 19kN/m^3$

基础稳定安全系数 $K = 1.8$

基础适宜长宽比 $A/B = 1.0 \sim 1.2$

管顶最小覆土厚度 1m

基底埋深 $h_0 = 1.7 \sim 2.7m$

管中距底板顶面高度 $H_1 = 0.4 \sim 0.9m$

二、基 础 计 算

支墩基础底面积的大小取决于：（1）支墩承受水平推力的大小和基底埋深 h_0 的大小；（2）当基础将要发生倾覆时，其基础边缘压应力$\leqslant 1.2$［f］

支墩所需基础单位底面积 $W\left(即基础长度\dfrac{A}{2}=1m 时，所需基础总面积。\right)$

$$W = \frac{KM}{19h_0} \tag{3-1}$$

式中 K——基础稳定安全系数为 1.8；

h_0——基底埋深，m；

M——由管道轴向推力 F 所产生的倾覆力矩，kN·m。

$$M = F\ (H_1 + h) \tag{3-2}$$

式中 H_1——管中至底板顶面的高度，m；

h——脚梁高，m。

当求得 W 后，用试算法先假定基础长 A（沿管道轴向），再求基础宽 B。

$$B = \frac{2W}{A^2} \tag{3-3}$$

基础的适宜长度比 $A/B = 1.0 \sim 1.2$。当地基实际承载力［f］$_{实}$ $\neq$130kPa 时，按下式求改正后的基础底面积 $W_{实}$。

$$W_{实} = \frac{130}{[f]_{实}} \times W \tag{3-4}$$

固定支墩所需基础单位底面积 W 与水平推力 F 相关图，即：$W = f\ (F)$图见后面附图。

第三节 挡 板 墙 计 算

泊桑比：钢筋混凝土 $\mu = 0.15$，按 $\mu = \dfrac{1}{6}$计。

将管道轴向推力 F 化为均布荷载 q：

$$q = \alpha \frac{P}{l_o} = \alpha \frac{F}{l_{ox}} = \frac{2F}{l_{ox}} \tag{3-5}$$

挡板墙为三边固接一边悬臂板，其弯矩系数 M_k 图见后面附图。

l_{ox}按工艺要求确定。

l_{oy}一般取为 $2H_1$。

计算步骤：

1. 据 F 依 $q = \dfrac{2F}{l_{ox}}$得 q。

2. 依 l_{oy}/l_{ox}由弯矩系数 M_k 图中，寻找 x、y 向最大弯矩系数 M_x、M_y 值。

3. 弯矩 $$M = M_{K}ql_{ox}^{2} \tag{3-6}$$

依（3-6）式求得 x、y 向最大弯矩 M_{xmax}、M_{ymax}。

4. 先确定混凝土强度等级、钢筋种类及板厚，再据 M_{xmax}、M_{ymax}，依钢筋混凝土结构计算，来确定挡板墙水平、竖直方向配筋量 A_s/m。

一般宜选用 C20 混凝土，钢筋Φ HRB335，板厚宜在 200mm 以上。

其他构件的截面、配筋量的确定：

由于本板肋型支墩结构科学合理，其构件均可用小截面、小配筋。作者设计的经验数据如下：

底板及肋墙：厚度 200mm，双面、双向配筋 ϕ12@200。

脚梁：在地基土质好时可利用土模。梁宽 b = 400mm 为定值。配筋量为：

$F \leqslant$ 390kN 时，配筋 8 Φ 14，箍筋 ϕ8@150。

F = 400 ~ 600kN 时，配筋 8 Φ 16，箍筋 ϕ8@100。

F = 610 ~ 1000kN 时，配筋 8 Φ 18，箍筋 ϕ8@75。

梁每边均为 3 根钢筋。钢筋保护层厚 40mm。

第四章　计　算　例　题

第一节　支架设计、施工总说明

一、基　　础

1. 地基容许承载力〔f〕

本手册〔f〕的设计值为：

滑动支架〔f〕$=100\text{kPa}$

固定支架〔f〕$=130\text{kPa}$

2. 基底埋深 h_0

最小 $h_0=$ 冰冻深度 $+200\text{mm}$，本手册 $h_{0\min}=800\text{mm}$。

h_0 的大小是随倾覆力矩 M 的增大而加深。各 $\omega=f$（f）相关图中均有不同的 h_0 值。

3. 基础结构形式

钢筋混凝土杯形基础，它分为：

1）阶形单杯口基础，基础型号为 J_1。适用于基础边长 $L<2.5\text{m}$ 的小型基础。

2）锥形单杯口基础，基础型号为 J_2。适用于 $2.5\text{m}<L<3.5\text{m}$ 的中型基础。

3）锥形双杯口基础，基础型号为 J_3，适用于 $L>3.5\text{m}$ 的大型门型支架的基础。

基础混凝土 C15，钢筋为 HPB235，底板主筋保护层厚 40mm，最小钢筋直径为 $\phi 8$。

当基础边长 $l>3\text{m}$ 时，钢筋长度为 $0.9l$，并相间交错排列。

基础底板下设 100mm 厚 C10 混凝土垫层。

二、支　　架

1. 混凝土 C20，主筋为 HRB335 钢筋，主筋保护层厚 25mm，箍筋为 HPB235 钢筋。

2. 柱（肢）截面：一般为下粗上细的矩形变截面柱。当柱（肢）截面高 $h\leqslant 400\text{mm}$ 时，为等截面柱，即柱顶 $h_1=$ 柱根 h。

3. 支架形式：分为柱形、门形支架两大类。

柱形支架分为：

1）矩形等截面柱，型号为 Z_1。

2）矩形变截面柱，型号为 Z_2。柱（肢）截面为下粗上细。

3）空腹柱架，型号为 Z_3，适用于大推力支架。

门形支架分为：

1）等截面门架，型号为 M_1。

2）变截面门架，型号为 M_2。门架两肢为下粗上细。

支架为预制钢筋混凝土构件。只有当施工场地无法吊装，或支架过大过重时，才改为现浇支架。现浇支架截面最小边长不得小于 300mm。

三、预　埋　件

1. 材质：钢材为 Q235。焊条：E43 型。焊缝为满焊。

2. 预埋件外露面除锈后，刷防锈漆、铅油各两道。

四、支架的运输和安装

1. 支架和基础混凝土必须经过认真的养护，当其强度达到设计强度的70%以上时，方可运输、安装。

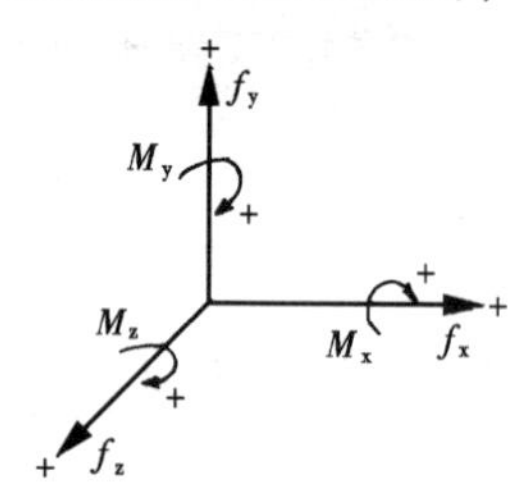

图4-1　支架外力图

2. 支架安装前，必须将基础杯口内的泥砂杂物清洗干净，柱（肢）与杯口之间的空隙用C20细石混凝土填满、捣实，上面压平抹光。

五、对支架承受外力的规定

1. 力、力矩的“+”、“-”按图4-1执行。

力矩：顺时针方向旋转者为正。

2. 对y轴竖向力f_y不予考虑，但M_y要予以计算。

第二节　滑动、导向支架计算例题

几点说明

1. 对箍筋的规定

当$f<15$kN时，全柱（肢）均为$\phi6@200$。

当$f>15$kN时，全柱（肢）均为$\phi6@150$。

2. 基础边长的确定

当查得ω后，先假定A，再求$B=\frac{2\omega}{A^2}$。

基础适宜长宽比$A/B=1.1\sim1.3$。

3. 门形支架的横梁

1）门架横梁可以悬出两肢以外，最大外悬长度不宜超过600mm。

2）横梁的h（沿管道轴向）=柱（肢）顶的h_1。由横梁的h决定h_1的大小。

4. 例题的计算原则

1）本手册所举计算例题的顺序是由简入繁，对各项改正的计算方法、复核算法均作举例。

2）对钢结构小滑动支架不作举例，但有钢支架通用图供设计选用。

【例1】　常用支架

一滑动支架，架顶标高81.82m，地面标高78.82m，支架承受管道轴向水平推力$f=6$kN，地基容许承载力〔f〕=100kPa，试设计此支架。

支架计算宜采用列表计算，以达简单明了。本例先分步写出计算过程。

1. 求支架在地面以上净高H_3：

$$H_3=81.82-78.82=3.0\text{m}$$

2. 确定基底埋深h_0：

由滑架$\omega=f$（f）①图，定$h_0=0.9$m。

3. 求支架柱总长H：

$$H=H_3+h_0-0.3=3+0.9-0.3=3.6\text{m}$$

0.3m为基础杯底厚0.25m+柱下垫0.05m混凝土垫层之和。

4. 求支架柱截面尺寸及配筋量A_s：

1）由滑架$A_s=f$（f）①图，据$H=3.6$m，查$f=6$kN线，得$A_s=3.8\times1.03=3.91\text{cm}^2$，柱根截面为$b=250$mm，$h=300$mm，柱插入深度$H_1=0.4$m。

2）柱单面配筋2Φ16，$A_s=4.02\text{cm}^2$。因$f=6\text{kN}<15\text{kN}$，故

箍筋为 $\phi 6@200$。

因 $h<400\text{mm}$，故柱顶 $h_1=300\text{mm}$。

支架型号：Z_1 为矩形等截面柱。混凝土 C20。

5. 求基础尺寸及配筋：

1）由滑架 $\omega=f$（f）①图，据 $H=3.6\text{m}$，查 $f=6\text{kN}$ 线，得所需单位基础底面积 $\omega=1.41\text{m}^2$。

2）据 $\omega=1.41\text{m}^2$，令基础长 $A=1.5\text{m}$，

则基础宽 $B=\dfrac{2\omega}{A^2}=\dfrac{2\times1.41}{1.5^2}=1.25\text{m}$。

取 $B=1.30\text{m}$，基础长宽比 $A/B=1.5/1.3=1.15<1.3$ 符合滑动支架长宽比 $1.1\sim1.3$ 的要求。

3）据 $A=1.5\text{m}<2.5\text{m}$，查杯形基础选用表得：

①基础为阶梯形，混凝土 C15。型号为 J_1。

基础高 $=H_1+0.3=0.4+0.3=0.7\text{m}$。

②底板厚度：

中心厚 $a_1=250\text{mm}$，外缘厚 $a_2=$ 变阶处厚 $a_3=300\text{mm}$。

③基础配筋：

底板：$\phi 8@200$，分布筋 $\phi 8@200$。

杯口：8 Φ 8 焊网，杯壁厚 $t=250\text{mm}$。

说明：

支架横担长度、预埋件尺寸应按工艺要求确定。

支架计算表见表 4-1

【例 2】 导向支架

一导向支架，地面以上支架高 $H_3=4\text{m}$，管道轴向推力 $f_x=14\text{kN}$，径向推力 $f_x=7\text{kN}$，地基容许承载力〔f〕$=110\text{kPa}$，试设计此支架。

〔解〕 1.〔f〕$=110\text{kPa}>100\text{kPa}$。符合 $>100\text{kPa}$ 要求，〔f〕不予修正。

支架计算表

支架类别：滑动支架　　推力：$f_x=6\text{kN}$　　**表 4-1**

架顶标高 (m)	地面标高 (m)	支架净高 H_3 (m)	基底埋深 h_0 (m)	支架总长 H (m)	支架		基础		
					配筋量 $A_s(\text{cm}^2)$	截面 $b\times h(\text{cm})$	单位底面积 $\omega(\text{m}^2)$	长度 $A(\text{m})$	宽度 $B(\text{m})$
81.82	78.82	3.0	0.9	$3+0.9-0.3=3.6$ 插深 $H_1=0.4$	3.91 总配筋 2×2×Φ 16 $A_s=4.02$ 箍筋： $\phi 6@200$	250×300 柱型号： Z_1	1.41 基础高 $=H_1+0.3=0.4+0.3=0.7\text{m}$	1.5	$B=\dfrac{2\omega}{A^2}=\dfrac{2\times1.41}{1.5^2}=1.25$ 取 $B=1.3$ 基础型号 J_1

2. 求合力 f_R：

$$f_R=\sqrt{f_x^2+f_z^2}=\sqrt{14^2+7^2}=15.65\text{kN}，取 f_R=16\text{kN}。$$

3. 定基底埋深 h_0，求支架柱总长 H：

查滑架 $\omega=f$（f）②图，取 $h_0=1.7\text{m}$。

柱总长 $H=H_3+h_0-0.3=4+1.7-0.3=5.4\text{m}$。

柱插入深度 $H_1=0.55\text{m}$。

4. 求柱截面及配筋：

由滑架 $A_s=f$（f）②图，据 $H=5.4\text{m}$，查 $f_R=16\text{kN}$ 线，得 $A_s=8.9\text{cm}^2\times1.03=9.2\text{cm}^2$，截面为 $300\text{mm}\times500\text{mm}$，因 $h=500\text{mm}>400\text{mm}$，故柱为矩形变截面柱，取柱顶 $h_1=300\text{mm}$。

柱单面配筋：3 Φ 20，$A_s=9.42\text{cm}^2$。箍筋：因 $f_R=16\text{kN}>15\text{kN}$，故用 $\phi 6@150$。

支架型号：Z_2。混凝土 C20。

5. 求基础尺寸及配筋：

1）由滑架 $\omega=f$（f）②图，据 $H=5.4$m，查 $f=16$kN 线，得所需 $\omega=4.10$m，令 $A=2.2$m，则 $B=\frac{2\times4.10}{2.2^2}=1.69$m，取 $B=1.7$m，$A/B=\frac{2.2}{1.7}=1.29<1.3$，可。

2）基础高 $=H_1+0.3=0.55+0.3=0.85$m。

3）据 $A=2.2$m，查《杯形基础选用表》得：

底板厚度：

中心厚 $a_1=250$mm

外缘厚 $a_2=300$mm

变阶处厚 $a_3=300$mm

配筋：

底板箍筋：双向 $\phi8$@200

杯口配筋：8Φ8 焊网

杯壁厚 $t=250$mm

基础型号：J_1。混凝土 C15。

6. 复核支架柱侧面配筋量：因该支架受有侧推力 $f_z=7$kN。力较大要复核侧面配筋量。

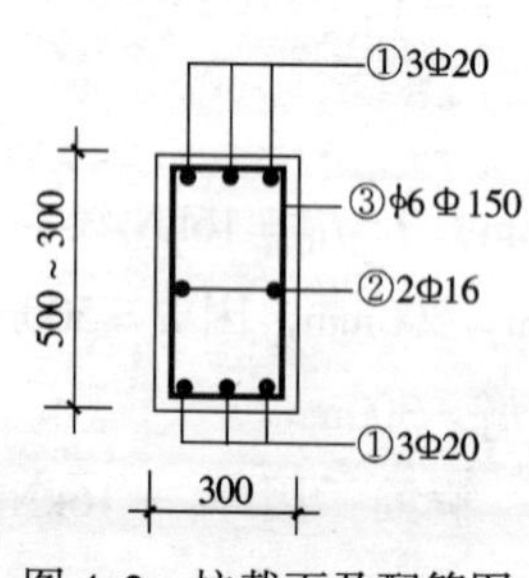

图 4-2　柱截面及配筋图

本例柱侧面配筋为 2Φ20，$A_s=6.28\text{cm}^2$。柱根截面 300mm×500mm

1）查侧推 $A_s=f$（f）①图之 $f=10$kN 线，据 $H=5.4$m，得 $A_s=6.3\text{cm}^2$。

按侧推图说明配筋量 $=A_s\times1.5\times1.03=6.3\times1.5\times1.03=9.58\text{cm}^2$

因柱根 $h=500$，故 $A_s=9.58\times\frac{600}{500}=11.50\text{cm}^2$。

2）求应配 A_s

因本例 $f=7\text{kN}<10\text{kN}$（查图 f），则：应配筋 $A_s=11.5\times\frac{7}{10}=8.05\text{cm}^2$。

柱侧面原配有 2Φ20，$A_s=6.28\text{cm}^2<8.05\text{cm}^2$，故柱侧面多增 1Φ16，$A_s=2.01\text{cm}^2$

柱侧面总配筋量 $=6.28+2.01=8.29\text{cm}^2>8.05\text{cm}^2$

支架柱配筋图如图 4-2。

第三节　固定支架计算例题

对固定支架设计的补充说明：

因固定支架为三维受力结构，而本手册又采用了经济断面的变截面柱，因此，它除了要满足滑动支架的技术要求外，还应满足以下要求：

1. 箍筋

固定支架柱箍筋最小为 $\phi8$。

柱顶部设筋加密区，区长 $H/4$，其@为 100，其余为@200。对柱顶要进行抗剪、抗扭验算，如不满足要求，应加强箍筋，或加大柱截面。

2. 柱（肢）截面

在大截面（h 大）柱，在侧推力 f_z 小，扭矩 T_z 也小的情况下，可采用空腹柱。空腹柱宜采用薄型柱，其 $h=1000$mm。固定支架在通常情况下，不宜采用空腹柱。

【例 3】　〔f〕改正例

一固定支架，$H_3=3.5$m，$f_x=44$kN，$f_z=10$kN，地基容许承

载力〔f〕=110kPa，试设计此支架。

〔解〕 1. 求合力 $f_R=\sqrt{44^2+10^2}=45kN$

2. 求所需单位底面积 ω：

查固定支架 $\omega=f$（f）①图，据 $f_R=45kN$，得：

1）基底埋深 $h_0=1.9m$，

2）柱插深 $H_1=0.55m$，

则柱总长 $H=3.5+1.9-0.35=5.05m$

（固定支架基础底板厚 0.3m + 混凝土垫层 0.05m = 0.35m）

据 $H=5.05m$，查 $f=45kN$ 线，得 $\omega=10.3m^2$

3. 改正 ω：

因实际〔f〕=110kPa < 130kPa，按 $\omega=f$（f）①图说明，改正系数 $K_1=1.18$

则 $\omega_{实}=K_1\omega=1.18\times10.3=12.15m^2$

4. 求基础尺寸及配筋：

1）定基础尺寸：

据 $\omega=12.15m^2$，令 $A=3m$，则 $B=\dfrac{2\times12.15}{3^2}=2.7m$。

$A/B=3.0/2.7=1.11<1.2$，可。

2）查基础细部尺寸：

查《杯形基础选用表》，据 $A=3m$，得：底板厚度：

中心厚 $a_1=300mm$

外缘厚 $a_2=250mm$

变阶处厚 $a_3=400mm$

配筋：底板：$\phi10@200$，分布筋 $\phi8@200$。

杯口：设 4Φ12 圈梁，梁高取 300mm，箍筋 $\phi8@200$。

杯壁厚 $t=300mm$

基础高 $=H_1+0.35=0.55+0.35=0.9m$

基础型号：J_2。混凝土 C15

5. 求支架数据：

定支架柱截面及配筋：

由固定支架 $A_s=f$（f）①图，据 $H=5.05m$，查 $f=45kN$ 线，得：

柱单面配筋量 $A_s=17.5cm^2\times1.03=18.0cm^2$

柱截面 $300mm\times600mm$

柱配筋用 3Φ25 + 1Φ22，$A_s=14.73+3.8=18.53cm^2$。

因柱根 $h=600mm>400mm$，采用矩形变截面柱，取柱顶 $h_1=400mm$。

箍筋：

柱顶加密区长 $=\dfrac{5.05}{4}=1.26m$，

取 1.3m，$\phi8@100$。其余为 $\phi8@200$。

支架型号：Z_2。混凝土 C20

6. 复核侧筋：

已知：侧推力 $f_z=10kN$，柱根截面 $300mm\times600mm$，侧配筋 2Φ25，$A_s=9.82cm^2$。

由侧推 $A_s=f$（f）①图，据 $H=5.05m$，查 $f=10kN$ 线，得 $A_s=5.8\times1.5\times1.03=8.96cm^2<9.82cm^2$，可。

7. 复核柱顶抗剪：

已知：$f_R=45kN$，柱顶截面 $300mm\times400mm$，箍筋 $\phi8@100$。

查箍筋抗剪能力图②，据 $h_1=400mm$，得 $V_{箍}=81kN>45kN$，可。

【例 4】 h_0 改正例

按〔例 3〕数据，仅改基底埋深 h_0 一项。若该支架处实际允许埋深 $h_0=1.2m$，试再设计此支架。

〔解〕 据〔例 3〕已知 $h_0=1.9m$，$\omega=12.15m^2$，而实际 $h_0=$

1.2m。

1. 改正 ω

$$\omega_{实}=\frac{h_0}{h_{0实}}\times\omega=\frac{1.9}{1.2}\times 12.15=19.24\text{m}^2$$

令 $A=3.5\text{m}$，则 $B=\dfrac{2\times 19.24}{3.5^2}=3.14\text{m}$

取 $B=3.15\text{m}$。

$A/B=3.5/3.15=1.11<1.2$，可。

其余基础细部尺寸、配筋等，详见《杯形基础选用表》，该处略。

2. 改正支架：

因 h_0 变小，故 H 亦应变小，所以需作支架改正计算。

已知：$H_3=3.5\text{m}$，$h_{0实}=1.2\text{m}$，$f_R=45\text{kN}$。

则支架柱总长 $H=3.5+1.2-0.35=4.35\text{m}$。

查固定支架 $A_s=f$（f）①图，据 $H=4.35\text{m}$，查 $f=45\text{kN}$ 线，得 $A_s=14.4\times 1.03=14.8\text{cm}^2$

柱单面配筋改为 2Φ25+2Φ18　$A_s=9.82+5.09=14.91\text{cm}^2$

柱截面仍为：根 300mm×600mm

　　　　　　顶 300mm×400mm

【例 5】　柱形支架受扭例

一固定支架，地面以上净高 $H_3=4\text{m}$，其受力情况如图 4-3 所示，试设计此支架。

〔解〕

对 f_y 不予考虑。

1. 合成水平推力 f_R：

$$f_R=\sqrt{f_x^2+f_z^2}=\sqrt{35^2+10^2}=36.4\text{kN}$$

2. 确定支架基础底埋深 h_0 及支架柱长 H：

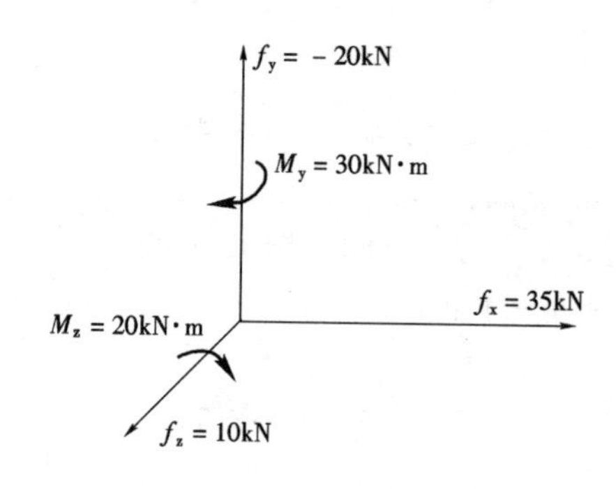

图 4-3　支架外力图

因支架承受扭矩大，采用厚柱形支架。查固定支架 $A_s=f$（f）①′图：据 $f_R=36\text{kN}$ 得：

$h_0=2.1\text{m}$，柱插入杯口内深度 $H_1=0.65\text{m}$，柱截面为400mm×800mm。

柱根下垫混凝土厚 50mm，基础杯底厚 300mm，合计 0.35m

则支架柱总长 $H=4+2.1-0.35=5.75\text{m}$

基础顶面以上支架高 $H_0=5.75-0.65=5.1\text{m}$

3. 将 M_z 化为 x 轴向柱顶的水平推力 f_{zx}：

$$f_{zx}=\frac{M_z}{H_0}=\frac{20\text{kN}\cdot\text{m}}{5.1\text{m}}=3.9\text{kN}$$

4. 求 x 轴总水平推力 Σf_x：

$$\Sigma f_x=f_R+f_{zx}=36.4+3.9=40.3\text{kN}$$

5. 求柱截面及配筋：

1）求抗弯配筋量 A_{s1}：

定混凝土为 C20

据 $H=5.75\text{m}$、$\Sigma f_x=40.3\text{kN}$，按 $\Sigma f_x=40\text{kN}$，查固定支架 $A_s=f$（f）①′图得：

抗弯配筋量 $A_{s1}=11.8\text{cm}^2\times1.03=12.15\text{cm}^2$，柱截面 400×800mm。

2）求抗扭配筋量 A_{s2}：

为减轻支架自重，以利运输和吊装，支架柱采用根粗顶细的变截面柱，柱顶截面取 400mm×400mm。

据柱根截面 400mm×800mm，查 $T_{筋}$ 图㉔得：$T_{筋}=39\text{kN·m}>30\text{kN·m}$，可。

图标：纵筋为 6Φ20，$A_{s2}=18.85\text{cm}^2$，箍筋 $\phi12@250$

3）支架柱总配筋量 $A_{s总}$：

$A_{s总}=12.15+18.85=31\text{cm}^2$。

配 8Φ22，$A_s=30.41\text{cm}^2$，柱每边 3Φ22，其中，柱边中间钢筋在柱长 2/3 处断掉，以节省钢材。

柱顶截面 400mm×400mm，其配筋为 4Φ22，$A_s=15.2\text{cm}^2$。

6. 复核柱顶抗剪、抗扭：

1）抗剪

据柱顶截面 400mm×400mm，查 $V_{混凝土}$图得 $V_{混凝土}=49\text{kN}$。

剩余混凝土截面率 $=\dfrac{49-40.3}{49}=0.18$，进入抗扭验算、此时箍筋不承担剪力，全部进入抗扭计算。

2）抗扭

①混凝土抗扭：据柱顶截面 400×400mm，查 $T_{混凝土}$图得：$T_{混凝土}=6.5\text{kN·m}$

剩余混凝土截面抗扭力 $=6.5\times0.18=1.2\text{kN·m}$

②钢筋抗扭：查 $T_{筋}$ 图㉒得：$T_{筋}=37\text{kN·m}$ 此图标配筋为：

纵筋 6Φ20，$A_s=18.85\text{cm}^2$

箍筋 $\phi12@125$

柱顶实配纵筋为：4Φ22 $A_s=15.2\text{cm}^2$

改正系数 $\beta=\sqrt{18.85/15.2}=1.11$

$T_{筋实}=\dfrac{15.2}{18.85}\times1.11\times37=33.1\text{kN·m}$

总抗扭力 $T_{总}=1.2+33.1=34.3\text{kN·m}>30\text{kN·m}$，可。

柱顶箍筋加密区长 $=\dfrac{1}{3}\times5.75=1.92\text{m}$ 取 2m。

最终确定：

1. 柱截面：根 400mm×800mm，顶 400mm×400mm

2. 纵筋：根：8Φ22，每边三根，其中：中间一根在 3.75m 处断掉。箍筋为 $\phi12@250$

顶：4Φ22，布置于柱之四角，纵筋至顶下 2m，变为 8Φ22，此段箍筋为 $\phi12@125$。

基础计算方法同前，略。

【例 6】 门形支架

一固定支架，$H_3=3.5\text{m}$，受力为 $f_x=80\text{kN}$，$f_z=60\text{kN}$，横梁轴距长 2m，地基容许承载力〔f〕$=130\text{kPa}$，试设计此支架。见图 4-4。

因该支架双向受力均大，故用门形支架。

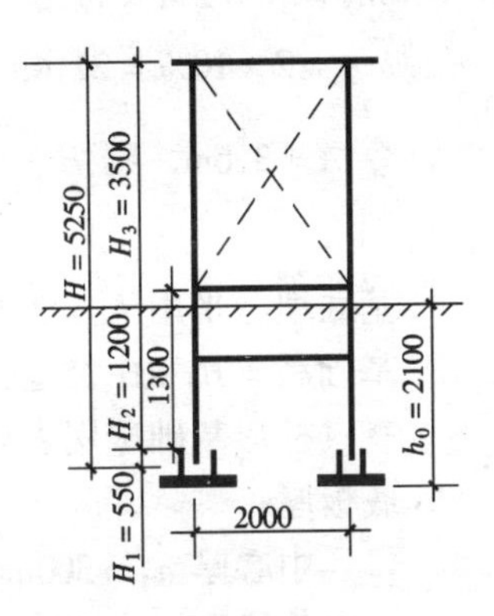

图 4-4 门架计算简图

〔解〕 1. 求合力 f_R

$$f_R=\sqrt{80^2+60^2}=100\text{kN}$$

门架每肢受力 50kN。

2. 求门肢截面及配筋

1）求肢长 H

由固定支架 $A_s=f(f)$ ②图，据 $f=50\text{kN}$，得：$h_0=2.1\text{m}$，$H_1=0.55\text{m}$，则，肢总长 $H=3.5+2.1-0.35=5.25\text{m}$

2）求肢截面及配筋：

由 $A_s = f$（f）②图，据 $H = 5.25$m，查 $f = 50$kN 线，得：$A_s = 16.5\text{cm}^2 \times 1.03 = 17.0\text{cm}^2$，肢截面为 350mm × 700mm。取肢顶 $h_1 = 300$mm。每肢单面配筋 3 Φ 25 + 1 Φ 18，$A_s = 14.73 + 2.55 = 17.28\text{cm}^2$。

因肢根 $h = 700$mm，故每肢两侧各增 1 Φ 16 纵向构造筋。

门架型号：M_2。混凝土 C20。

3）求基础尺寸及配筋

由固定支架 $\omega = f$（f）图①，据 $H = 5.25$m 查 $f = 50$kN 线，得单肢需要 $\omega = 11.80\text{m}^2$，此时基底埋深 $h_0 = 1.9$m，与求门肢配筋时 $h_0 = 2.1$m 不符。故需改正 ω，

$\omega_{改} = 1.9/2.1 \times 11.80 = 10.7\text{m}^2$

$\omega_{总} = 2 \times 10.7 = 21.4\text{m}^2$

令 $A = 3.6$m，则 $B = \dfrac{2 \times 21.4}{3.6^2} = 3.3$m，$A/B = 3.6/3.3 = 1.09 < 1.2$，可。

基底埋深采用 $h_0 = 2.1$m。

基础高 $= H_1 + 0.35 = 0.55 + 0.35 = 0.9$m

查《杯形基础选用表》得：

底板厚：

中心厚 $a_1 = 300$mm

外缘厚 $a_2 = 250$mm

变阶处厚 $a_3 = 500$mm

底板配筋：

上层：ϕ8 @200，分布筋 ϕ6 @200

下层：ϕ12 @200，分布筋 ϕ8 @200

上、下层钢筋长 $0.9l$（l 为基础边长）相间交错排列。

杯口：

壁厚 $t = 350$mm，杯口设圈梁配筋为 4ϕ12，箍筋 ϕ8 @200，梁高取 350mm。

基础型号：J_3。为双杯口锥形基础。混凝土 C15

3. 定门架横梁截面尺寸及配筋：

已知横梁长 2m，受到水平推力 $f_R = 100$kN，查“横梁配筋图”得：

1）横梁截面：$b = 300$mm（竖向），$h = 350$（水平向）。

2）配筋量 $A_s = 5.4 \times 1.03 = 5.6\text{cm}^2$，单面配筋取 3 Φ 16，$A_s = 6.03\text{cm}^2$ 箍筋 ϕ10 @100。

4. 门架抗剪复核：

门肢顶截面 350mm × 300mm，肢长 $H = 5.25$m，箍筋加密区长 $= \dfrac{5.25}{4} = 1.31$m，取 1.3m。箍筋为 ϕ8 @150。其余 ϕ8 @200。

复核柱顶抗剪：

已知：剪力 $V = 50$kN，柱顶截面 350mm × 300mm，箍筋 ϕ8 @150

1）混凝土抗剪力：

查混凝土抗剪力 $V_{混凝土}$图，下延 $b = 350$ 线得：

$$V_{混凝土} = 31\text{kN}$$

2）箍筋抗剪力：

查箍筋抗剪力 $V_{箍}$图②得：

$$V_{箍} = 40\text{kN}$$

总抗剪力 = 31 + 40 = 71kN > 50kN

5. 剪刀撑计算

因该支架侧推力大，故设剪力撑。

1）求斜撑拉力：

侧推力按 $f_R = 100$kN，桁架高 $h = 3.4$m 按 3.5m 查图、桁架长

$L=2m$，查“单层桁架斜撑拉力图”②得：斜撑拉力 = 203kN。

2）确定斜撑、连接钢板及焊缝规格：

①据拉力 $f=203kN$，查“单角钢承载能力表”得：角钢为 L75×8。

②据 $f=203kN$，查“焊缝长度图”得：

焊缝长 = 130mm，高 8mm。

③连接钢板：钢板厚 8mm，钢板大小由焊缝长度按剪刀撑图确定。

6. 支柱根及基础杯口预埋钢板：

钢板尺寸：200mm×300mm，板厚 8mm。埋于门架两侧面及对应的基础杯口顶面上，共 2 对。

支架安装调整好后，用长 300 角钢 L75×8 连接两预埋件。

【例 7】 大型侧推支架

一固定支架，上架 2 根 $\phi325\times8$ 管道，管道保温外径为 390mm，两管中心距 800mm。支架净高 $H_3=4.5m$，支架间距 15m。支架受力为：$f_x=90kN$，$f_y=-40kN$，$f_z=60kN$。基本风压 = 30kg/m² = 0.3kN/m²，地震设防烈度 7 度。地基容许承载力〔f〕= 110kPa。试设计此支架。

〔解〕 因支架双向受力很大，采用厚柱形门形支架。对径向风荷载及地震作用予以考虑，对竖向荷载 f_y 不予考虑。

1. 求径向水平地震作用

水平地震作用 $F_{EK}=\alpha_1 G_{eg}$

地震烈度 7 度的水平地震影响系数 $\alpha_1=0.08$

结构等效总重力荷载 G_{eg}查附表 13-1

得 $G_{eg}=3248.4kg\approx32.5kN$

则 $F_{EK}=0.08\times32.5=2.6kN$

2. 求径向风压力

风压力 $f_w=1.57w_0Dl=1.57\times0.3\times0.39\times15=2.76kN$

3. 求侧向 Z 轴总推力 Σf_z

$$\Sigma f_z=f_z+2.6+2.76=60+5.36=65.36kN$$

取 $\Sigma f_z=65kN$

4. 求合力 f_R，定门架肢长 H

$$f_R=\sqrt{f_x^2+\Sigma f_z^2}=\sqrt{90^2+65^2}=111kN$$

门架每肢受力 = 55.5kN

查固定支架 $A_s=f$（f）②′图得：

基底埋深 $h_0=2.3m$

肢插深 $H_1=0.65m$

门架肢长 $H=4.5+2.3-0.35=6.45m$

5. 求肢截面及配筋：

由 $A_s=f$（f）②′图，据 $H=6.45m$，查 $f=55kN$，得：配筋量 $A_s=16.6cm^2\times1.03=17.1cm^2$，肢截面为 450mm×900mm。

肢单面配筋取 2Φ25+2Φ22，$A_s=9.82+7.6=17.42cm^2$。

取肢顶 $h_1=450mm$。

肢顶箍筋加密区长 = $\frac{6.45}{4}=1.61m$，取 1.6m，箍筋为 $\phi10$@100。其余为 $\phi10$@200。

因肢根 $h=900mm$，且侧推力很大，故在门两肢的外侧面各加 2Φ20 纵筋。两门肢内侧各加 2Φ16 纵向构造筋。

6. 定门架结构形式及横梁、构造横梁的配筋

门架两肢的轴距为 800mm，两根管道直接焊于肢顶处横梁上。门架结构形式按通用图 M_2 型，并自架顶向下每隔 1.5m 加一构造横梁，共三根构造横梁。构造横梁截面为 300mm×300mm，配筋 4Φ18，箍筋 $\phi8$@100。

架顶横梁：

横梁外悬出门架两肢各 200，梁长 = 800 + 450 + 2 × 200 = 1650mm，截面为高 300mm，宽 450mm，共配筋 6 Φ 18，箍筋 $\phi8$ @100。

门架型号：M_2。混凝土 C20。

7. 求基础尺寸及配筋

由固定支架 $\omega = f(f)$ ②图，据 $H = 6.45$m，查 $f = 55$kN，得单肢 $\omega = 13.2\text{m}^2$，$\omega_{总} = 2 \times 13.2 = 26.4\text{m}^2$。

因〔f〕$_实$ = 110kPa < 130kPa，改正系数 $K_2 = 1.18$

$\omega_{总} = 2 \times 13.2 \times 1.18 = 31.15\text{m}^2$

令 $A = 4.1$m，则 $B = \dfrac{2 \times 31.15}{4.1^2} = 3.71$m，取 $B = 3.7$m

$A/B = 4.1/3.7 = 1.11 < 1.2$，可。

基础型号：J_3。混凝土 C15。

基础细部尺寸及配筋，略。

8. 复核侧推配筋

因该门架有较密的构造横梁，可视为空腹梁，其 $h = 800 + 450 = 1250$mm。

已知肢长 $H = 6.45$m，插深 $H_1 = 0.65$m

肢净长 $H_0 = 6.45 - 0.65 = 5.8$m

计算门架侧推时，不考虑管道连续梁的作用，支架高度计算系数 $K_2 = 1.5$。

门架承受侧向弯矩 M 为：

$$M = K_2 f H_0 = 1.5 \times 65 \times 5.8 = 565.5\text{kN·m}$$

查作者编《钢筋混凝土结构简化计算图册》中的柱、梁弯矩配筋图的 $b = 450$mm，$h = 1250$mm，$A_s = 16.1\text{cm}^2$（2 Φ 25 + 2 Φ 20 的 A_s 值），由 A_s 反查 M，得允许〔M〕= 580kN·m > 565.5kN·m，可。

【例 8】 空腹高支架

一固定支架地面以上净高 $H_3 = 6$m，受力情况如图 4-5 所示，地基容许承载力〔f〕= 130kPa，试设计此支架。

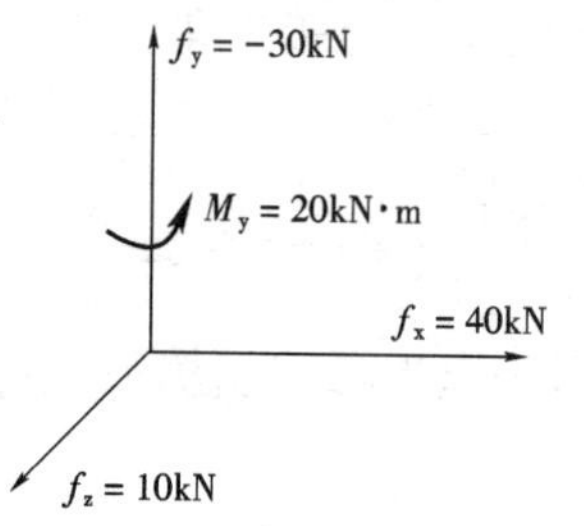

图 4-5 支架外力图

〔解〕

a. 由于此支架过高，为减轻支架自重，以便利运输与吊装，故采用空腹高支架。

b. 因支架具有很大的垂直承载能力，故对 $f_y = -30$kN 不予考虑。

1. 求作用于 x 轴的合力 f_R

$$f_R = \sqrt{f_x^2 + f_z^2} = \sqrt{40^2 + 10^2} = 41.2\text{kN}$$

2. 确定支架柱总长 H 与截面

由固定支架 $A_s = f(f)$ ①图，据 $H_3 = 6$m，可知基底埋深 $h_0 = 2.3$m，柱插入杯口深度 $H_1 = 0.75$m。并知柱根下垫混凝土与基底厚度之和为 0.35m。

则支架柱总长 $H = 6 + 2.3 - 0.35 = 7.95$m

$A_s = f(f)$ ①图，当 $h_0 = 2.3$m，$H_1 = 0.75$m 时柱截面为 350mm × 900mm。

3. 求柱根处纵筋配量 $A_{s总}$

柱根处为支架最危险断面，承受弯、剪、扭三力作用。首先应验算其抗剪能力，然后再求抗弯、抗扭配筋，以求得柱根处总配筋量。本例混凝土为 C20。

1）抗剪

查支架通用图（一）的 RJT-02 图，空腹柱型 Z_3，可知柱根空腹处两肢 $h = 200$，按 $b = 350$，$h = 2 \times 200 = 400$，查 $V_{混凝土}$图得：

$V_{混凝土} = 43kN > f_R = 41.2kN$，可。此时箍筋不承担剪力。

尚余混凝土截面率 $= \frac{43 - 41.2}{43} = 0.04$，此值很小，可忽略混凝土截面的抗扭能力。

2）求抗弯配筋量 A_{s1}

据柱长 $H = 7.95m$，$f_R = 41.2kN$ 查固定支架 $A_s = f$（f）①图得：

$$A_{s1} \approx 15.5cm^2$$

3）求抗扭配筋量 A_{s2}

由空腹柱 Z_3 图可知，空腹两肢截面均为 350mm × 200mm，按总截面 350mm × 400mm 计，查 $T_{筋}$ 图㉑得：

$T_{筋} = 22kN \cdot m > M_y = -20kN \cdot m$，可。

此图配筋为：纵筋 6Φ20 $A_{s2} = 18.85cm^2$

箍筋 $\phi 12@175$

柱根纵筋总配量 $A_{s总} = 15.5 + 18.85cm^2 = 34.35cm^2$

采用配筋：空腹柱四个外角用 4Φ25 $A_s = 19.64cm^2$

空腹柱四个内角用 4Φ22 $A_s = 15.2cm^2$

实际配筋总量为：$34.84cm^2$

纵筋设置：四个内角纵筋 4Φ22，升至柱顶实腹处上 200mm 处终止。以节省钢材。

4. 验算柱顶处抗剪、抗扭

柱顶截面采用 350mm × 400mm，纵筋 4Φ25，$A_s = 19.64cm^2$

1）抗剪

由柱根抗剪验算截面 350mm × 400mm 可知，混凝土抗剪无问题

2）抗扭

据截面 350mm × 400mm 配筋 4Φ25 $A_{s2} = 19.64cm^2$ 箍筋 $\phi 12$@175查 $T_{筋}$图㉑得：

$T_{筋} = 22\ kN \cdot m > M_y = 20\ kN \cdot m$可。

$T_{筋}$ 图㉑纵筋为 6Φ20，$A_s = 18.85cm^2$。

实际配筋量为 $19.64cm^2 > 18.85cm^2$，故柱顶实际抗扭能力要稍 $> 22\ kN \cdot m$。可不必计算。

5. 基础计算

已知：$f_R = 41.2\ kN$，$H = 7.95m$，$H_1 = 0.75m$，查固定支架 $\omega = f$（f）①图，查 $f = 40\ kN$线得：

$\omega \approx 12.0m^2$，$h_0 = 2.3m$。

令基础长 $A = 3.0m$，则 $B = \frac{2\omega}{A^2} = \frac{2 \times 12}{3^2} = 2.67m$ 取 2.7m，$A/B = 3.0/2.7 = 1.11 < 1.2$，可。

基础总高 $= H_1 + 0.35 = 0.75 + 0.35 = 1.1m$

基础细部尺寸及配筋详见本手册通用图，略。

基础型号：J_2，混凝土 C15。

第四节　桁架计算例题

【例 9】　单层桁架

一固定支架，支架净高 $H_3 = 3.7m$，上架 4 管，两外侧管中心距 2m，受力为：$f_x = 150kN$，$f_z = 60kN$，地基容许承载力〔f〕= 130kPa。试设计此支架。见图 4-6。

〔解〕　1. 选定支架形式、尺寸：因支架双向受力均大，故选用单层桁架。

桁架宽 2m，长 $l = 1.5m$，桁架计算高度 $h = 3.5m$。

2. 求桁架杆件受力值

1）求合力 f_R：

$f_R = \sqrt{150^2 + 60^2} = 161.6kN$。

2）求杆件内力

每榀桁架受力 $= \dfrac{161.6}{2} =$ 80.8kN，取 81kN。

①求斜撑拉力

据 f = 81kN，l = 1.5m，桁架高 h = 3.5m。由“单层桁架斜撑拉力图”①得：

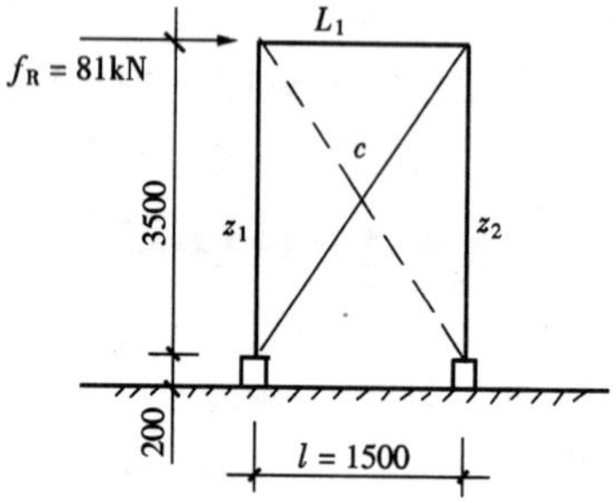

斜撑拉力 = 206kN。

②求桁架柱压（拉）力

由“单层桁架柱压力图”①可得：

柱压（拉）力 = 188kN

③桁架顶（中）梁压力 = 81kN

④桁架横梁承受水平推力 = 161.6kN

f_R = 81kN
L_1
c
3500
z_1
z_2
200
l = 1500

图 4-6　桁架计算图

3. 确定各构件规格尺寸

1）斜撑、连接钢板及焊缝规格

①斜撑角钢

据拉力 = 206kN，查“单角钢承载能力表”，得角钢为 L75 × 8。

②焊缝

查“焊缝长度图”，据 f = 206kN，

得：焊缝长 = 130mm，焊缝高 = 8mm。

③连接钢板

据角钢厚 8mm，定钢板厚 8mm。钢板大小由焊缝长度剪刀撑图确定。

2）顶（中）梁

据压力 = 81kN，l = 1.5m，查“单角钢承载能力表”。选用 L75 × 8。

3）横梁

据水平推力 = 161.6kN，梁长 2m，查“横梁配筋图”得：横梁截面为 300mm × 350mm，配筋量 $A_s = 8.4 \times 1.03 = 8.65cm^2$，单面配 3Φ 20，$A_s$ = 9.42cm 梁底另增 1Φ 20，共 7Φ 20，箍筋取 ϕ10 @100。

横梁 h = 350 = 桁架柱 h。

因侧推力大，在架顶横梁下 1.5m 处再设一构造横梁，截面为 300mm × 350mm，配筋 4Φ 16，箍筋 ϕ8@200。

4）桁架柱

已定柱截面为 300mm × 350mm，据水平推力 = 81kN，l = 1.5m，h = 3500mm。

查“单层桁架柱配筋图”得：$A_s = 7.4 \times 1.03 = 7.62cm^2$ 配 4Φ 16 钢筋，$A_s = 8.04cm^2$，箍筋取 ϕ8@200。

4. 基础计算

据 f_R = 161.6kN，桁架高 3.7m，查单层桁架 $w = f$（f）图，得 $w = 37m^2$，$h_0 = 2.3m$。

令 A = 4.4m，则 $B = \dfrac{2 \times 37}{4.4^2} = 3.82m$，取 B = 3.85m。A/B = 4.4/3.85 = 1.14 < 1.2，可。

据 A = 4.4m，B = 3.85m，h_0 = 2.3m，查桁架基础诸表可得：

1）查“纵梁配筋表”得：纵梁：断面为 300mm × 550mm，上层筋为 4Φ 20，下层筋为 6Φ 22，箍筋均为 ϕ8@200。

2）查“横梁配筋表”得：横梁：断面为 300mm × 500mm，上层筋为 3Φ 16，下层筋为 3Φ 18，箍筋为 ϕ8@200。

3）查“脚梁配筋表”得：脚梁：断面为 400mm × 400mm，上层筋为 3Φ 18，下层筋为 3Φ 20，箍筋均为 ϕ8@200。

4）查“底板配筋表”得：

底板：板厚250mm。

上层横向主筋 ϕ14@210，下层横向主筋 ϕ14@120，上、下层纵向分布筋均为 ϕ8@200。

基础平面图如图4-7所示。

基础剖面图，略。

桁架及预埋件等，参照本手册通用图确定，略。

【例 10】　二层桁架例及设计图

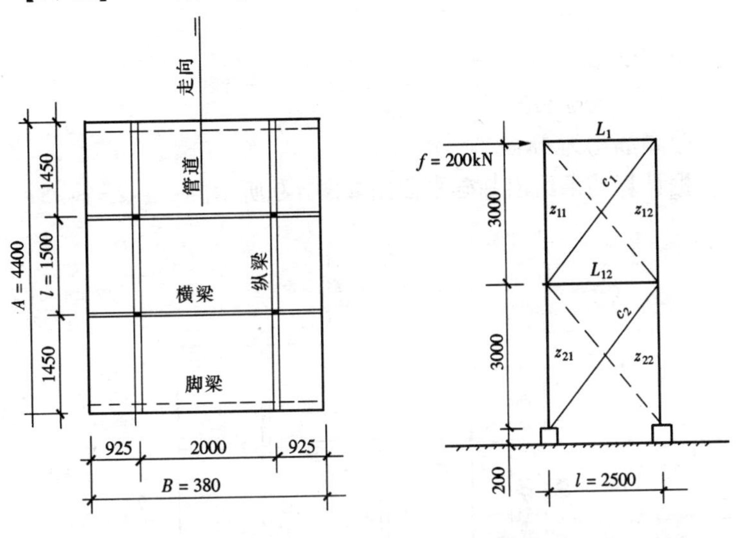

图4-7　基础平面图　　　　图4-8　桁架计算图

一固定支架（见图4-8），支架净高 $H_3 = 6.2$m，上架5管，两外管中心距2.5m，受力 $f_x = 400$kN，地基容许承载力〔f〕= 120kPa，试设计此支架。

〔解〕　1. 选定支架形式及尺寸：用二层桁架，桁架高6.2m，长 $l = 2.5$m，宽 $b = 2.5$m。桁架每层计算高度 $h = \frac{6.2 - 0.2}{2} = 3$m。

2. 求桁架杆件内力

1）顶、中梁压力 $= \frac{400}{2} = 200$kN

2）柱压（拉力）

据 $f = 200$kN，桁架计算高度 $H = 6.2 - 0.2 = 6$mm，$l = 2.5$m，查“双层桁架柱压力图”②得：柱压力 = 480kN。

3）斜撑拉力

据 $f = 200$kN，$H = 6$m，查“二层桁架斜撑拉力图”②得：斜撑拉力 = 312kN。

4）横梁水平推力 = 400kN

3. 定桁架各杆件规定尺寸

1）顶、中梁

据压力 = 200kN，查“双角钢承载能力表”得：

角钢为 2×L75×8。

2）斜撑

据 $f = 312$kN，查“单角钢承载能力表”得：角钢为 L100×10。

3）横梁

据 $f = 400$kN，桁架宽2.5m，查“横梁配筋图”得：

横梁截面为350mm×450mm。

配筋量 $A_s = 21.8 \times 1.03 = 22.45\text{cm}^2$，配筋6Φ22，$A_s = 22.81\text{cm}^2$，梁底增筋2Φ22，共14Φ22。箍筋取 ϕ10@100。

4）桁架柱

据 $f = 200$kN，$H = 6$m，$l = 2.5$m，查“二层桁架柱配筋图”②得：柱 $b = 400$mm，柱 h 与横梁 $h = 450$mm，相同。

配筋量 $A_s = 18.6 \times 1.03 = 19.2\text{cm}^2$，配筋为4Φ25，$A_s = 19.64\text{cm}^2$. 箍筋 ϕ8@200。

4. 基础计算

据 $f = 400\text{kN}$，$H = 6.2\text{m}$，查双层桁架 $\omega = f$（f）图②得：$\omega = 122\text{m}^2$，$h_0 = 2.7\text{m}$。

本例实际地基容许承载力〔f〕$_{实} = 120\text{kPa} < 130\text{kPa}$。承载力改正系数 $K_1 = 1.08$。

则 $\omega_{实} = 122 \times 1.08 = 131.8\text{m}^2$

令 $A = 6.6\text{m}$，则 $B = \dfrac{2 \times 131.8}{6.6^2} = 6.05\text{m}$

取 $B = 6.1\text{m}$。

$A/B = 6.6/6.1 = 1.08 < 1.2$，可。

据 $A = 6.6\text{m}$，$B = 6.1\text{m}$，$h_0 = 2.7\text{m}$，查桁架基础诸表可得：

1）纵梁

查“纵梁配筋表”得：

纵梁截面为：450mm × 1000mm

纵梁配筋为：上层 5 Φ 25

下层 8 Φ 25 + 1 Φ 16

箍筋：ϕ8@200

2）横梁

查“横梁配筋表”得：

横梁截面为：400mm × 850mm

横梁配筋为：

上层 4 Φ 25 + 1 Φ 18

下层 5 Φ 25 + 1 Φ 16

箍筋为：ϕ8@200

3）脚梁

查“脚梁配筋表”得：

脚梁截面为：

400mm × 600mm

脚梁配筋为：

上层 4 Φ 20 + 1 Φ 18

下层 5 Φ 25 + 1 Φ 22

箍筋为：ϕ8@200

4）底板

查“底板配筋表”得：

底板厚 400mm

底板配筋为：

上层Φ 8@140

下层Φ 20@120

分布筋均为 ϕ8@200

据计算结果给出基础平面图如图 4-9 所示。

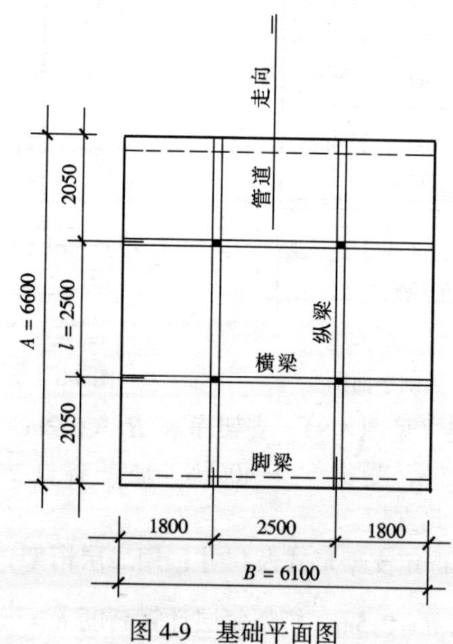

图 4-9　基础平面图

整套二层桁架及基础图附于通用图之后，供设计参考。

第五节　直埋支墩计算例

【例 11】　固定支墩例

一直埋热力管道固定支墩，承受管道轴向推力 $F=300\text{kN}$，工艺要求两肋墙间净宽 $l_{ox}=1.5\text{m}$，管中距底板顶面 $H_1=0.45\text{m}$，挡板墙高 $l_y=2H_1=0.9\text{m}$，地基承载力 $[f]=100\text{kPa}$，用 C20 混凝土，HPB235 钢筋，试设计此支墩。见图 4-10。

1. 基础计算

1）据 $F=300\text{kN}$，查板肋型固定支墩 $W=f(F)$ 图，可得：

基础单位底面积 $W=11.5\text{m}^2$，基底埋深 $h_0=2.1\text{m}$，管中高 $H_1=0.45\text{m}$。

因 $W=f(F)$ 图中的标准地基承载力 $[f]=130\text{kPa}$，而实际地基承载力 $[f]=100\text{kPa}$，故应对求得 W 值进行改正。

$$W_{实}=W\times\frac{[f]_{标}}{[f]_{实}}=11.5\times\frac{130\text{kPa}}{100\text{kPa}}=14.95\text{m}^2$$

2）计算基础边长

令 $A=3.2\text{m}$

$$B=\frac{2W}{A^2}=\frac{2\times14.95}{3.2^2}=2.92\quad 取\ B=2.9\text{m}$$

$A/B=3.2/2.9=1.1<1.2$，可。

2. 挡板墙计算

取挡板墙厚 0.25m

［解］　1）求均布荷载

$$q=\frac{2F}{l_{ox}}=\frac{2\times300}{1.5}=400\text{kN/m}$$

2）$\dfrac{l_{oy}}{l_{ox}}=\dfrac{0.9}{1.5}=0.6$

3）查 M_k 图可得：

①x 向 M_k 为：边中 $M_x^0=-0.041$，上边 $M_{xz}^0=-0.065$，按 $M_{x\max}=-0.065$。

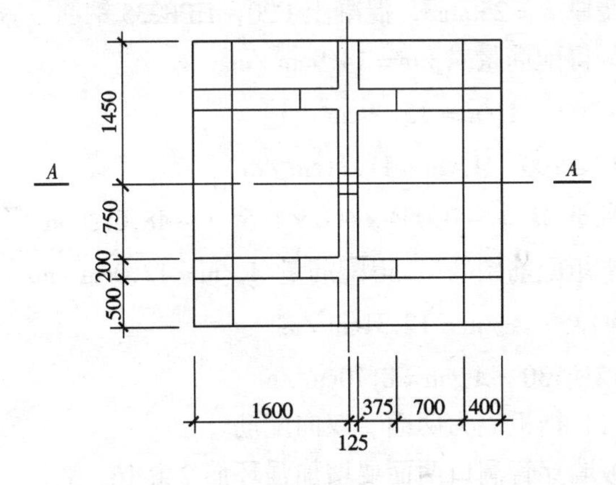

平面图

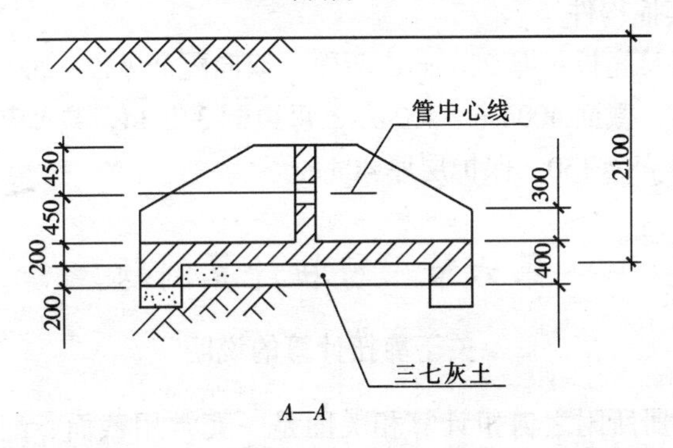

A—A

图 4-10　固定支墩

②y 向 M_k 为：底边 $M_y^0=-0.054$，跨中 $M_y=0.0075$，按 $M_{y\max}=-0.054$。

4. 配筋：

①水平弯矩 $M_x = M_{xmax} q l_{ox}^2 = -0.065 \times 400 \times 1.5^2 = -58.5kN \cdot m$

取挡板墙厚 $\delta = 250mm$，混凝土 C20，HPB235 钢筋，查“板弯矩配筋图③”得配筋量 $A_s/m = 14.9cm^2/m$。

用 $\phi14@100$ $A_s/m = 15.39cm^2/m$

或用Φ 12@100 $A_s/m = 11.31cm^2/m$

②垂直弯矩 $M_y = -0.054 \times 400 \times 1.5^2 = -48.6kN \cdot m$

查“板弯矩配筋图③”，得配筋量 $A_s/m = 12.0cm^2/m$。

用 $\phi14@125$ $A_s/m = 12.31cm^2/m$

或用Φ 12@130 $A_s/m = 8.70cm^2/m$

注意：(1) 挡板墙为两面、双向配筋。

(2) 挡板墙穿管洞口两面要增加强环筋 2Φ 16。

3. 其他构件

肋墙及底板：厚 200mm，两面、双向配筋 $\phi12@200$。

脚梁：截面 400mm×400mm，每边配 3Φ 14，共 8Φ 14。

箍筋 $\phi8@150$，保护层厚 40mm。

第六节　剪扭计算例题

关于剪扭计算的说明

本手册所附之剪扭计算相关图是一套常用截面、配筋下的完整计算图。它适用于在大集中荷载（集中荷载所产生的剪力占总剪力值和 75%以上时）下剪扭构件的计算。

1. 适用条件

1）构件截面的剪跨比 $\lambda = 3$。

2）混凝土受扭承载力降低系数 $\beta_t = 0.8$。

3）纵筋、箍筋配筋强度比 ζ 按实际计算值，但当 $\zeta > 1.7$ 时，取 $\zeta = 1.7$，当 $\zeta < 0.6$ 时，按 $\zeta = 0.6$。

2. 制图的固定条件

1）混凝土等级为 C20。当混凝土等级不是 C20 时，可按换算系数表进行换算。

2）钢筋：纵筋为 HRB335 钢筋、箍筋为 HPB235 钢筋。纵筋保护层厚 25mm。

3）构件截面：按常用的矩形截面。

3. 使用时应注意的问题

1）构件的最佳配筋范围

最经济的纵、箍筋配筋强度比 ζ 值范围是 1.7～0.6，即相关图中的曲线段。查用本图时，用调整箍筋直径、间距的方法，尽量使选点落在曲线段。

2）最优设计方案

在设计剪扭构件时，构件截面宜趋近正方形，混凝土的抗剪力≥设计剪力值，以确保箍筋在抗扭中充分发挥其作用，故宜采用强箍筋方案，过多的增加纵筋配量会导致配筋的浪费。

热力管道支架是以承受水平推力为主的支架，是弯剪扭构件。但由于本手册支架大多采用根粗顶细的变截面柱（肢），其危险截面在柱顶，因此热力管道支架实际上仍为剪扭构件，而其纵筋配量的大小主要受控于支架承受弯矩的大小，是较典型大集中荷载作用下的剪扭构件。

为了解决钢筋混凝土构件抗扭、抗剪能力差的问题，柱型支架宜选用厚柱、强箍筋（箍筋密、直径粗）方案，且柱截面趋近正方形。当支架承受大扭矩（T 在 30kN·m 以上）时，就应选用门架或桁架结构形式。

为了更好地利用本手册剪扭相关图进行剪扭计算，特增剪扭计算 6 例。

【例 12】 纯扭计算例

一钢筋混凝土构件截面 $b=300mm$，$h=600mm$，混凝土 C20，$f_c = 10N/mm$，$f_t = 1.1N/mm^2$。纵筋用 HRB335 钢筋，$f_y = 300N/mm^2$，箍筋用 HPB235 钢筋，$f_r = 210N/mm^2$。承受扭矩 $T = 30kN \cdot m$，求其纵、箍筋用量。

〔解〕1. 因扭矩大采用箍筋为 $8\phi @100$，据 $b = 300mm$，$h = 600mm$，查 $T_{筋}$ 图②得：

钢筋抗扭矩 $T_{筋} = 21.2kN \cdot m \times 0.98 = 20.8kN \cdot m$，该图的纵筋为 4Φ16，$A_{stl} = 804mm^2$。

2. 据构件截面尺寸及混凝土 C20，查 $T_{混凝土}$图得：

混凝土抗扭矩 $T_{混凝土} = 7.0kN \cdot m$。

构件总抗扭矩 $T_{总} = 20.8 + 7.0 = 27.8kN \cdot m < 30kN \cdot m$，需增加纵筋。

3. 求纵筋配量：

选用纵筋 6Φ16，$A_{stl} = 1206mm^2$

1）改正系数 $\beta = \sqrt{4Φ16 的 A_s/实际 A_{stl}} = \sqrt{804/1206} = 0.82$

2）增大纵筋后的钢筋抗扭力为：

$T_{筋实} =（A_{stl}实/804）\times T_{筋} \times \beta =（1206/804）\times 21.2 \times 0.82 = 26.1kN \cdot m$。

3）构件现有抗扭力为：

$T_{总实} = T_{混凝土} + T_{筋实} = 7.0 + 26.1 = 33.1kN \cdot m > 30kN \cdot m$，可。

本例采用：纵筋 6Φ16，箍筋 $\phi 8@100$。

【例 13】 压扭计算例

构件尺寸、混凝土等级、钢筋均同上例。承受轴向压力 $N = 80kN$，扭矩 $T = 40kN \cdot m$，求其纵、箍筋用量。

〔解〕 1. 求轴压力产生的抗扭矩 $T_{压}$：

按压扭矩公式计算，$T_{压} = 0.07N/A \times W_t$。

1）$N/A = 80 \times 10^3/（300 \times 600）= 0.44N/mm^2 < 0.5f_c = 0.5 \times 10 = 5N/mm^2$ 截面符合要求。

2）截面受扭塑性抵抗矩 W_t 为：

$W_t = b^2（3h - b）/6 = 300^2（3 \times 600 - 300）/6 = 22.5 \times 10^6 mm^3$。

3）轴压抗扭矩 $T_{压} = 0.07N/A \times W_t = 0.07 \times 0.44 \times 22.5 \times 10^6 = 0.69kN \cdot m$。

4）净剩扭矩 $T_{净} = 40 - 0.69 = 39.31kN \cdot m$。

2. 选用加大的纵、箍筋进行对比：

1）采用大纵筋方案：

选用纵筋 8Φ18 $A_{stl} = 2036mm^2$，箍筋仍为 $\phi 8@100$，改正系数 $\beta = \sqrt{804/2036} = 0.63$

增大纵筋后的钢筋抗扭矩为：

$T_{筋实} =（2036/804）\times 21.2 \times 0.63 = 33.8kN \cdot m$。

构件总抗扭矩为：

$T_{总实} = T_{混凝土} + T_{筋实} = 7.0 + 33.8 = 40.8kN \cdot m > 39.31kN \cdot m$ 可。

2）采用大箍筋方案：

选用箍筋 $\phi 10@100$，据 $b = 300mm$、$h = 600mm$，查 $T_{筋}$ 图⑧得：$T_{筋} = 26.5kN \cdot m$

$T_{总} = T_{混凝土} + T_{筋} = 7.0 + 26.5 = 33.5kN \cdot m < 39.31kN \cdot m$，需增大纵筋。

选用纵筋 6Φ16 $A_{stl} = 1206mm^2$

$\beta = \sqrt{804/1206} = 0.82$。

$T_{筋实}$ = （1206/804）× 26.5 × 0.82 = 32.6kN·m

$T_{总实}$ = 7.0 + 32.6 = 39.6kN·m > 39.31kN·m，可。

大箍筋 ϕ10@100，需配纵筋 6Φ 16，A_{stl} = 1206mm²。

小箍筋 ϕ8@100，需配纵筋 8Φ 18，A_{stl} = 2036mm²。显然是大箍筋方案，可节省钢筋。

结论：增强箍筋抗扭作用大。可节省构件总配筋量。

【例 14】 剪扭计算例

一钢筋混凝土构件截面尺寸为 b = 300mm，h = 500mm，混凝土 C20，纵筋用 HRB335 钢筋。箍筋用 HPB235 钢筋。承受剪力 V = 80kN。扭矩 T = 20kN·m，求其纵、箍筋用量。

〔解〕 1. 抗剪计算

1）已知：b = 300mm，h = 500mm，选用混凝土 C20，纵筋 4Φ 16，A_{stl} = 804mm²，箍筋 ϕ10@100 A_{sv} = 157mm²。

2）求混凝土截面抗剪力 $V_{混凝土}$：

查 $V_{混凝土}$图得：$V_{混凝土}$ = 47kN

3）箍筋承担剪力 = 80 − 47 = 33kN

4）据箍筋 ϕ10@100 h = 500 查 $V_{箍}$ 图③得：

$V_{箍}$ = 160kN > 33kN

尚余箍筋截面积 $= 157 \times \dfrac{160-33}{160} = 124.6\text{mm}^2$

ϕ8 A_{sv} = 101mm²

可按 ϕ8@100 计算抗扭。

2. 抗扭计算

据截面 300mm × 500mm，箍筋 ϕ8@100，查钢筋抗扭矩 $T_{筋}$ 图②得：$T_{筋}$ = 18.5kN·m。

因该点居相关线的曲线段，故 $T_{筋}$ = 18.5 × 0.98 = 18.1kN·m。

再据实际剩余箍筋截面积 124.6mm² 和 ϕ8 之截面积 101mm²，进 $T_{筋}$ 值的改正计算。

$T_{筋实} = 18.1 \times \dfrac{124.6}{101} = 22.3\text{kN·m} > 20\text{kN·m}$ 可。

用钢筋最大抗扭矩 $T_{筋max}$ 复核支架计算例

当支架柱截面、配筋已知的情况下，复核支架配筋、截面的原则是：

1. 先求柱的纵、箍筋配筋强度比 ζ，当 $\zeta \geqslant 1.7$ 时，即可利用钢筋最大抗扭力 $T_{筋max}$ + 混凝土截面抗扭力 $T_{混凝土}$之和 $T_{总}$，来复核其抗扭，此法只需查图，不需计算，最为简捷。

2. 若 $T_{总}$ < 扭矩 M_y 时，增强支架抗扭矩的原则是：第一增大柱截面；第二增强箍筋；第三只有在 ζ < 1.7 时，才可增大纵筋，否则，再加大纵筋也不起作用。

【例 15】 一固定支架，地面以上净高 H_3 = 3m，其受力情况如图 4-11 所示，试设计此支架柱。

f_y = −10kN

M_y = 30kN·m

f_x = 20kN

图 4-11 受力情况

〔解〕 对 f_y = −10kN 不予考虑。

1. 求支架柱长、截面与配筋：

1）按抗弯、剪要求，确定柱长与截面尺寸：

据 f_x = 20kN、H_3 = 3m，查固定支架 $A_s = f$（f）①图得：支架基底埋深 h_0 = 1.9m，柱根插入杯口深度 H_1 = 0.55m，柱截面尺寸为 300mm × 600mm，柱顶取 300mm × 400mm。

则支架柱长 H = 3 + 1.9 − 0.35 = 4.55m。

式中 0.35m 为柱下混凝土垫层与杯基底厚之和。据剪力 f_x = 20kN，复核柱截面尺寸：本例混凝土为 C20，查 $V_{混凝土}$ 图得：$V_{混凝土}$ = 57kN > 20kN

柱混凝土截面抗剪无问题，尚有余力进入抗扭计算。

2）求抗弯配筋量 A_{s1}：

据 $f_x = 20\text{kN}$、$H = 4.55\text{m}$，查固定支架 $A_s = f$（f）①图得：$A_{s1} = 6.3\text{cm}^2 \times 1.03 = 6.5\text{cm}^2$。

3）求抗扭配筋量 A_{s2}：

据截面 300mm × 600mm、$M_y = 30\text{kN·m}$，查钢筋抗扭矩 $T_{筋}$ 图㉖得：$T_{筋} = 34\text{kN·m} > 30\text{kN·m}$，可。

图标配筋量为：纵筋 6Φ20，$A_{s2} = 18.85\text{cm}^2$

箍筋 $\phi 12@150$

4）柱根总配筋量为：$A_{s总} = 6.5 + 18.85 = 25.35\text{cm}^2$ 采用 8Φ20 $A_s = 25.13\text{cm}^2$。柱每边 3Φ20，两侧面中间一根在 1/2 根长处断掉，以节省钢筋。柱顶保留 6Φ20 钢筋。

柱每边 3Φ20 $A_s = 9.42\text{cm}^2 > 6.5\text{cm}^2$（抗弯纵筋），满足抗弯配筋要求。

2. 复核柱顶抗剪、扭

取柱顶截面为 300mm × 400mm，已知纵筋为 6Φ20，$A_s = 18.85\text{cm}^2$，箍筋 $\phi 12@150$。

1）抗剪

查 $V_{混凝土}$图，300mm × 400mm 截面 $V_{混凝土} = 37\text{kN} > 20\text{kN}$

尚余混凝土截面率 $= \dfrac{37-20}{37} = 0.46$

剩余混凝土截面进入抗扭计算。

2）抗扭

①混凝土截面抗扭矩

据截面 300mm × 400mm 查 $T_{混凝土}$图得：$T_{混凝土} = 4.2\text{kN·m}$ 剩余混凝土截面抗扭矩 $= 4.2 \times 0.46 = 1.9\text{kN·m}$

②钢筋抗扭矩：

已知：柱顶纵筋 6Φ20，箍筋 $\phi 12@150$，$A_{stl} = 18.85\text{cm}^2$

查 $T_{筋}$ 图㉖得：$T_{筋} = 21.5\text{kN·m} < 30\text{kN·m}$。

需加密箍筋，用 $\phi 12@100$。

查 $T_{筋}$ 图㉗得 $T_{筋} = 32.5\text{kN·m}$

$T_{总} = 1.9 + 32.5 = 34.4\text{kN·m} > 30\text{kN·m}$，可。

箍筋加密区长 $= \dfrac{4.55}{2} = 2.28\text{m}$ 取 2.3m。

验算 ζ 值：

混凝土芯周长 $\mu_{cor} = 2$［（30 − 5）+（40 − 5）］= 120cm

$$\zeta = \frac{f_y A_{stL} S}{f_{yv} A_{stl} \mu_{cor}} = \frac{300 \times 18.85 \times 10}{210 \times 1.13 \times 120} = 1.99 > 1.7$$

用钢筋最大抗扭矩 $T_{筋max}$图复核：

300 × 400 截面的混凝土芯截面积 A_{cor} =（30 − 5）（40 − 5）= 875cm²。

查 $T_{筋max}$图⑦得 $T_{筋max} = 32.5\text{kN·m}$ 与 $T_{筋}$ 图㉗查得值相同。

【例 16】　将上例中的 f_x 改为 40kN，其余不变，再设计此支架

〔解〕　由上例可知：柱长 $H = 4.55\text{m}$，柱根截面 300 × 600，柱顶截面 300mm × 400mm。

1. 复核柱根抗剪

据截面 300mm × 600mm，查 $V_{混凝土}$图得 $V_{混凝土} = 57\text{kN} > 40\text{kN}$ 尚余混凝土截面率 $= \dfrac{57-40}{57} = 0.3$，进入抗扭计算。

2. 求抗扭配筋量 A_{s2}

1）剩余混凝土截面抗扭力

据截面 300mm × 600mm，查 $T_{混凝土}$图得：$T_{混凝土} = 7.0\text{kN·m}$，尚余混凝土截面抗扭力 $T_{混凝土实} = 7 \times 0.3 = 2.1\text{kN·m}$

2）求抗扭配筋量

钢筋承担的扭矩 = 30 − 2.1 = 27.9kN·m

据截面 300mm × 600mm 查 $T_{筋}$ 图㉑得：$T_{筋}$ = 29.2kN·m > 27.9kN·m，可。

图标：纵筋 6Φ20 A_s = 18.85cm²

箍筋 ϕ12@175

3. 求抗弯配筋量 A_{s1}：

据 f_x = 40kN，H = 4.55m，查固定支架 $A_s = f(f)$ ①图得：

$$A_s = 13.4 \times 1.03 = 13.8\text{cm}^2$$

4. 柱根总配筋量 = 18.85 + 13.8 = 32.65cm²

用 4Φ25（四角）+ 4Φ20（中间）A_s = 19.64 + 12.56 = 32.2cm²，可。4Φ20 筋在柱长 1/2 处断掉，只留 4Φ25 到柱顶。

5. 复核柱顶抗剪、扭

1）抗剪

据柱顶截面 300mm × 400mm，查 $V_{混凝土}$ 图得：$V_{混凝土}$ = 37kN，稍小于 40kN，此时箍筋要承担一小部分剪力。

2）抗扭

已知：纵筋 4Φ25 A_s = 19.64cm²。因扭矩大，箍筋取 ϕ12@100。因本例纵筋强，故先求其 ζ 值。

$$\zeta = \frac{300 \times 19.64 \times 10}{210 \times 1.13 \times 120} = 2.07 > 1.7$$

可按 $T_{筋max}$ 确定钢筋抗扭力。

混凝土芯面积 A_{cor} = (30 − 5)(40 − 5) = 875cm²，按 ϕ12@100。查 $T_{筋max}$ 图⑦得：

$T_{筋max}$ = 32.5kN·m > 30kN·m，可。

结论：

当柱的纵筋很强时，应先求其 ζ，当 $\zeta > 1.7$ 时，即可查 $T_{筋max}$ 图，查得之值，即为钢筋抗扭矩值，此法最为简捷。

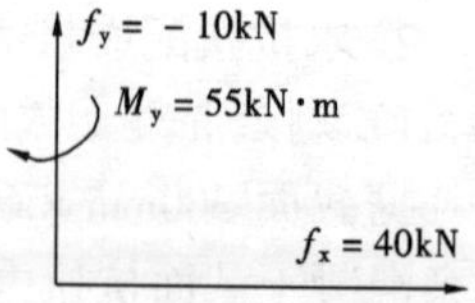

图 4-12 受力情况

【例 17】 一固定支架，地面以上净高 H_3 = 4m，受力情况如图 4-12 所示，试设计此支架柱。

本计算例采用：一、大截面（400mm × 800mm）；二、小截面（300mm × 600mm）强配筋，两种方案进行比较，以探讨抗扭的最佳方案。

一、大截面柱方案

已知：柱根截面为 400mm × 800mm，H_3 = 4m，f_x = 40kN。

求：柱长 H = ?

〔解〕 查固定支架 $A_s = f(f)$ ①′图得：

基底埋深 h_0 = 2.1m，柱根插深 H_1 = 0.65m。则支架柱长 H = 4 + 2.1 − 0.35 = 5.75m。

式中 0.35m 为柱根下混凝土垫层和杯基底厚之和。

1. 复核抗剪

据混凝土 C20，截面 400mm × 800mm，查 $V_{混凝土}$ 图得：$V_{混凝土}$ = 103kN > f_x = 40kN，尚余混凝土截面率 = $\frac{103-40}{103}$ = 0.61，进入抗扭计算。

2. 求抗弯配筋量 A_{s1}

据 f_x = 40kN，H = 5.75m 查固定支架 $A_s = f(f)$ ①′图得：

$$A_{s1} = 11.8\text{cm}^2 \times 1.03 = 12.2\text{cm}^2$$

3. 求抗扭配筋量 A_{s2}

1）求剩余混凝土截面抗扭力

据截面 400mm × 800mm，查 $T_{混凝土}$ 图得：$T_{混凝土}$ = 16.4kN·m，剩余混凝土截面抗扭力矩 $T_{混凝土余}$ = 16.4 × 0.61 = 10kN·m

2）求抗扭配筋量

据截面 400mm × 800mm 查 $T_{筋}$ 图㉑得：$T_{筋}$ = 56kN·m。

图标：纵筋 6Φ20 $A_{s2}=18.85cm^2$

箍筋 $\phi 12@175$

净剩扭矩 $T=M_y-T_{混凝土余}=55-10=45kN\cdot m<56kN\cdot m$，可。

4. 求柱根总配筋量 $A_{s总}$

$A_{s总}=12.2+18.85=31.05cm^2$ 箍筋 $\phi 12@175$

采用 4Φ25+4Φ20 $A_s=19.64+12.56=32.20cm^2$

配筋形式：柱每边 3 筋，Φ25 筋居四角，Φ20 筋居中间，4Φ20筋在柱长 4.3m 处断掉。

5. 复核柱顶抗剪、扭：

柱顶截面取 400mm×400mm，纵筋为 4Φ25。

1）抗剪：

查 $V_{混凝土}$图，400×400 截面 $V_{混凝土}=49kN$。

尚余混凝土截面率 $=\dfrac{49-40}{49}=0.18$ 进入抗扭计算。

2）抗扭：

①求剩余混凝土截面抗扭矩：

据截面 400mm×400mm，查 $T_{混凝土}$图得：$T_{混凝土}=6.5kN\cdot m$ 混凝土截面净剩抗扭力 $=6.5\times0.18=1.2kN\cdot m$。

②钢筋抗扭力：

已知：柱顶纵筋为 4Φ25，$A_s=19.64cm^2$

$T_筋$ 图标纵筋为 6Φ20，$A_s=18.85cm^2$，箍筋 $\phi 12@75$

两者配筋量相近，只需按 400mm×400mm 截面求箍筋 $\phi 12$ 的间距即可。

据净剩扭矩 $=55-1.2=53.8kN\cdot m$，查 $T_筋$ 图㉓得：$T_筋=53.8kN\cdot m$，此点位居相关线之曲线段，故 $T_筋=53.5\times0.98=52.4kN\cdot m<53.8kN\cdot m$，稍小。

将箍筋间距由 75mm，改为 70mm，即可，柱顶箍筋加密区长 2.95m。

本例支架柱截面与配筋为：

支架柱为变截面柱，柱根 400mm×800mm，柱顶 400mm×400mm，柱根配筋为 4Φ25+4Φ20，箍筋 $\phi 12@175$。

柱顶配筋为 4Φ25，箍筋 $\phi 12@70$。箍筋加密区长 2.95m。

二、小截面强配筋方案

已知：本例采用截面 300mm×600mm 等截面柱。$H_3=4m$，$f_x=40kN$。

求：柱长 $H=?$

〔解〕　查固定支架 $A_s=f\ (f)$ ①图得：

基底埋深 $h_0=1.9m$，柱根插深 $H_1=0.55m$

则柱长 $H=4+1.9-0.35=5.55m$

1. 复核抗剪

据混凝土 C20，截面 300mm×600mm，查 $V_{混凝土}$图得：

$V_{混凝土}=57kN>40kN$，尚余混凝土截面率 $=\dfrac{57-40}{57}=0.3$，进入抗扭计算。

2. 求抗弯配筋量 A_{s1}

据 $f_x=40kN$，$H=5.55m$ 查固定支架 $A_s=f\ (f)$ ①图得：$A_{s1}=17.2cm^2\times1.03=17.7cm^2$，（延长 $f=40kN$ 之二阶曲线后所查之 A_s）。

3. 求抗扭配筋量 A_{s2}

1）求剩余混凝土截面抗扭力

据截面 300mm×600mm，查 $T_{混凝土}$图得：$T_{混凝土}=7kN\cdot m$，剩余混凝土截面抗扭力 $T_{混凝土余}=7\times0.3=2.1kN\cdot m$。

2）求抗扭配筋量 A_{s2}

据截面 300mm×600mm，查 $T_筋$ 图㉓得：$T_筋=56kN\cdot m$，此点

位居相关线的曲线段，故 $T_{筋}=56\times0.98=54.9\text{kN}\cdot\text{m}$。

图标：纵筋 6Φ20 $A_s=18.85\text{cm}^2$

箍筋 $\phi12@75$。

净剩扭矩 $T=M_y-T_{混凝土余}=55-2.1=52.9\text{kN}\cdot\text{m}<54.9\text{kN}\cdot\text{m}$，可。

4. 求柱根总配筋量 $A_{s总}$

$A_{s总}=17.7+18.85=36.55\text{cm}^2$ 箍筋 $\phi12@75$。

采用 6Φ25+2Φ22 $A_s=29.45+7.6=37.05\text{cm}^2$。

初选配筋形式：沿管道轴向两柱面各用 3Φ25，两侧面各用 2Φ25+1Φ22。

柱受弯面配筋为 3Φ25 $A_s=14.73\text{cm}^2<A_{s1}=17.7\text{cm}^2$，不能满足抗弯配筋要求。

故受弯柱面应增 1Φ25，总配筋量 $=14.73+4.91=19.64\text{cm}^2>A_{s1}$，可。

最终配筋形式为：柱受弯面为 4Φ25，前后两面共 8Φ25，其中间 2 筋在 $\frac{5.55}{2}=2.8\text{m}$ 处断掉。两侧各增 1Φ16 构造筋，长 5.55 米。总配筋：8Φ25+2Φ16 $A_{s总}=39.27+4.02=43.29\text{cm}^2$

5. 复核柱顶抗剪、扭

已知：柱顶截面 300mm×600mm，纵筋 4Φ25 $A_s=19.64\text{cm}^2$，箍筋 $\phi12@75$。

1）抗剪

由柱根处计算可知，混凝土截面尚余 $T_{混凝土实}=2.1\text{kN}\cdot\text{m}$，柱顶抗剪无问题。

2）抗扭

据截面 300mm×600mm，箍筋 $\phi12@75$，查 $T_{筋}$ 图㉓得：$T_{筋}=56\times0.98=54.9\text{kN}\cdot\text{m}$，此图纵筋为 6Φ20、$A_s=18.85\text{cm}^2$。

柱顶总抗扭矩 $T_{总}=2.1+54.9=57\text{kN}\cdot\text{m}>55\text{kN}\cdot\text{m}$，可。

从以上两方案计算结果表明：

1. 大截面柱抗扭矩大，可节省钢筋。

大、小截面方案配筋量对比表 **表 4-2**

方案＼配筋	柱根部纵筋	柱下部箍筋	柱上部箍筋
大截面 400mm×800mm	4（Φ25+Φ20） $A_s=32.20\text{cm}^2$	$\phi12@175$ $L=2.8\text{m}$	$\phi12@70$ $L=2.95\text{m}$
小截面 300mm×600mm	8Φ25+2Φ16 $A_s=43.29\text{cm}^2$	$\phi12@75$ $L=2.7\text{m}$	$\phi12@75$ $L=2.85\text{m}$
对比	1:1.34	1:1.76	1.15:1

从表 4-2 可以看出：柱中部以下纵、箍筋配量、小截柱增加 34%～76%。上部两方案相近。

大小截面方案混凝土用量对比：

大截面：$\left(\frac{0.4\times0.8+0.4\times0.4}{2}\right)\times5.75=1.38\text{m}^3$

小截面：$0.3\times0.6\times5.55=1.0\text{m}^3$。

大截面比小截面柱，只多用了 0.38m^3 混凝土。

结论：

2. 当承受大扭矩时，宜采用大截面，这样可节省钢材，而只少量增加了混凝土。采用大截面构件是抗扭的最佳方案。

下篇　管道支架与支墩计算用图表

总　说　明

本篇支架计算用图系按 GBJ 10—89 编制的，它与现行规范 GB 50010—2002 在材料名称、各项设计强度值都有所不同，特作说明如下：

1. 新、旧材料名称对照表

	新　名　称	符号	旧　名　称
热轧钢筋种类	HPB 235（Q235）	Φ	Ⅰ级（A_3、A_{y3}）
	HRB 335（20MnSi）	Φ̲	Ⅱ级（20MnSi、20MnNb（b））
	HRB　400　（20MnSiV、20MnSiNb、20MnT1）	Φ̳	Ⅲ级（25MnSi）

2. 不同钢筋换算系数表

符号	名　称	f_y	换算系数
Φ	HPB 235	210	1.43
Φ̲	HRB 335	300	1.0
Φ̳	HRB 400	360	0.83

3. 由于 HRB 335（Ⅱ级钢）的抗拉、拉压设计值由原来的 310N/mm^2 降为 300N/mm^2，由本篇 $A_s = f$（f）图中查得的配筋量 A_s 值均应乘 1.03。

一、计　算　用　图

1. 支 架 计 算 图

页　　内　容

48. 滑动支架　$A_s=f$（f）②　$f=12$、16、22kN

薄　柱

49. 固定支架　$A_s=f$（f）①　$f=20\sim45$kN

50. 固定支架　$A_s=f$（f）②　$f=50\sim75$

51. 固定支架　$A_s=f$（f）③　$f=52.5\sim77.5$

52. 固定支架　$A_s=f$（f）④　$f=80\sim100$

53. 固定支架　$A_s=f$（f）⑤　$f=82.5\sim97.5$

厚　柱

54. 固定支架　$A_s=f$（f）①′　$f=20\sim45$kN

54. 固定支架　$A_s=f$（f）②′　$f=50\sim75$

55. 固定支架　$A_s=f$（f）③′　$f=52.5\sim77.5$

55. 固定支架　$A_s=f$（f）④′　$f=80\sim100$

56. 固定支架　$A_s=f$（f）⑤′　$f=82.5\sim97.5$

基　础

58. 固定支架　$\omega=f$（f）①　$f=20\sim50$kN

59. 固定支架　$\omega=f$（f）②　$f=55\sim75$

60. 固定支架　$\omega=f$（f）③　$f=52.5\sim77.5$

61. 固定支架　$\omega=f$（f）④　$f=80\sim100$

62. 固定支架　$\omega=f$（f）⑤　$f=82.5\sim97.5$

64. 杯形基础选用表

滑动支架 $\omega = f(f)$ ①

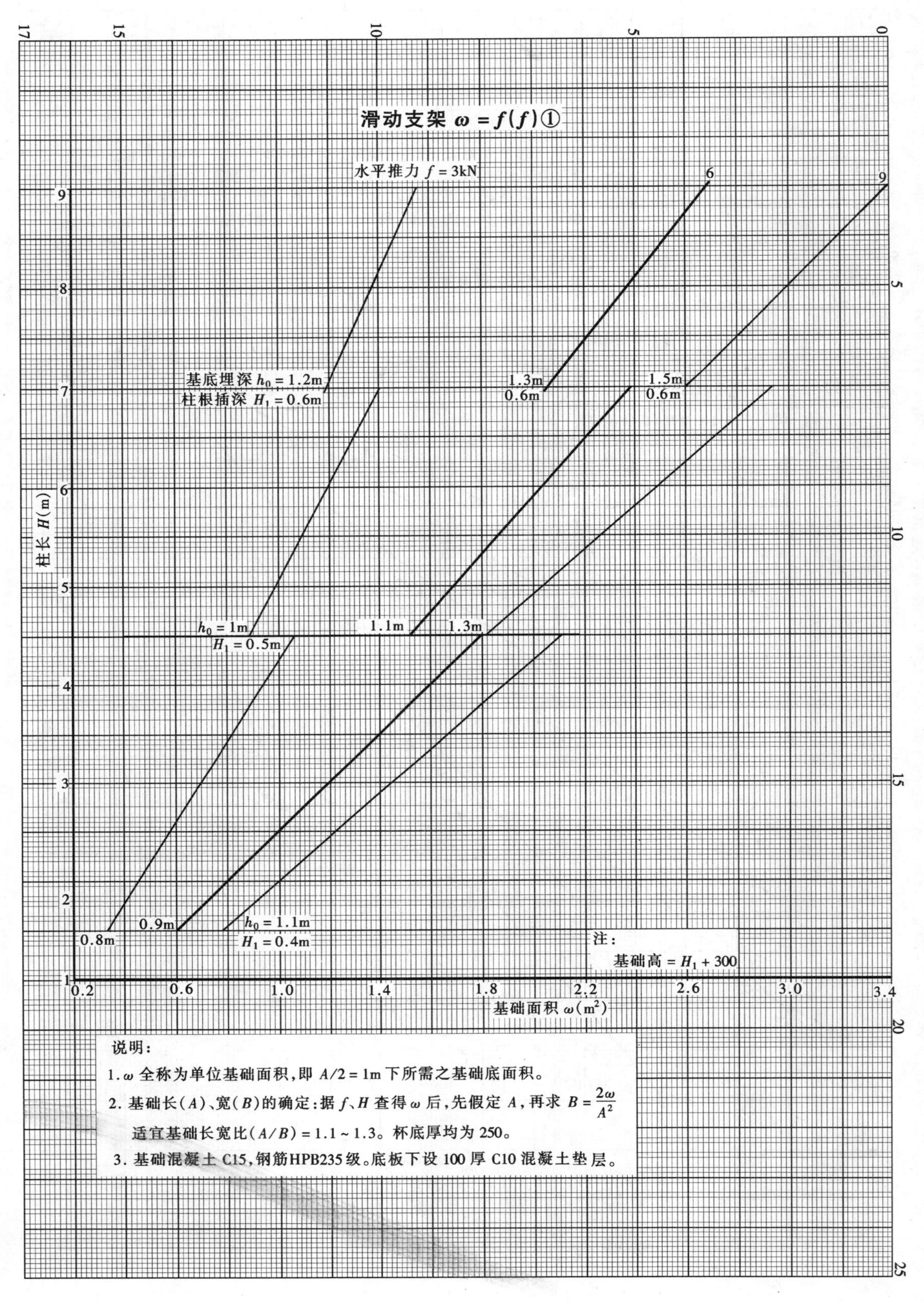

注：

基础高 = H_1 + 300

说明：

1. ω 全称为单位基础面积，即 $A/2 = 1$m 下所需之基础底面积。
2. 基础长(A)、宽(B)的确定：据 f、H 查得 ω 后，先假定 A，再求 $B = \frac{2\omega}{A^2}$
   适宜基础长宽比(A/B) = 1.1～1.3。杯底厚均为 250。
3. 基础混凝土 C15，钢筋HPB235级。底板下设 100 厚 C10 混凝土垫层。

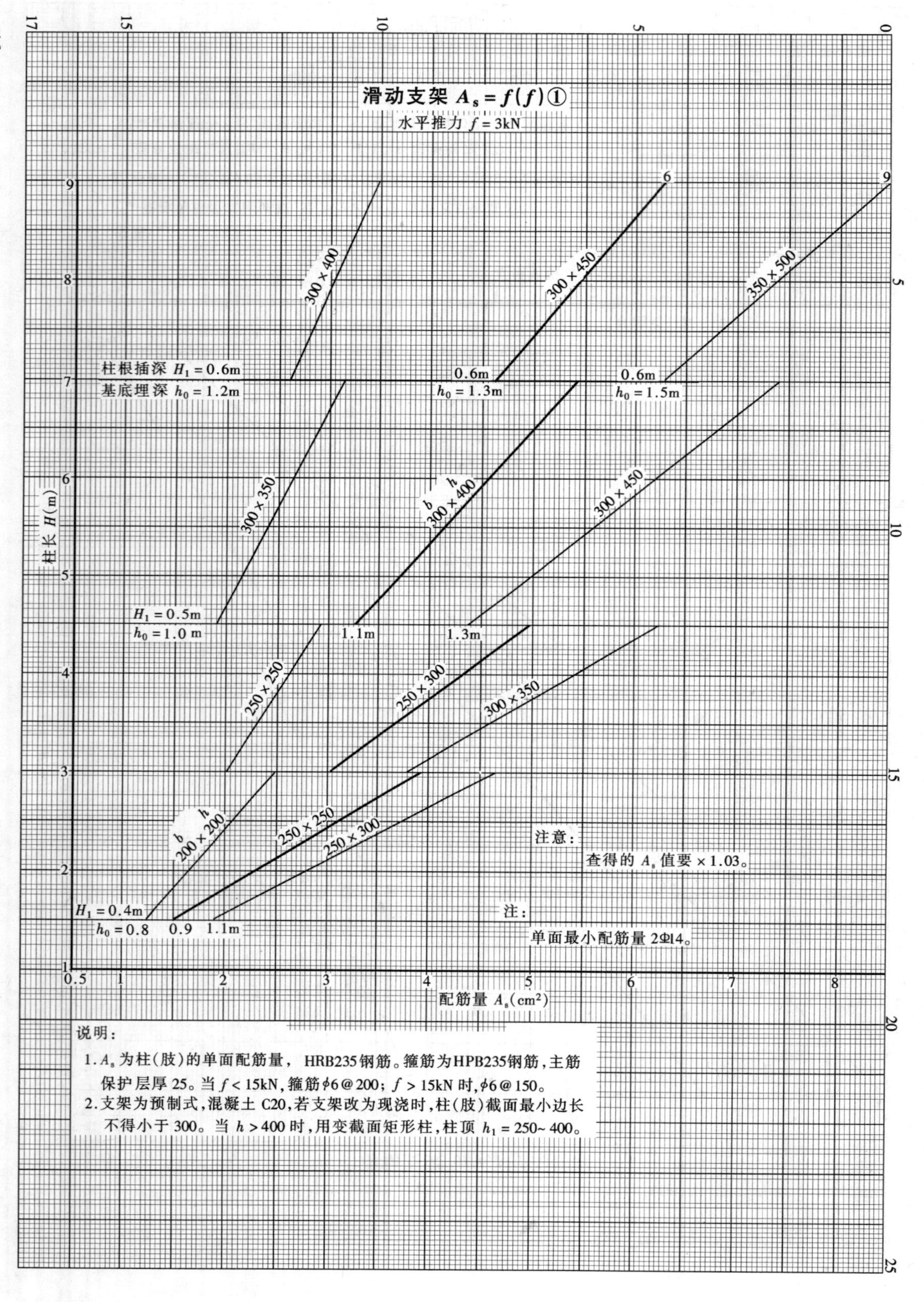

滑动支架 $A_s = f(f)$ ①
水平推力 $f = 3kN$
柱长 H(m)
配筋量 A_s(cm²)
柱根插深 $H_1 = 0.6m$
基底埋深 $h_0 = 1.2m$
0.6m
$h_0 = 1.3m$
0.6m
$h_0 = 1.5m$
300×400
300×450
350×500
300×350
300×400
300×450
$H_1 = 0.5m$
$h_0 = 1.0$ m
1.1m
1.3m
250×250
250×300
300×350
200×200
250×250
250×300
$H_1 = 0.4m$
$h_0 = 0.8$
0.9
1.1m
注意：
查得的 A_s 值要 ×1.03。
注：
单面最小配筋量 2Φ14。
说明：
1. A_s 为柱(肢)的单面配筋量， HRB235钢筋。箍筋为HPB235钢筋，主筋保护层厚25。当 $f < 15kN$，箍筋 $\phi6@200$；$f > 15kN$ 时，$\phi6@150$。
2. 支架为预制式，混凝土 C20，若支架改为现浇时，柱(肢)截面最小边长不得小于300。当 $h > 400$ 时，用变截面矩形柱，柱顶 $h_1 = 250\sim400$。

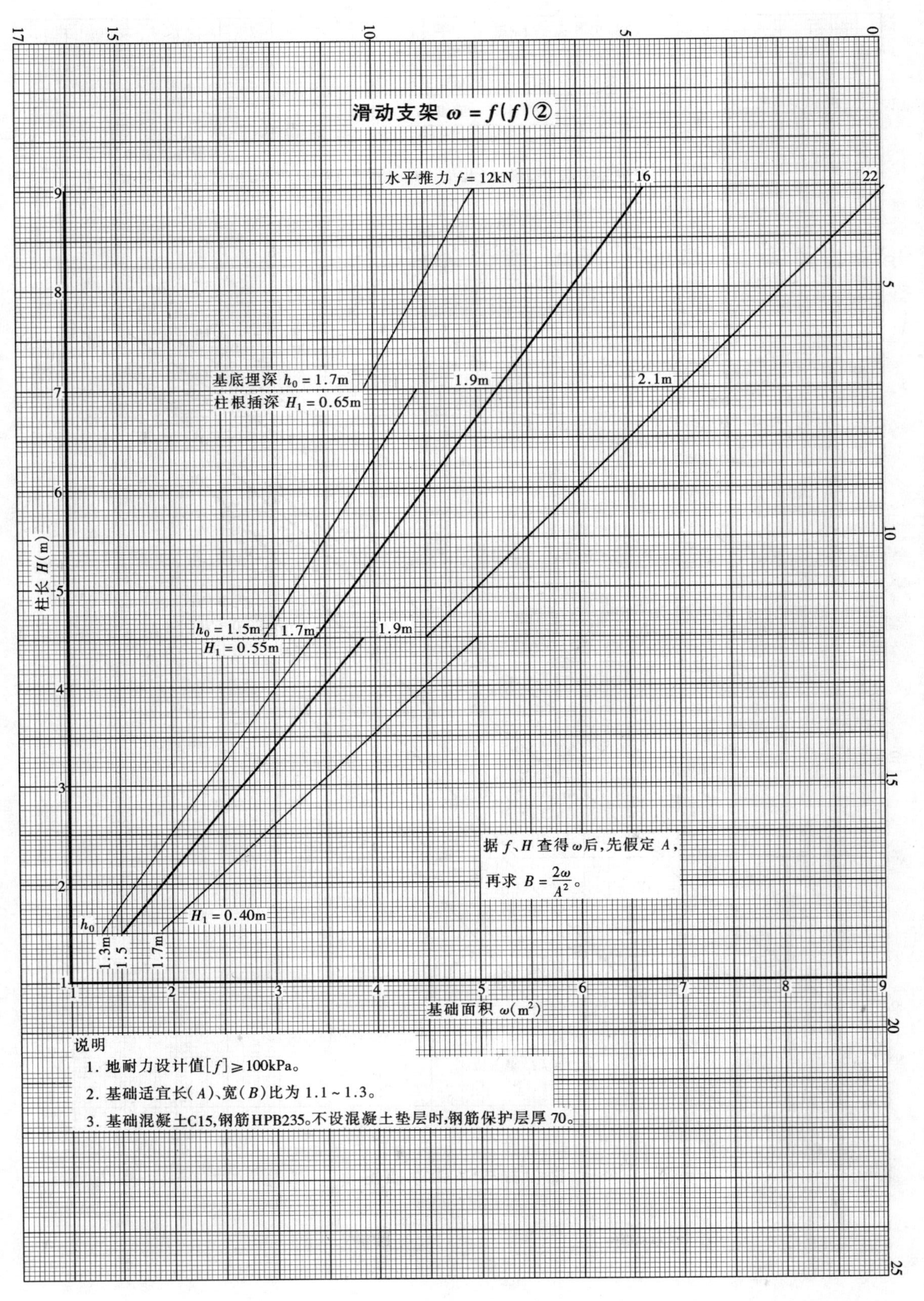

说明

1. 地耐力设计值$[f] \geqslant 100$kPa。
2. 基础适宜长(A)、宽(B)比为 1.1～1.3。
3. 基础混凝土C15,钢筋HPB235。不设混凝土垫层时,钢筋保护层厚 70。

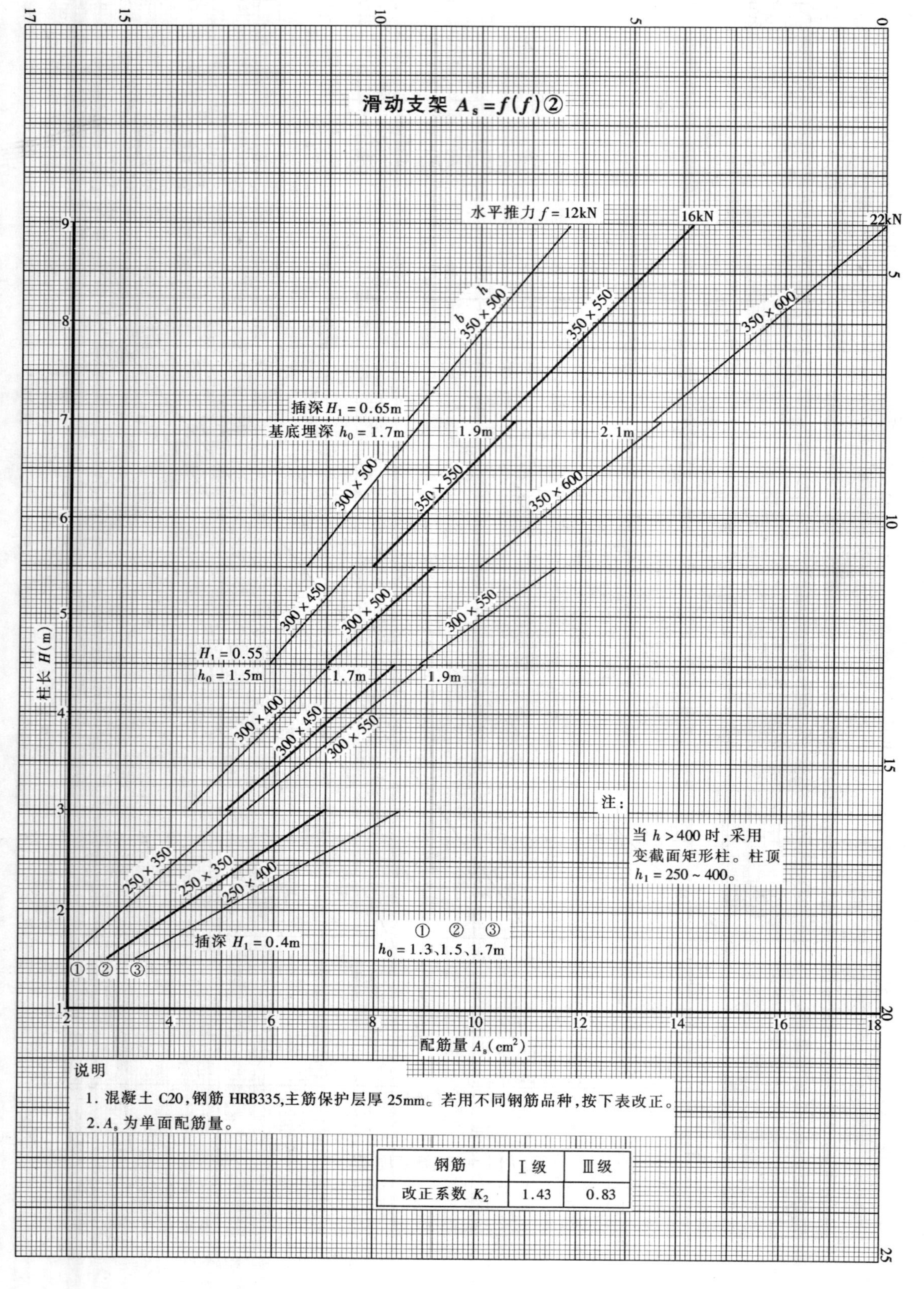

说明

1. 混凝土 C20，钢筋 HRB335，主筋保护层厚 25mm。若用不同钢筋品种，按下表改正。
2. A_s 为单面配筋量。

钢筋	Ⅰ级	Ⅲ级
改正系数 K_2	1.43	0.83

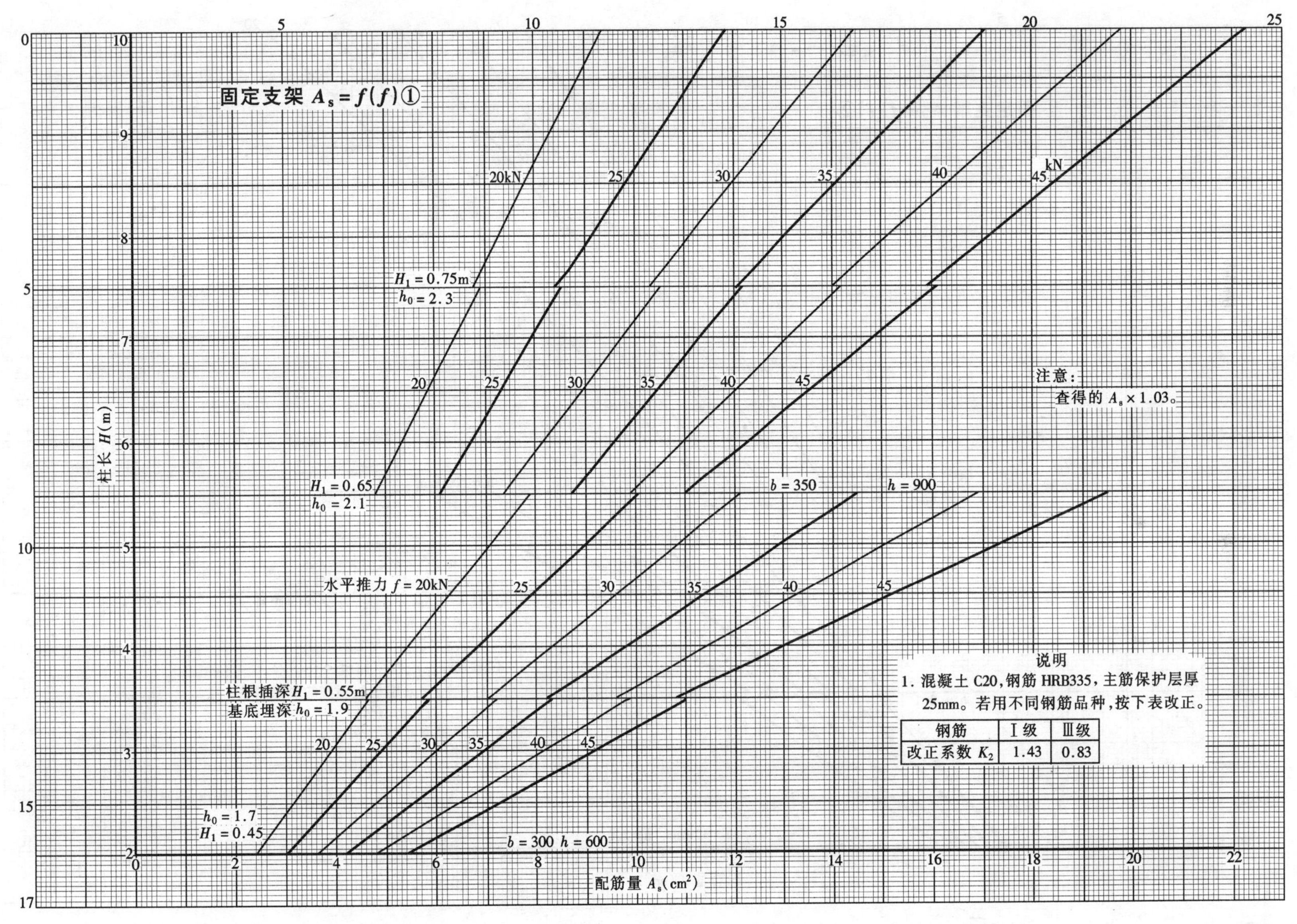

钢筋	Ⅰ级	Ⅲ级
改正系数 K_2	1.43	0.83

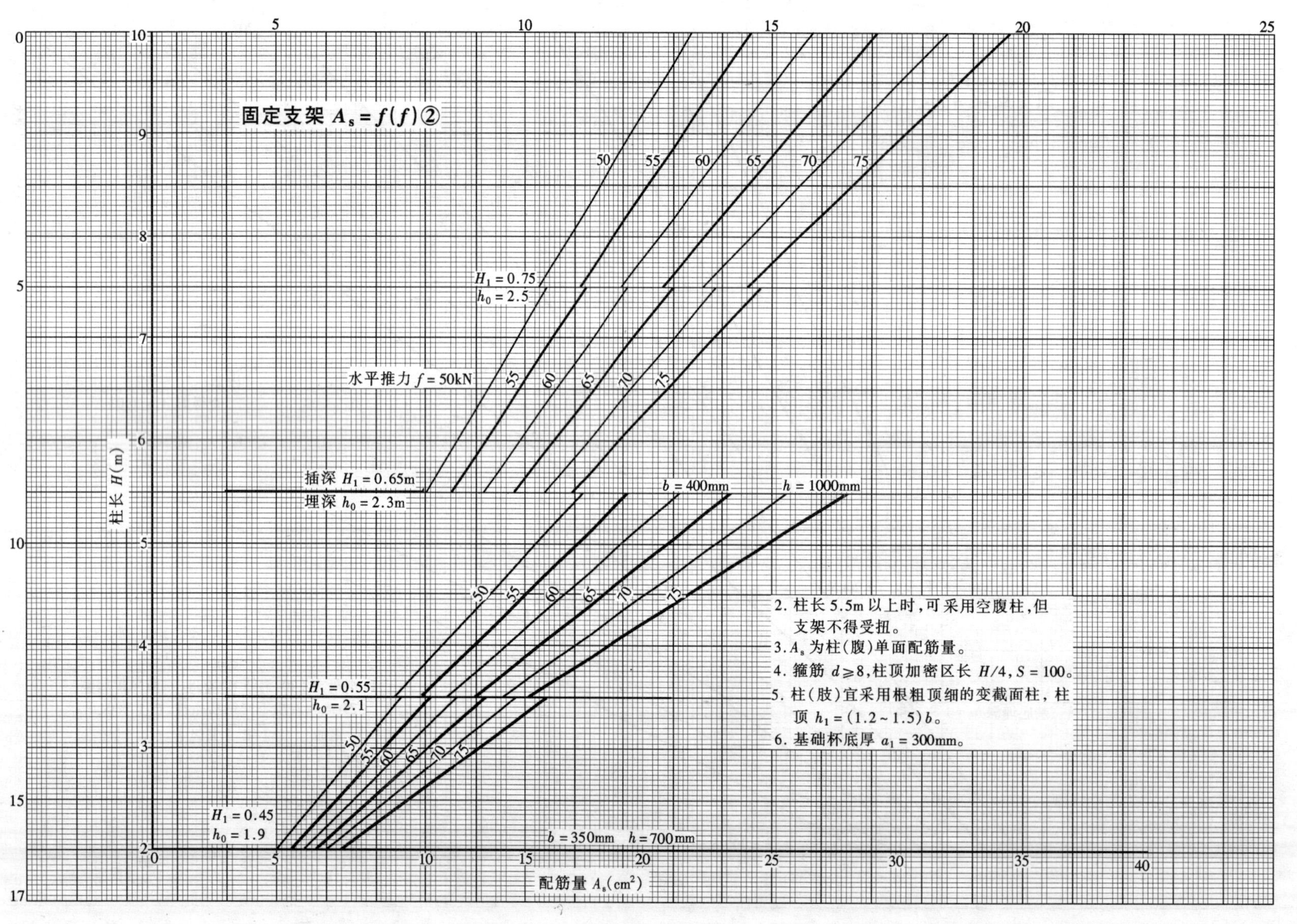
固定支架 $A_s = f(f)$②
水平推力 $f = 50$kN
插深 $H_1 = 0.65$m
埋深 $h_0 = 2.3$m
$H_1 = 0.75$
$h_0 = 2.5$
$H_1 = 0.55$
$h_0 = 2.1$
$H_1 = 0.45$
$h_0 = 1.9$
$b = 400$mm
$h = 1000$mm
$b = 350$mm $h = 700$mm
柱长 H(m)
配筋量 A_s(cm²)
2. 柱长5.5m以上时，可采用空腹柱，但支架不得受扭。
3. A_s为柱（腹）单面配筋量。
4. 箍筋 $d \geq 8$，柱顶加密区长 $H/4$，$S = 100$。
5. 柱（肢）宜采用根粗顶细的变截面柱，柱顶 $h_1 = (1.2 \sim 1.5)b$。
6. 基础杯底厚 $a_1 = 300$mm。
50
55
60
65
70
75

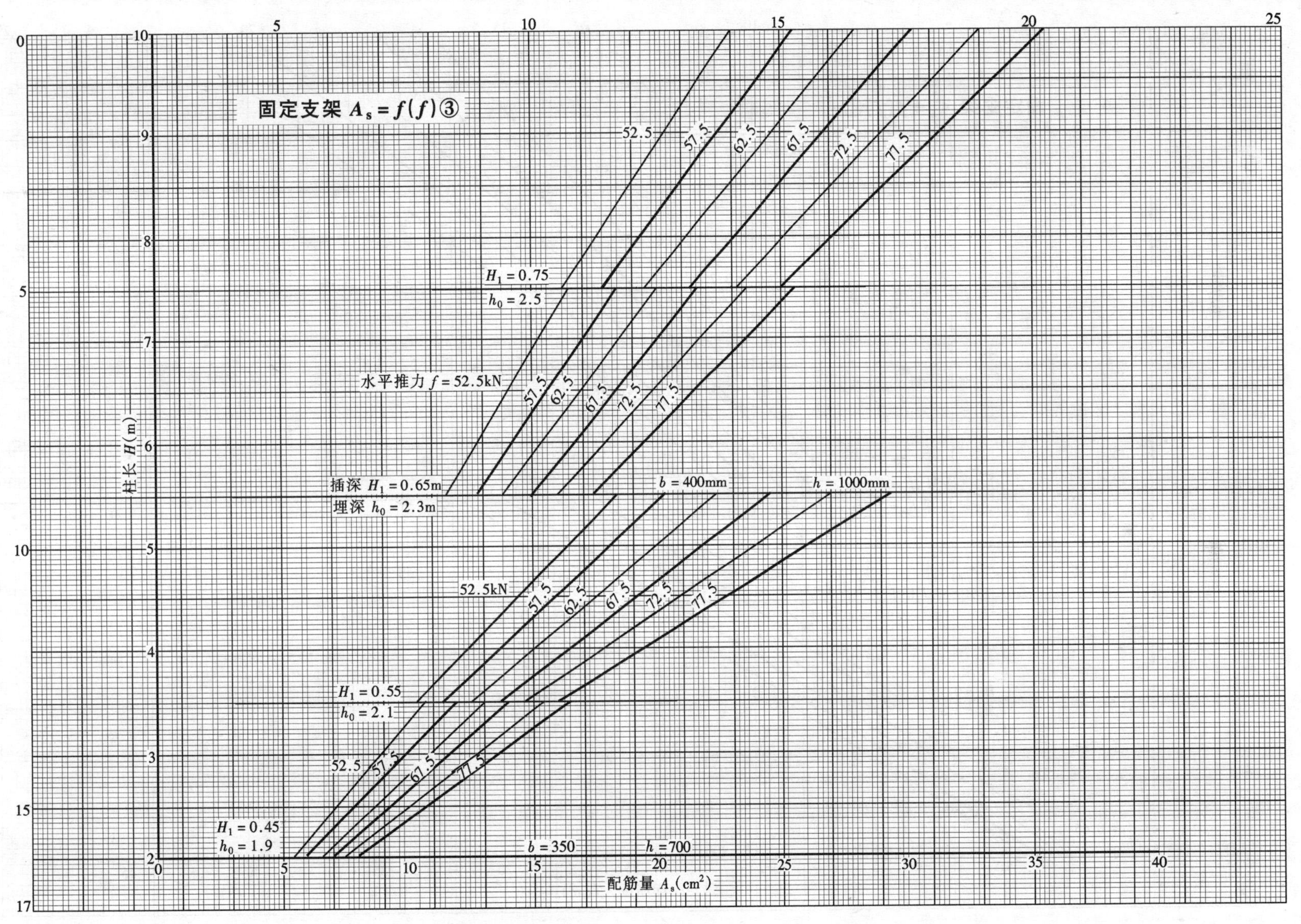

固定支架 $A_s=f(f)$③
柱长 H(m)
配筋量 A_s(cm²)
水平推力 f=52.5kN
插深 H_1=0.65m
埋深 h_0=2.3m
H_1=0.75
h_0=2.5
H_1=0.55
h_0=2.1
H_1=0.45
h_0=1.9
b=400mm
h=1000mm
b=350
h=700
52.5kN
52.5
57.5
62.5
67.5
72.5
77.5

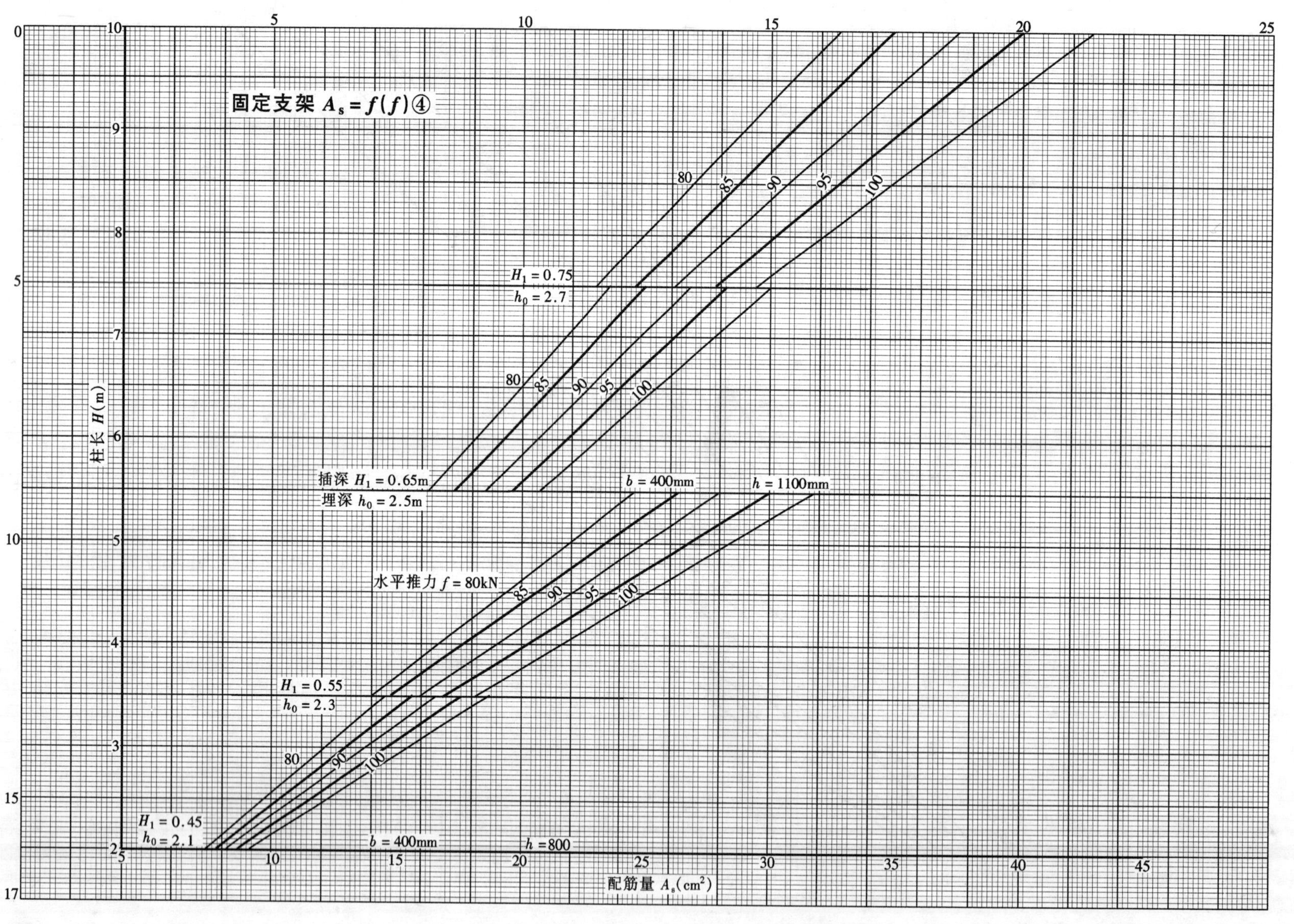
固定支架 $A_s = f(f)$④
柱长 H(m)
配筋量 A_s(cm^2)
水平推力 f = 80kN
插深 H_1 = 0.65m
埋深 h_0 = 2.5m
H_1 = 0.75
h_0 = 2.7
H_1 = 0.55
h_0 = 2.3
H_1 = 0.45
h_0 = 2.1
b = 400mm
h = 1100mm
b = 400mm
h = 800
80
85
90
95
100

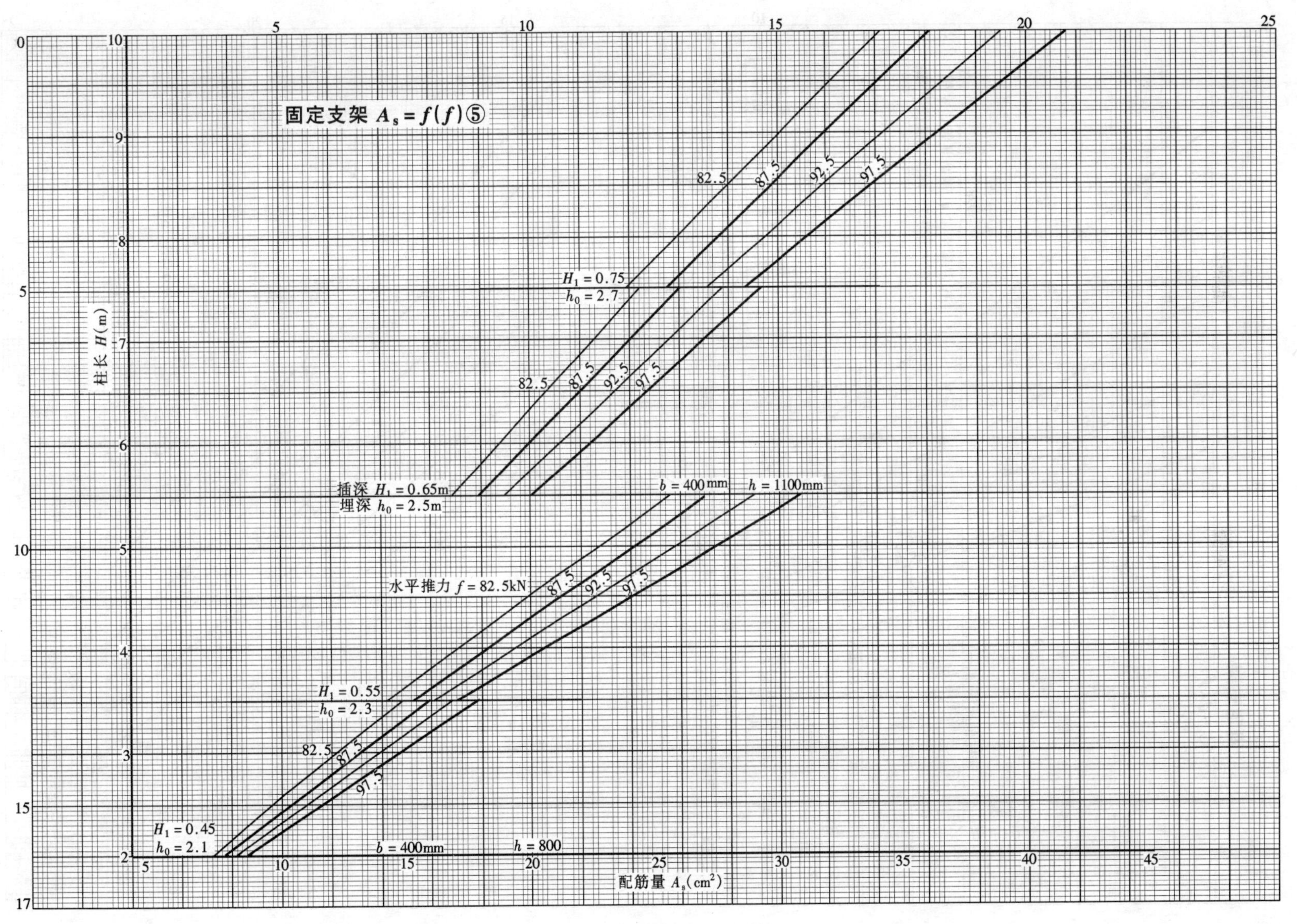

固定支架 $A_s=f(f)$⑤
柱长 H(m)
配筋量 A_s(cm²)
插深 $H_1=0.65$m
埋深 $h_0=2.5$m
$H_1=0.75$
$h_0=2.7$
$H_1=0.55$
$h_0=2.3$
$H_1=0.45$
$h_0=2.1$
水平推力 $f=82.5$kN
$b=400$mm
$h=1100$mm
$b=400$mm
$h=800$
82.5
87.5
92.5
97.5

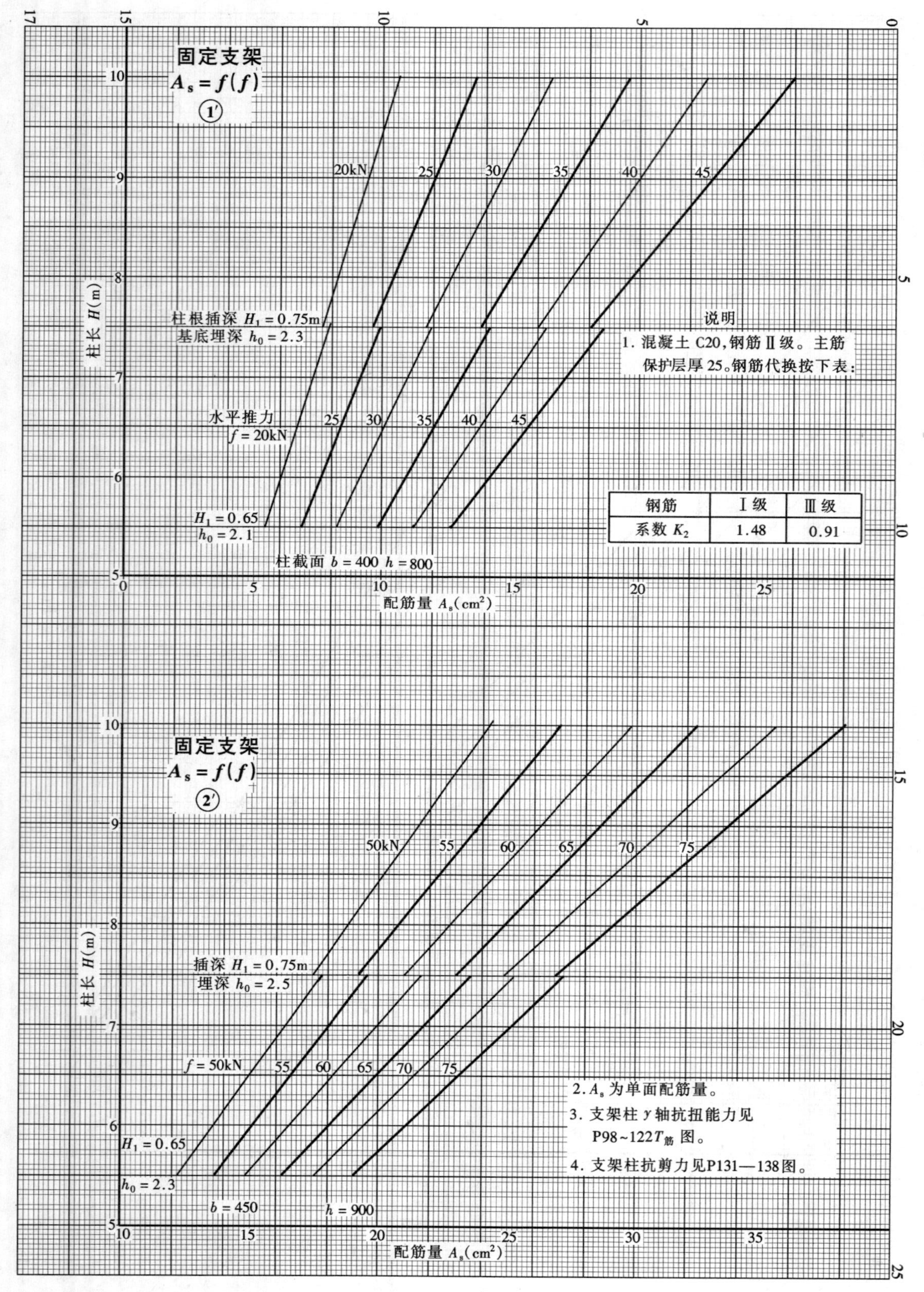

钢筋	Ⅰ级	Ⅲ级
系数 K_2	1.48	0.91

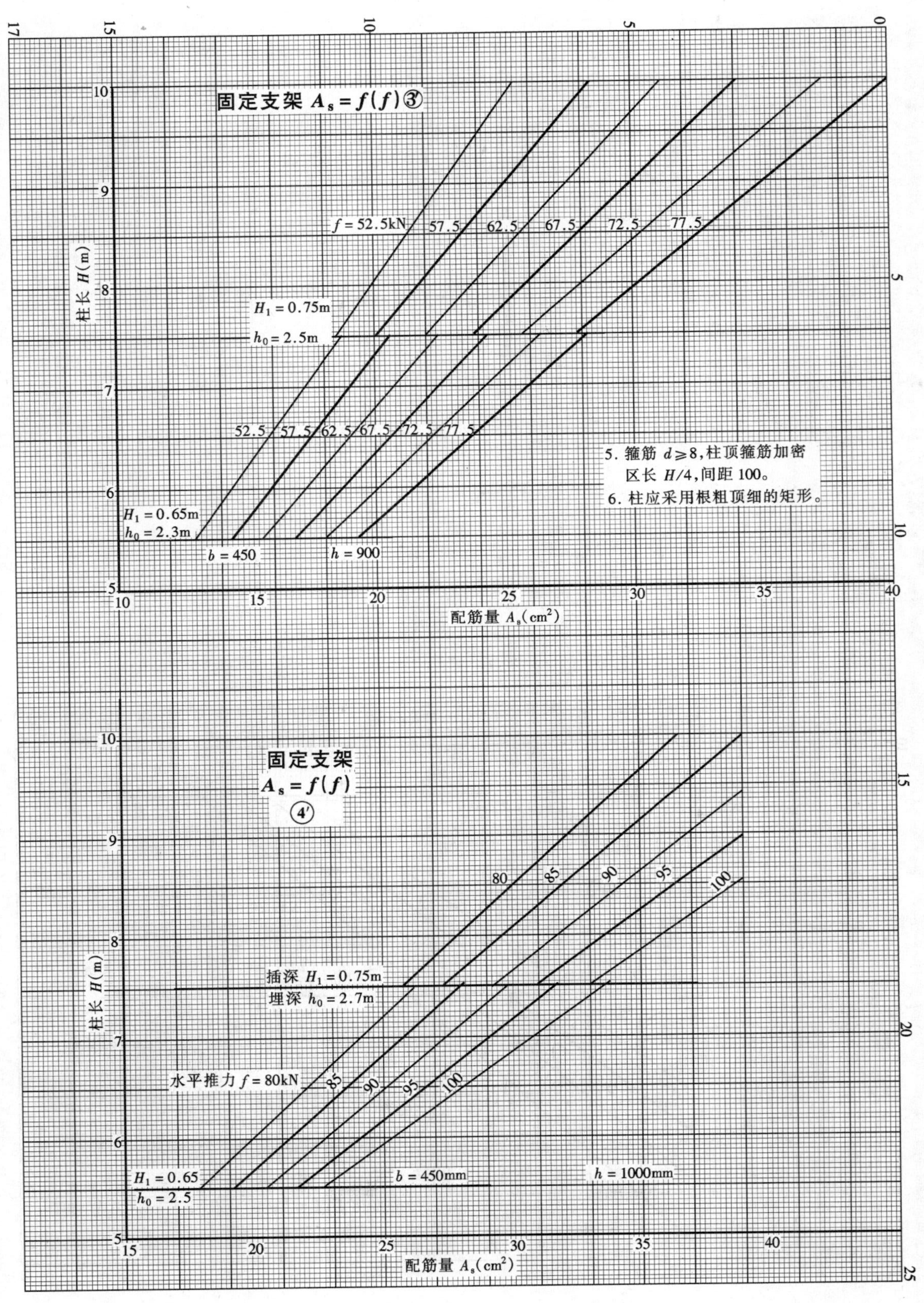

固定支架 $A_s = f(f)$ ③'
$f = 52.5$kN
57.5
62.5
67.5
72.5
77.5
$H_1 = 0.75$m
$h_0 = 2.5$m
$H_1 = 0.65$m
$h_0 = 2.3$m
$b = 450$
$h = 900$
5. 箍筋 $d \geq 8$，柱顶箍筋加密区长 $H/4$，间距 100。
6. 柱应采用根粗顶细的矩形。
柱长 H(m)
配筋量 A_s(cm²)
固定支架
$A_s = f(f)$
④'
插深 $H_1 = 0.75$m
埋深 $h_0 = 2.7$m
水平推力 $f = 80$kN
85
90
95
100
$H_1 = 0.65$
$h_0 = 2.5$
$b = 450$mm
$h = 1000$mm
柱长 H(m)
配筋量 A_s(cm²)

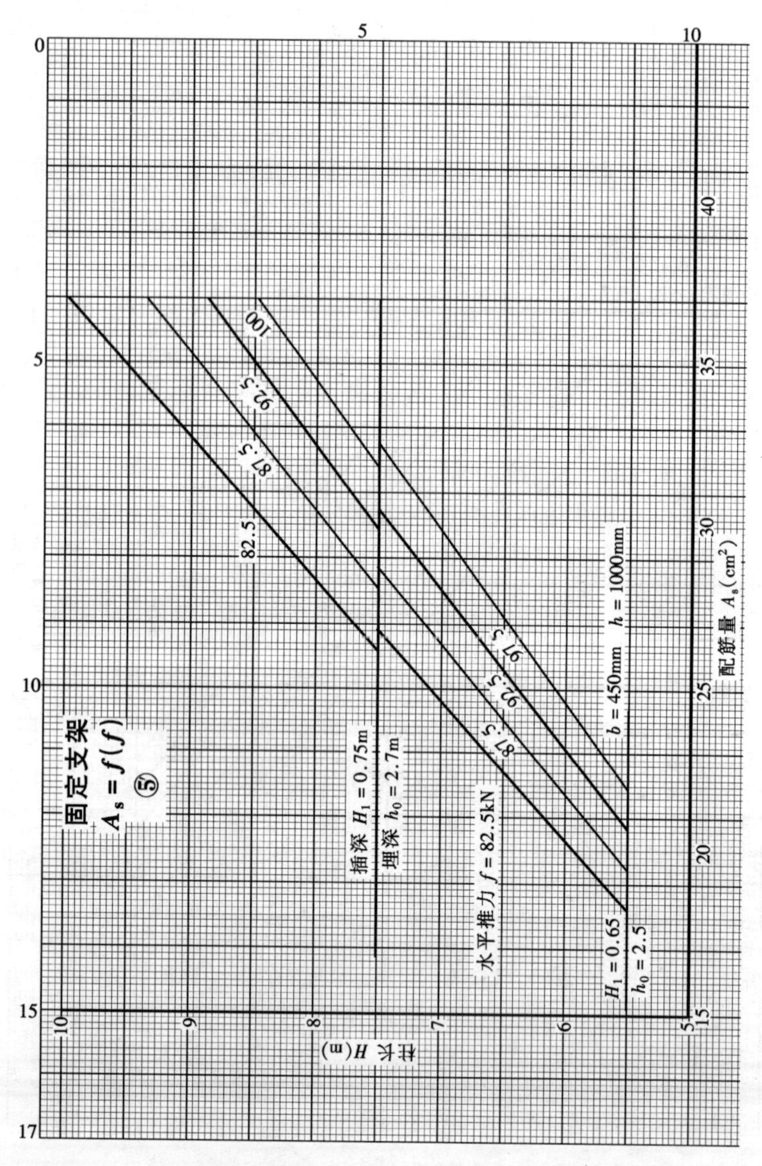

固定支架
As = f(f)
⑤
插深 H1 = 0.75m
埋深 h0 = 2.7m
水平推力 f = 82.5kN
H1 = 0.65
h0 = 2.5
b = 450mm h = 1000mm
配筋量 As(cm²)
82.5
87.5
92.5
100

$A_s = f\ (f)$ 制图说明

当基底埋深 h_0 已定后，根据支架采用的基础形式，便可确定支架的柱（肢）长度。按支架承受水平推力 f 的大小，就可求出支架的倾覆力矩 M，据此便可以进行柱（肢）的配筋计算。

支架柱（肢）是按底端固接，上端自由的悬臂梁计算。支架高度计算系数 K_2，按不同的支架类型分别取值。

滑动支架 K_2 取 1.50，固定支架 K_2 取 1.3。这是考虑到焊牢于固定支架顶上的管道可视为一连续梁，对支架有一定约束作用。

支架的计算高度是从基础顶面起算，支架的柱根弯矩 M 按下式计算：

$$M = K_2 f H_0$$

式中 K_2——支架高度计算系数；

f——水平推力设计值；

H_0——基础顶面以上支架净高。

有了支架承受的弯矩 M 值后，便可从梁的弯矩配筋图中查得配筋筋量 A_s 值。本手册的 A_s 值均来自笔者自编的《钢筋混凝土结构简化计算图册》。

支架顶部承受外力作用，是一种最为不利的受力构筑物。且受力情况复杂多变，为此支架柱（肢）首先要满足安全要求，其次是要符合经济断面的要求。本手册采用的柱（肢）截面高宽比 h/b 一般为 1～2.5。

供热外管网是一条长线工程，为确保工程截面质量和方便施工支架柱（肢）采用预制法。为便于运输和安装，当支架柱（肢）高 $h > 4000$mm 时，采用根粗顶细截面，但必须要满足支架抗弯、剪、扭之要求。

本手册的 $A_s = f\ (f)$ 相关图的主筋Φ的 f_y 系按 310N/mm^2 计算的。因此，凡有计算 A_s 的相关图，查出 A_s 值后均应乘 1.03。

$A_s = f\ (f)$ 相关图与 $\omega = f\ (f)$ 是相互配合使用的，正常的查算顺序是先求 ω，然后再求 A_s。但颠倒顺序也不影响计算，但要注意，这两个相关图中的基底埋深 h_0 必须要相同，否则还要进行改正计算。请参阅上篇计算例题。

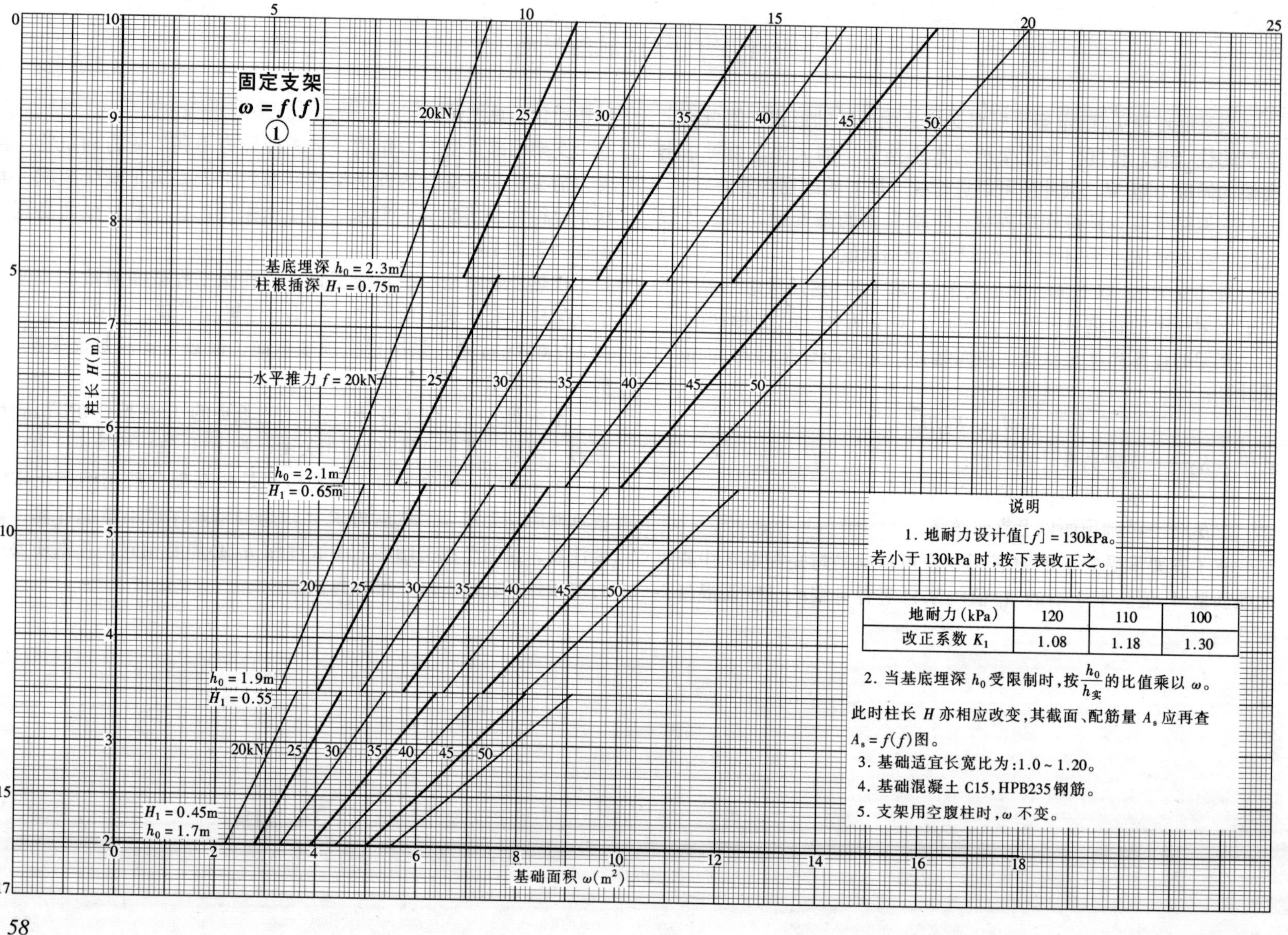

地耐力(kPa)	120	110	100
改正系数 K_1	1.08	1.18	1.30

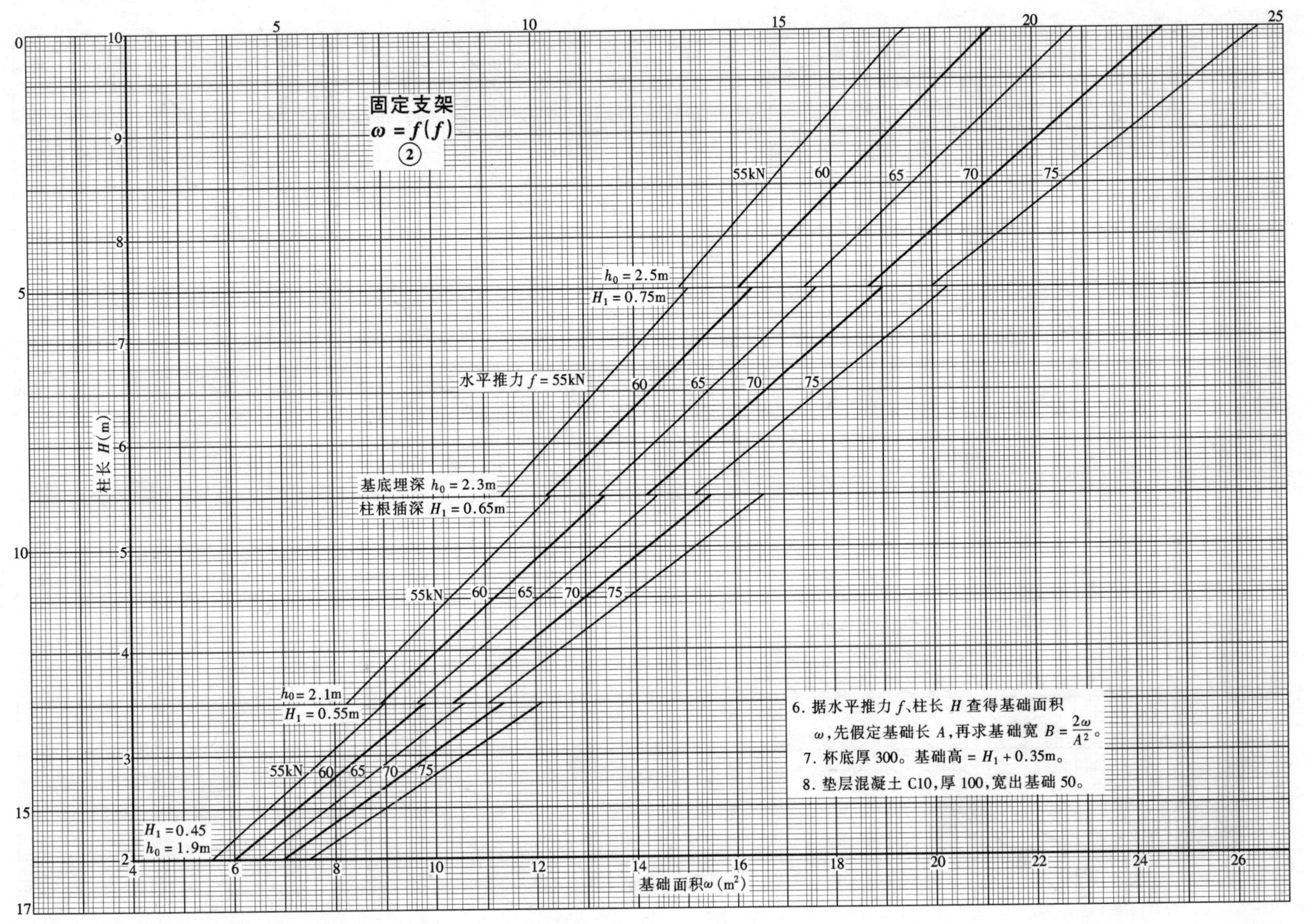
固定支架
$\omega = f(f)$
②
55kN
60
65
70
75
$h_0 = 2.5$m
$H_1 = 0.75$m
水平推力 $f = 55$kN
60
65
70
75
基底埋深 $h_0 = 2.3$m
柱根插深 $H_1 = 0.65$m
55kN
60
65
70
75
$h_0 = 2.1$m
$H_1 = 0.55$m
55kN
60
65
70
75
$H_1 = 0.45$
$h_0 = 1.9$m
柱长 H(m)
基础面积 ω (m^2)
6. 据水平推力 f、柱长 H 查得基础面积 ω，先假定基础长 A，再求基础宽 $B = \frac{2\omega}{A^2}$。
7. 杯底厚 300。基础高 $= H_1 + 0.35$m。
8. 垫层混凝土 C10，厚 100，宽出基础 50。

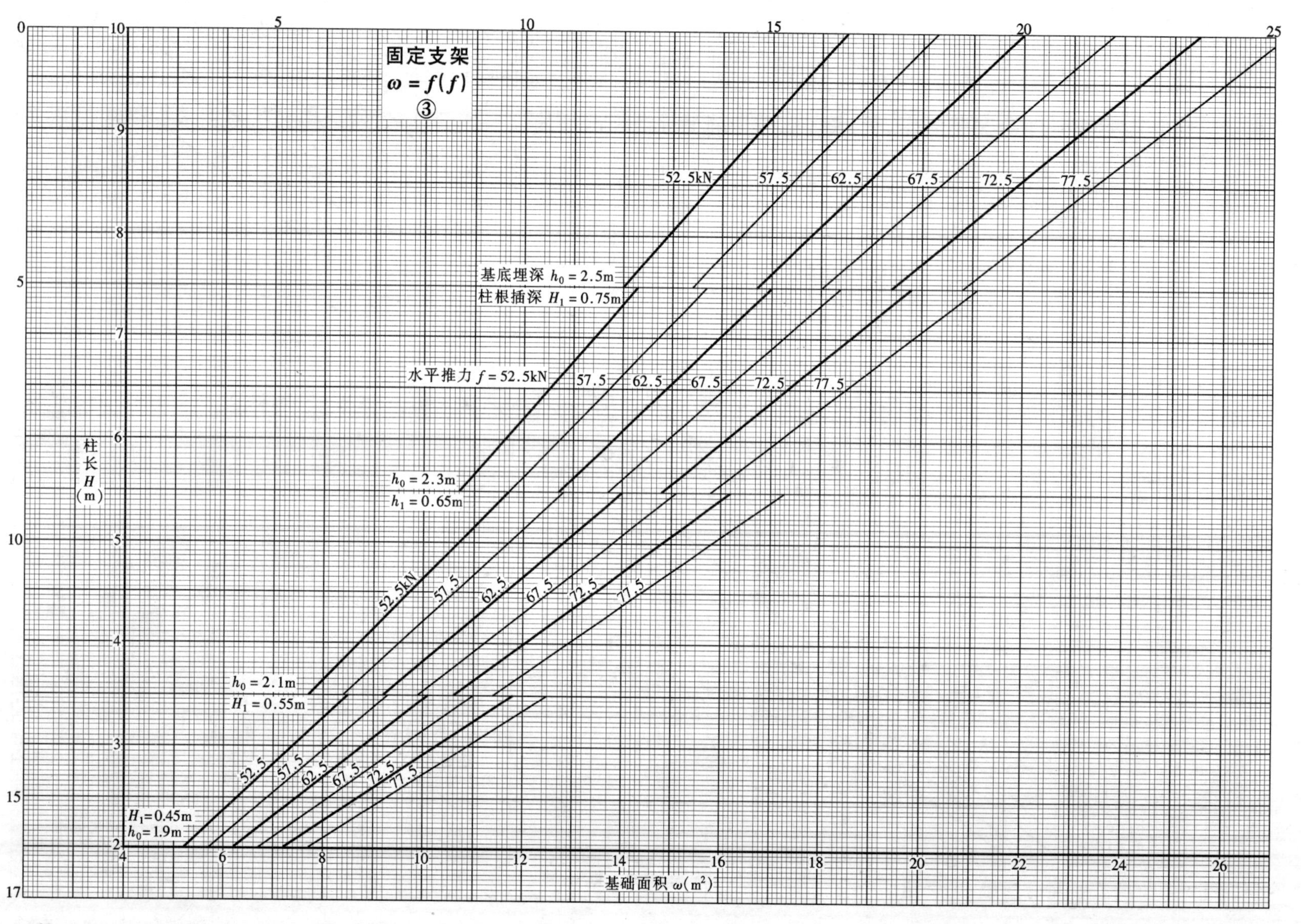

固定支架
ω = f(f)
③
52.5kN
57.5
62.5
67.5
72.5
77.5
基底埋深 h0 = 2.5m
柱根插深 H1 = 0.75m
水平推力 f = 52.5kN
h0 = 2.3m
h1 = 0.65m
h0 = 2.1m
H1 = 0.55m
H1=0.45m
h0=1.9m
柱长 H (m)
基础面积 ω(m2)

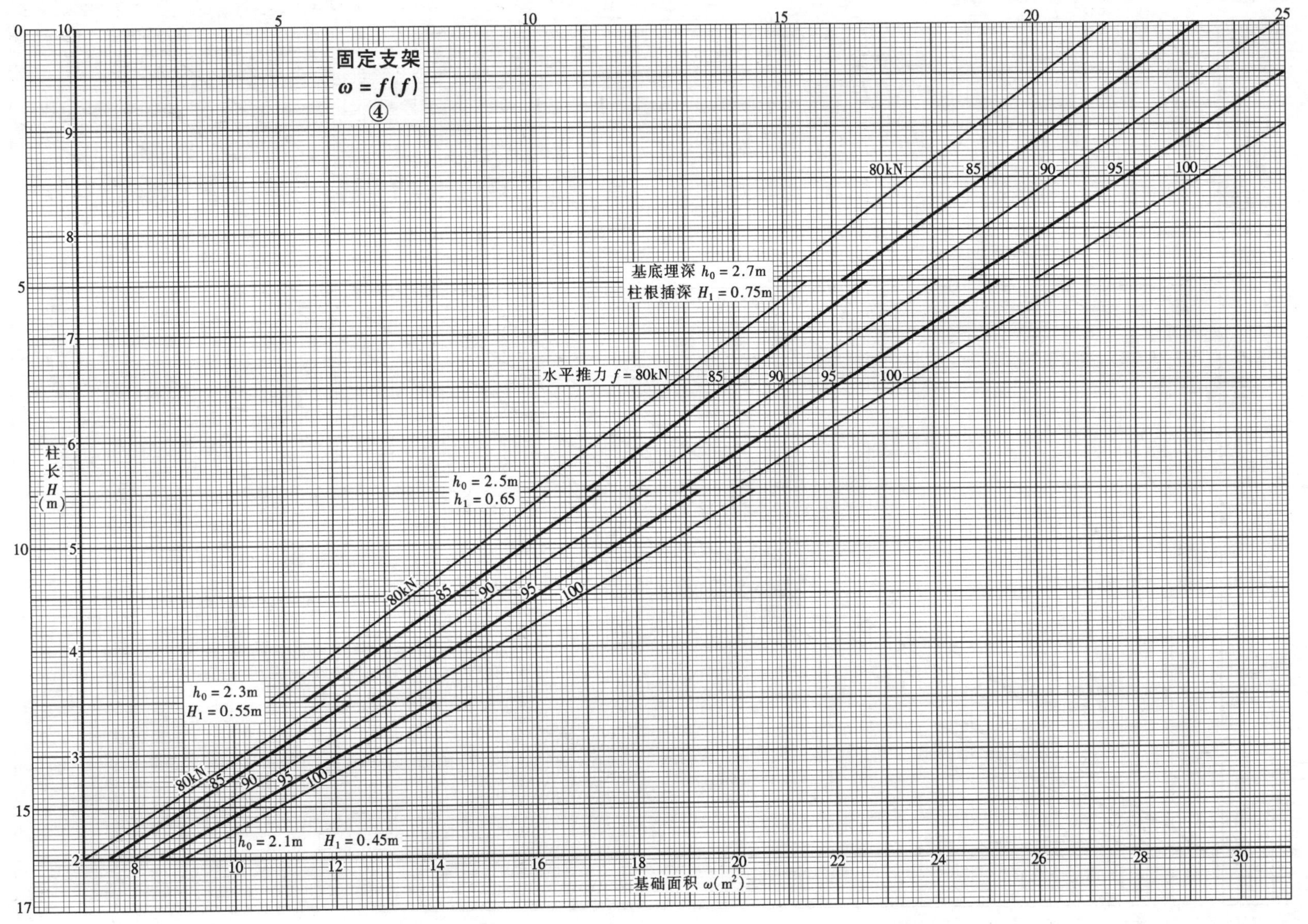
固定支架
$\omega = f(f)$
④
80kN
85
90
95
100
基底埋深 $h_0 = 2.7$m
柱根插深 $H_1 = 0.75$m
水平推力 $f = 80$kN
$h_0 = 2.5$m
$h_1 = 0.65$
$h_0 = 2.3$m
$H_1 = 0.55$m
$h_0 = 2.1$m
$H_1 = 0.45$m
柱长 H (m)
基础面积 ω (m²)

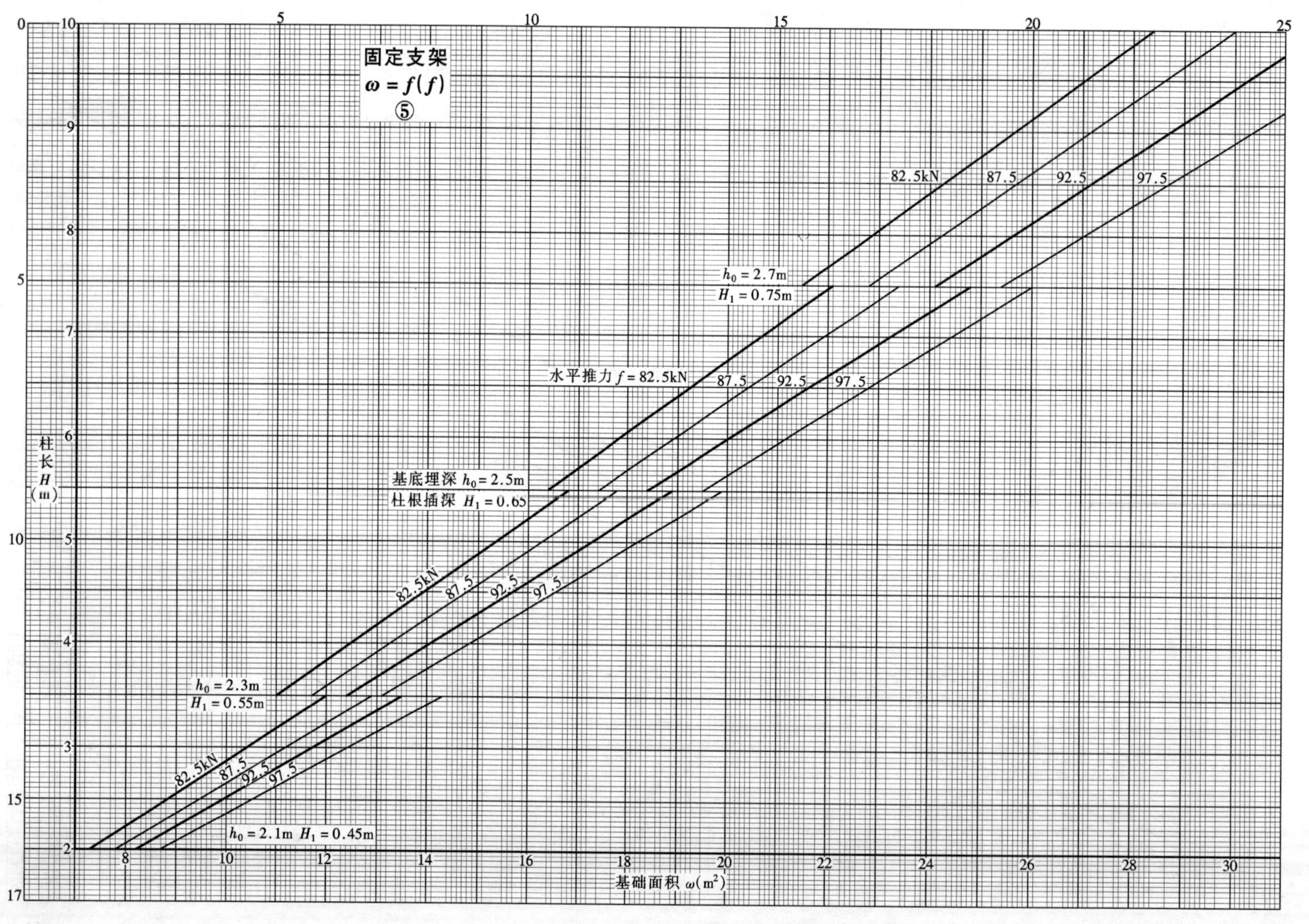

固定支架
$\omega = f(f)$
⑤
82.5kN
87.5
92.5
97.5
$h_0 = 2.7$m
$H_1 = 0.75$m
水平推力 $f = 82.5$kN
87.5
92.5
97.5
基底埋深 $h_0 = 2.5$m
柱根插深 $H_1 = 0.65$
82.5kN
87.5
92.5
97.5
$h_0 = 2.3$m
$H_1 = 0.55$m
82.5kN
87.5
92.5
97.5
$h_0 = 2.1$m $H_1 = 0.45$m
柱长 H (m)
基础面积 ω (m^2)

$\omega = f(f)$ 制图说明

架空热力管道支架是以承受水平推力为主的构筑物，在现行地基基础设计规范中尚无此类地基基础计算公式。本手册独辟蹊径推导出了以承受水平荷载为主的大偏心基础的计算公式，现简要介绍如下：

热力管道支架基础设计，除了要满足现行 GB 50007—2002 规范的要求外，尚应满足：1. 基础稳定安全要求；2. 适宜的基础长宽比要求。控制管道支架基础大小的两个因素是：由水平推力所产生的倾覆力矩 M 和基底埋深 h_0 的大小。

本手册的管道支架基础的计算原理是：以支架基础及其以上回填土的重量来与倾覆力矩相抗衡。采用的基础形式分为：钢筋混凝土杯形基础、筏基和板助型基础三大类。

单位基础底面积 ω 与水平推力 f 的相关图，即 $\omega = f$（f）图的确定及计算方法是：

1. 凭基础设计经验，先确定基底埋深 h_0。

2. 据推导出的单位基础底面积公式求得 ω。然后假定基础长度 A，用试算法依 $B = \dfrac{2\omega}{A^2}$，求得符合基础长宽比要求的 B 值。

本手册确定的基础适宜长宽比 A/B 是：

滑动支架 $A/B = 1.1 \sim 1.3$

固定支架 $A/B = 1.0 \sim 1.2$

热力管道固定支架对稳定有较为严格的要求。本手册采用的基础稳定安全系数 K 是：

固定支架 $K = 1.6 \sim 1.8$

滑动支架 $K = 1.5 \sim 1.6$

K 值的大小，是由倾覆力矩 M 的大小来决定的。在任何情况下的支架基础边缘最大压应力 P_{max} 都不得大于 1.2［f］。［f］是地基容许承载力。适宜的基础长宽比，在调整 P_{max} 中，也起很大作用。

基础单位底面积 ω，是假定基础长为 A，在 $A/2 = 1\text{m}$ 时，所需的基础底面积。公式如下：

滑动支架 $$\omega_{滑} = \frac{KM - M_1}{20h_0} \quad (1)$$

固定支架 $$\omega_{固} = \frac{KM}{20h_0} \quad (2)$$

有关公式推导、M_1 的计算，详见第一章第三节。

关于桁架基础、板肋型固定支墩的基础底面积 ω 的计算原理亦同于支架基础计算。

对于因施工场地所限，基础埋深 h_0 及地基容许承载力达不到 $\omega = f$（f）相关图中的标注值时，本手册也有改正计算公式，详见第一章。

杯形基础选用表

单位：mm

支架类别	基础边长 l	基础形式	底板厚度			杯壁厚 t	杯口配筋	底板配筋		备注
			中心 a_1	外缘 a_2	变阶处 a_3			下层	上层	
滑动	$l<2500$	阶形	250	300	300	250	焊网 8ϕ8	ϕ8@200		可无垫层，此时 $a_1=300$
	$l>2500$	锥形	250	250	400	300	焊网 8ϕ10	ϕ8@150		有垫层
固定	$l<2500$	阶形	300	300	300	275	焊网 8ϕ10	ϕ8@200		有垫层
	$2500<l<3500$	锥形	300	250	400	300	QL 4ϕ12 ϕ8@200	ϕ10@200		有垫层
	$l>3500$	锥形	300	250	500	350		ϕ12@200	ϕ8@200	有垫层

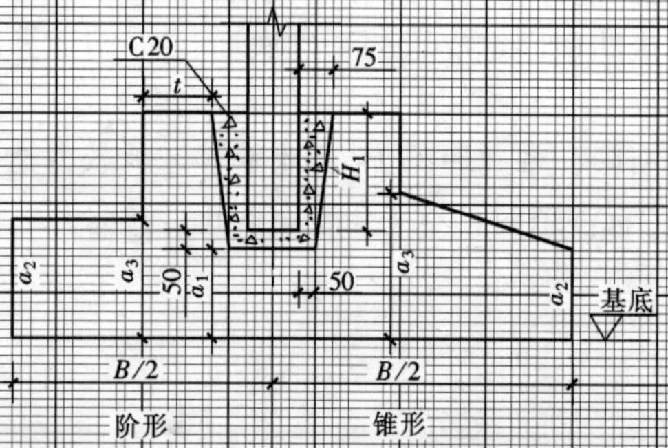

说明

1. 混凝土：基础 C15。垫层 C10，厚 100。杯口空隙填 C20 细石混凝土。
2. 底板下层钢筋主筋保护层厚度：有垫层为 30。
3. 柱根插深 H_1 见 $A_s=f(f)$ 图，基底埋深 h_0 见 $\omega=f(f)$ 图。

2. 桁 架 计 算 图

页　内 容

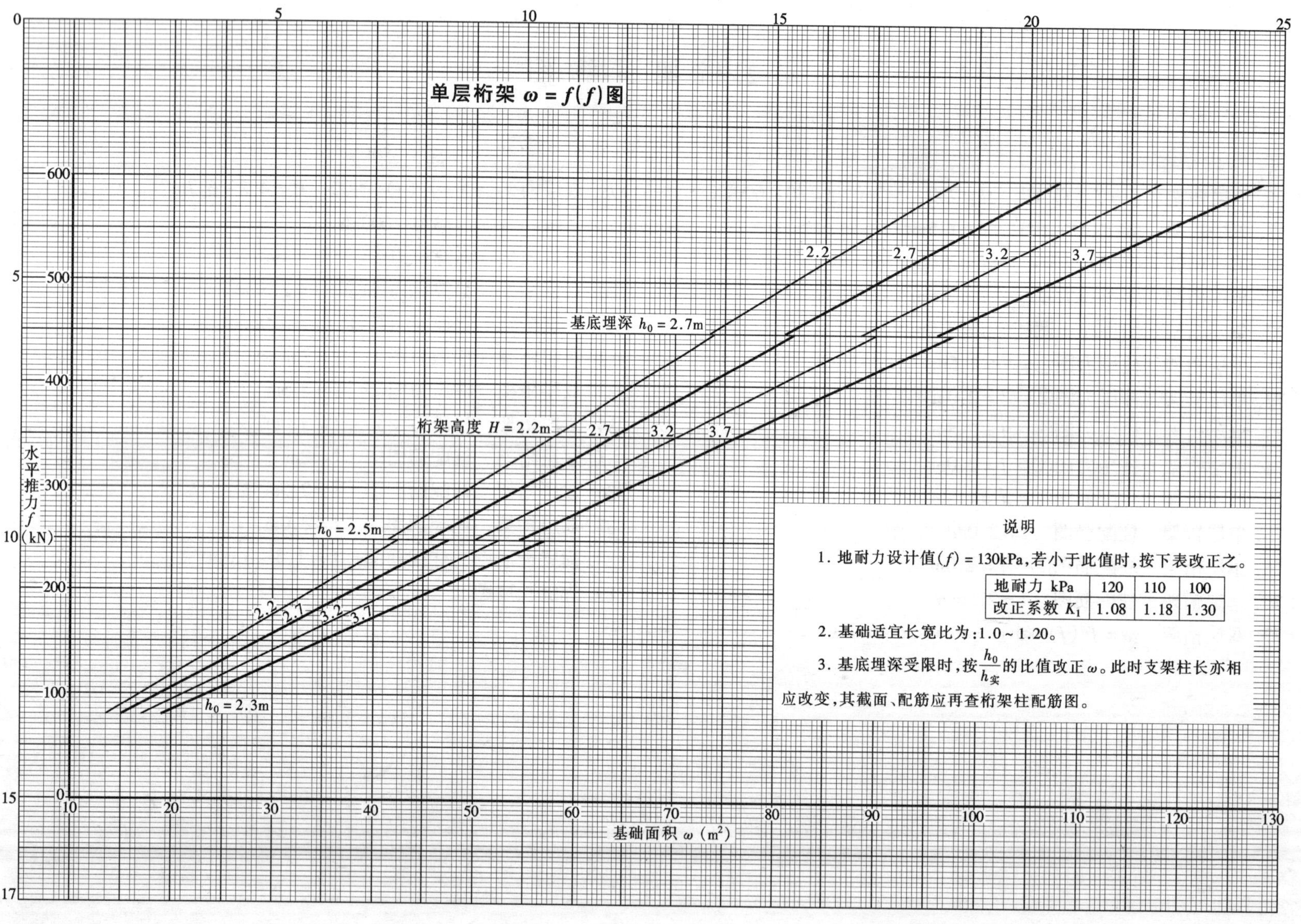

地耐力 kPa	120	110	100
改正系数 K_1	1.08	1.18	1.30

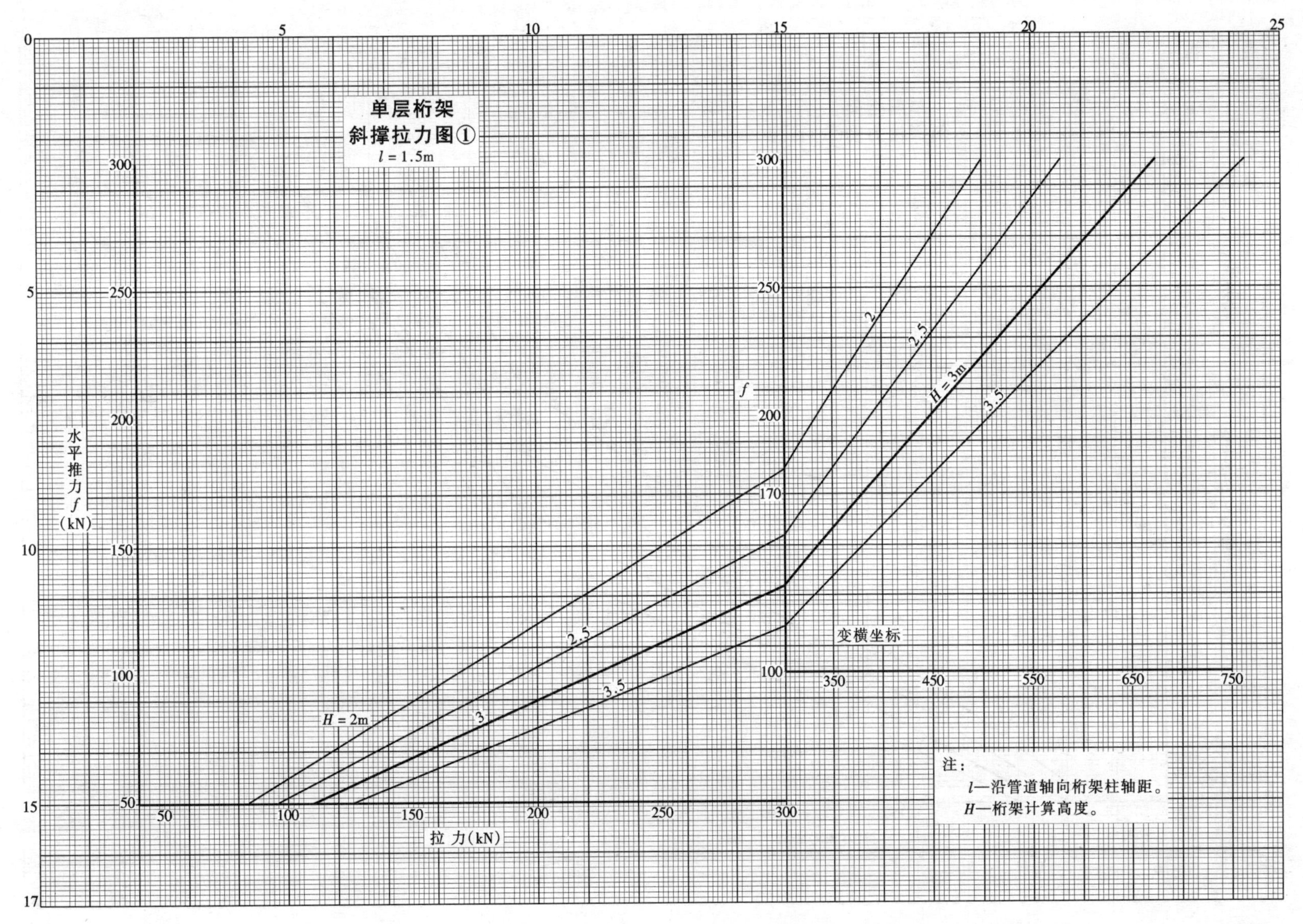
单层桁架
斜撑拉力图①
$l=1.5$m
水平推力 f (kN)
拉力(kN)
变横坐标
$H=2$m
2.5
3
3.5
2
$H=3$m
f
注：
l—沿管道轴向桁架柱轴距。
H—桁架计算高度。

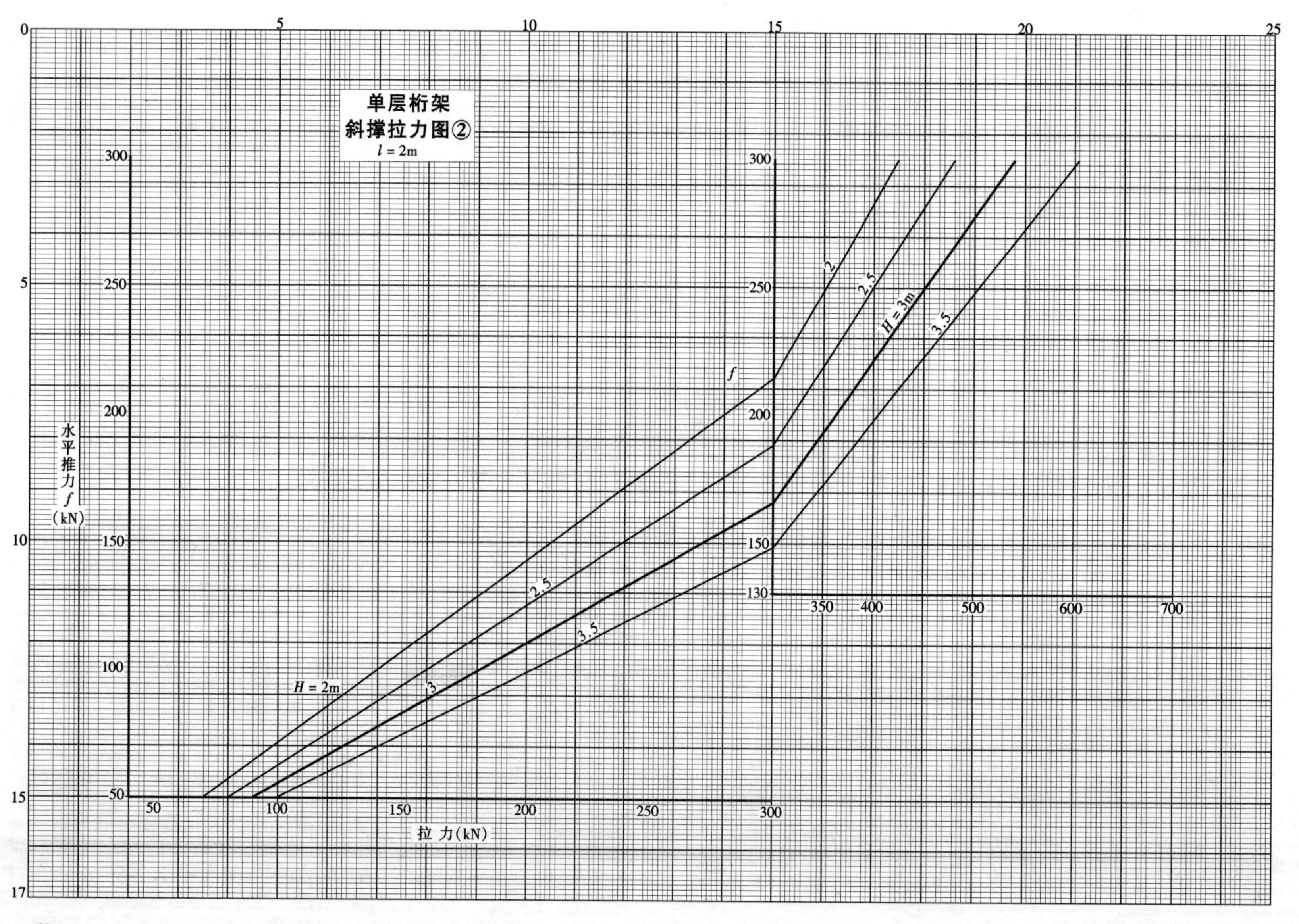

单层桁架
斜撑拉力图②
l = 2m
水平推力 f (kN)
拉力(kN)
H = 2m
2.5
3
3.5
2
2.5
H = 3m
3.5
f
0
5
10
15
20
25
17
300
250
200
150
100
50
300
250
200
150
130
50
100
150
200
250
300
350
400
500
600
700

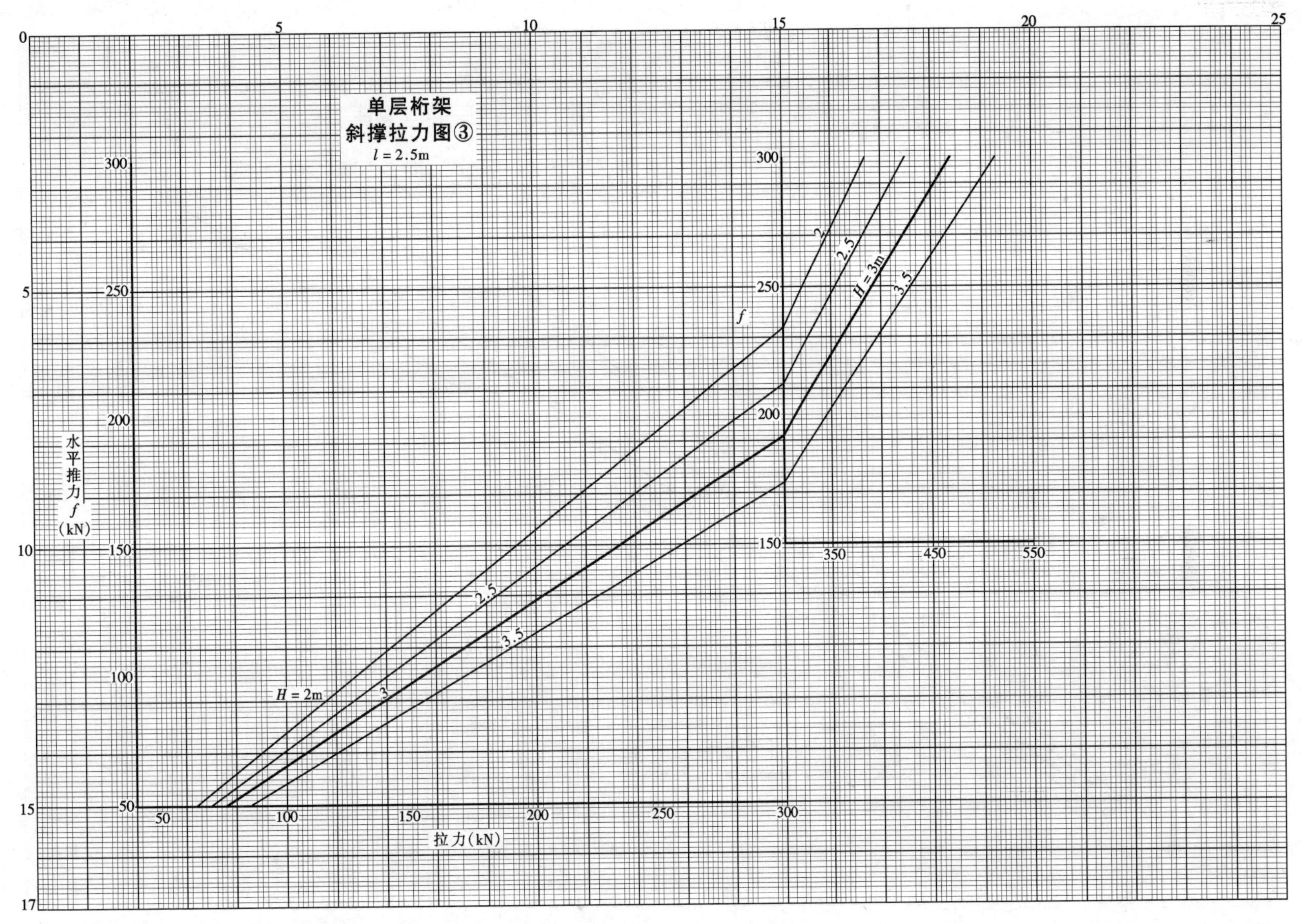

单层桁架
斜撑拉力图③
$l=2.5$m
水平推力 f (kN)
拉力(kN)
$H=2$m
2.5
3
3.5
$H=3$m
f

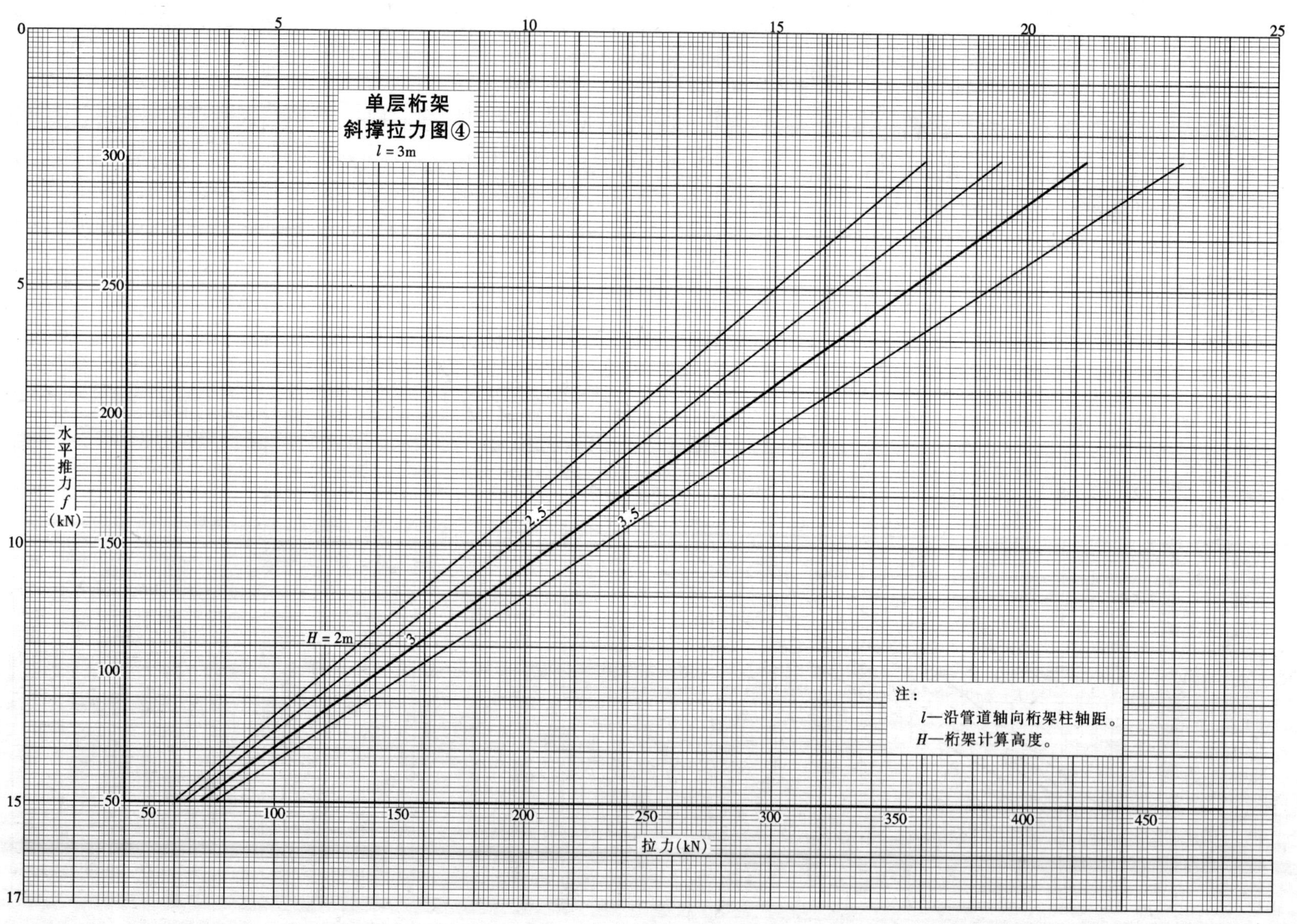
单层桁架
斜撑拉力图④
$l=3$m
水平推力 f (kN)
拉力(kN)
$H=2$m
2.5
3
3.5
注：
l—沿管道轴向桁架柱轴距。
H—桁架计算高度。
50
100
150
200
250
300
350
400
450
0
5
10
15
20
25
17

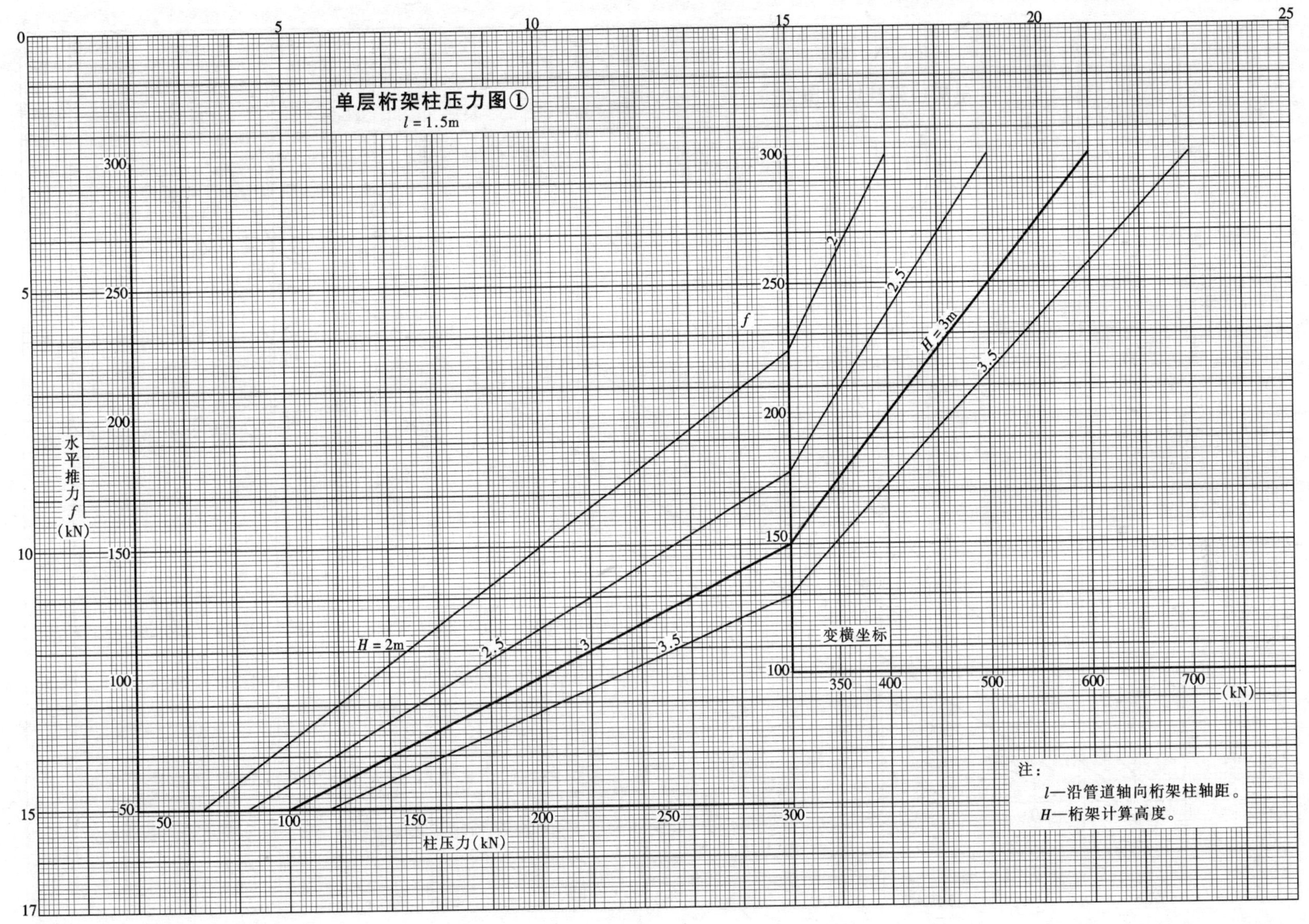

单层桁架柱压力图①
$l=1.5$m
水平推力 f (kN)
柱压力(kN)
变横坐标
(kN)
$H=2$m
2.5
3
3.5
2
$H=3$m
f
50
100
150
200
250
300
350
400
500
600
700
注：
l—沿管道轴向桁架柱轴距。
H—桁架计算高度。

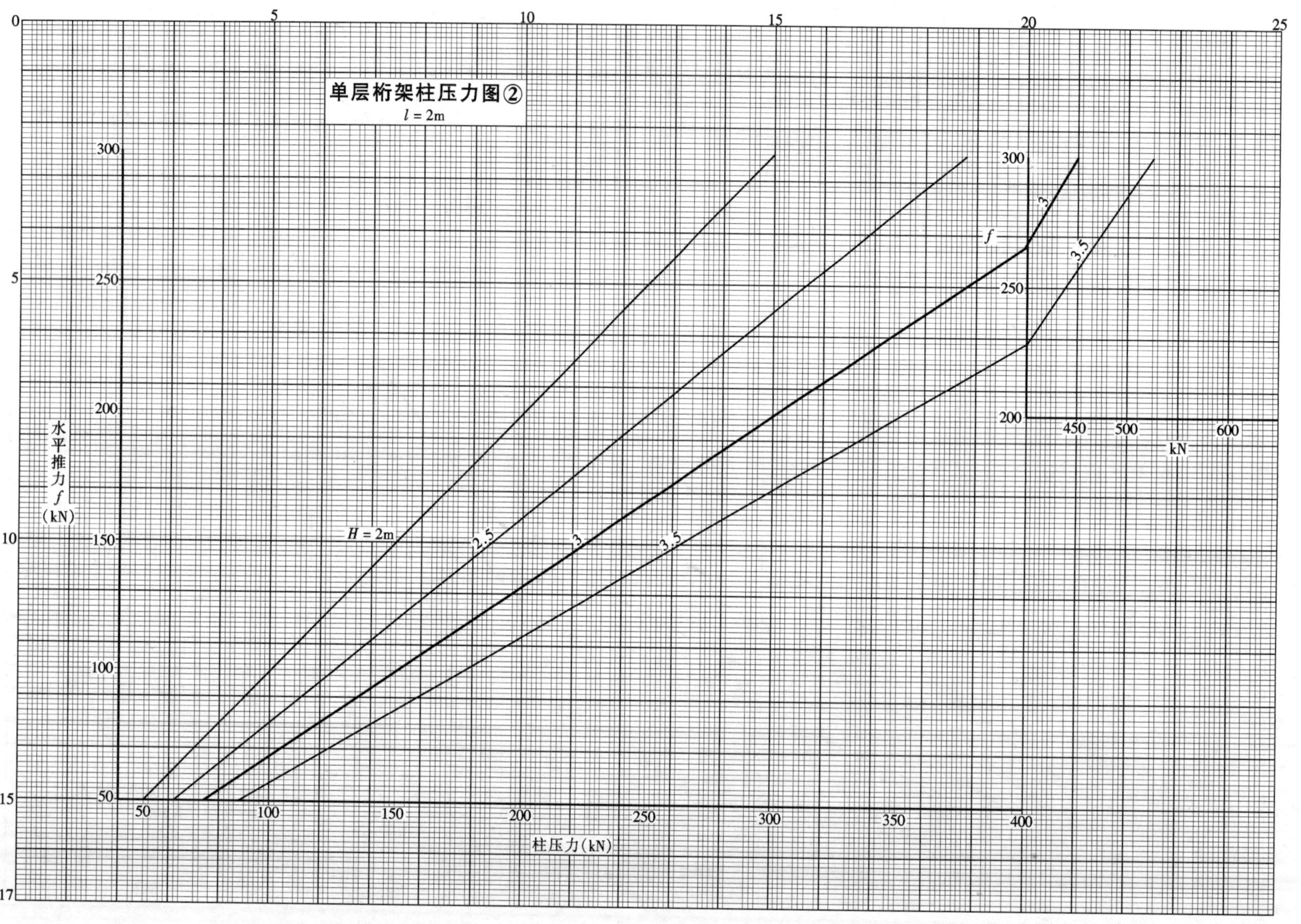
单层桁架柱压力图②
l = 2m
水平推力 f (kN)
柱压力(kN)
H = 2m
2.5
3
3.5
f
kN
0
5
10
15
17
20
25
50
100
150
200
250
300
350
400
450
500
600

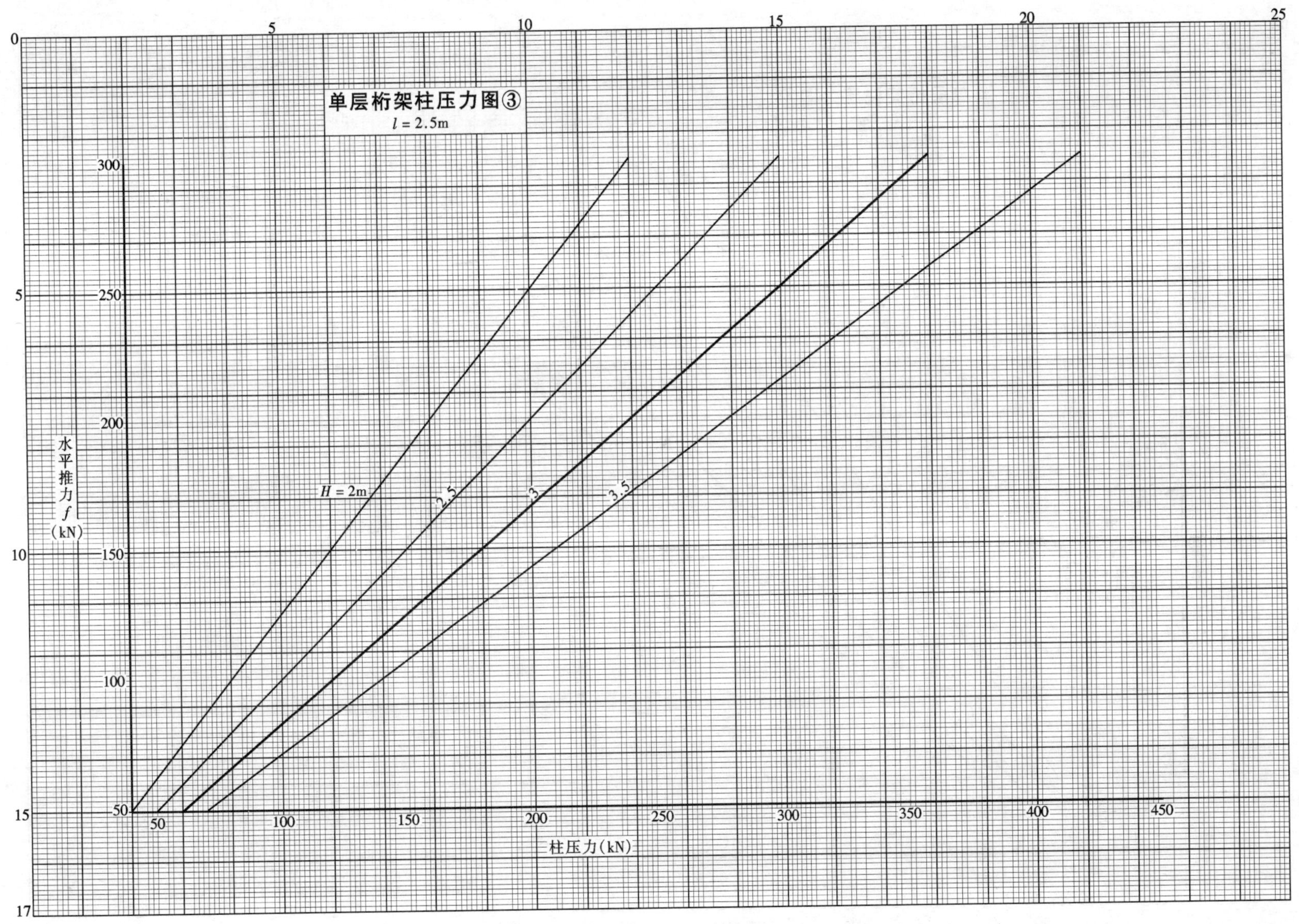
单层桁架柱压力图③
$l=2.5$m
水平推力 f (kN)
柱压力(kN)
$H=2$m
2.5
3
3.5
0
5
10
15
17
5
10
15
20
25
300
250
200
150
100
50
50
100
150
200
250
300
350
400
450

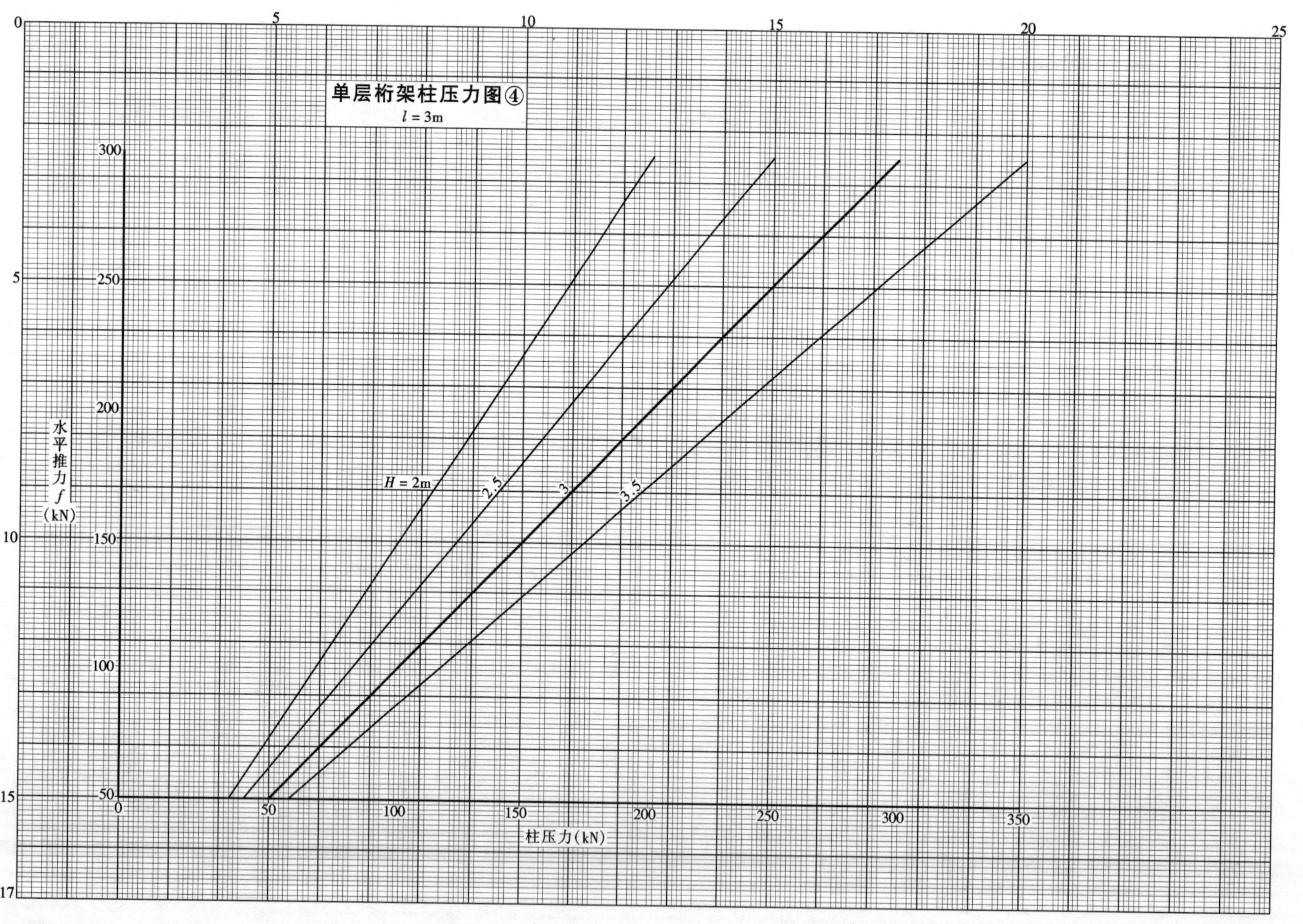
单层桁架柱压力图④
l = 3m
水平推力 f (kN)
柱压力(kN)
H = 2m
2.5
3
3.5
0
5
10
15
20
25
300
250
200
150
100
50
0
50
100
150
200
250
300
350
17

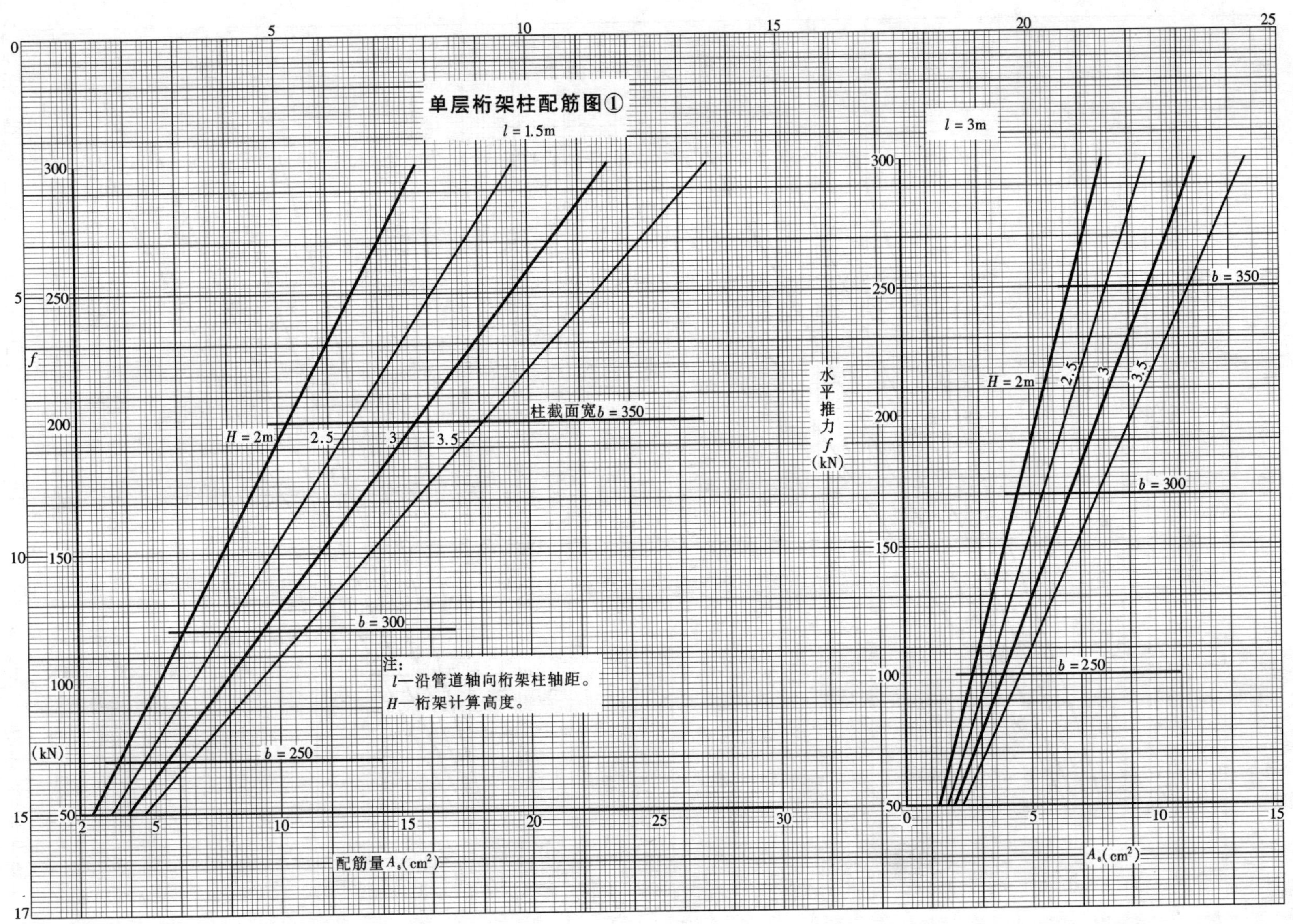
单层桁架柱配筋图①
l = 1.5m
l = 3m
柱截面宽b = 350
b = 300
b = 250
b = 350
b = 300
b = 250
H = 2m
2.5
3
3.5
H = 2m
2.5
3
3.5
水平推力f (kN)
配筋量A_s(cm^2)
A_s(cm^2)
注:
l—沿管道轴向桁架柱轴距。
H—桁架计算高度。

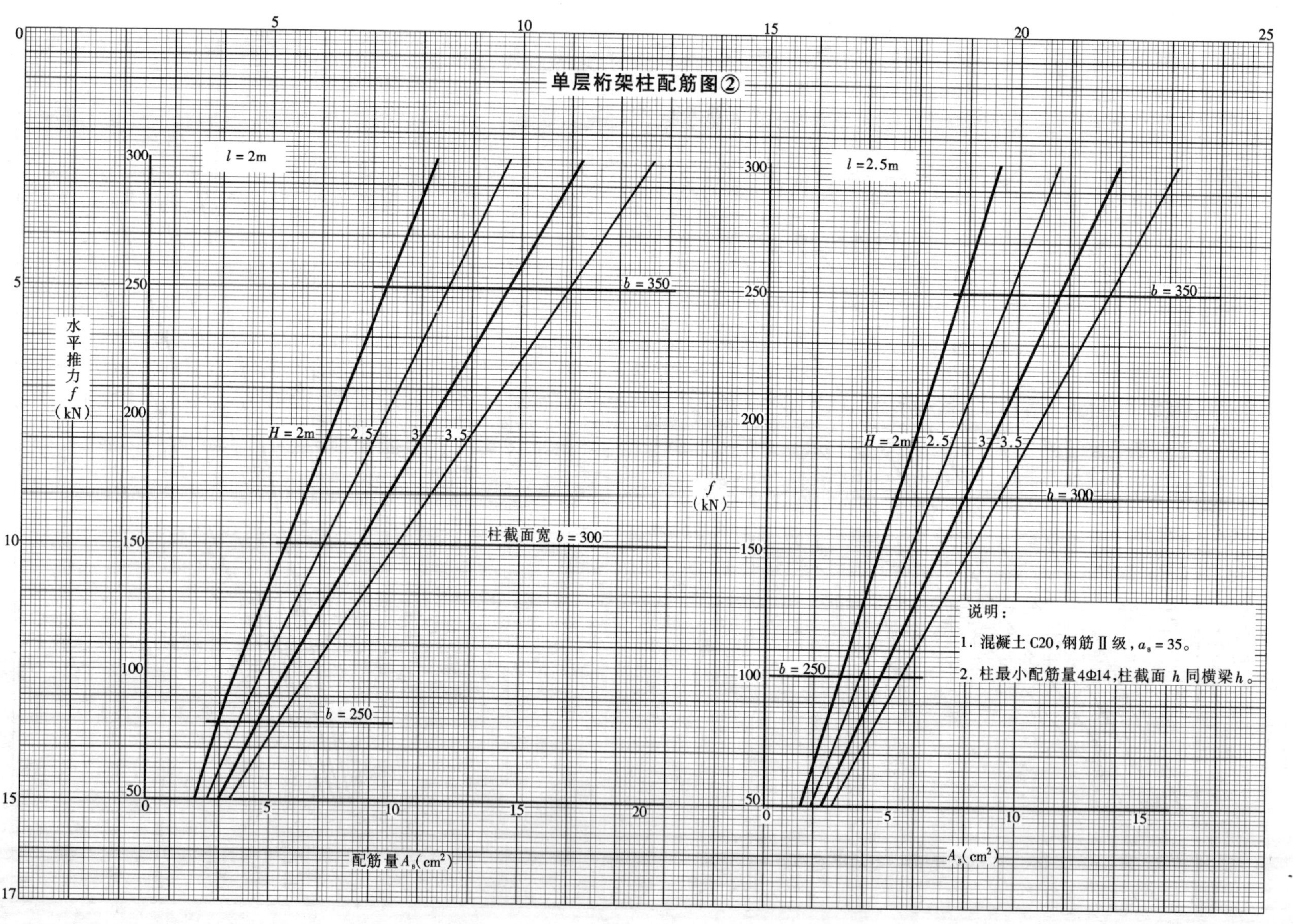
单层桁架柱配筋图②
l = 2m
水平推力 f (kN)
H = 2m
2.5
3
3.5
b = 350
柱截面宽 b = 300
b = 250
配筋量 As(cm²)
l = 2.5m
f (kN)
b = 300
As(cm²)
说明：
1. 混凝土C20，钢筋Ⅱ级，as = 35。
2. 柱最小配筋量4Φ14，柱截面 h 同横梁h。

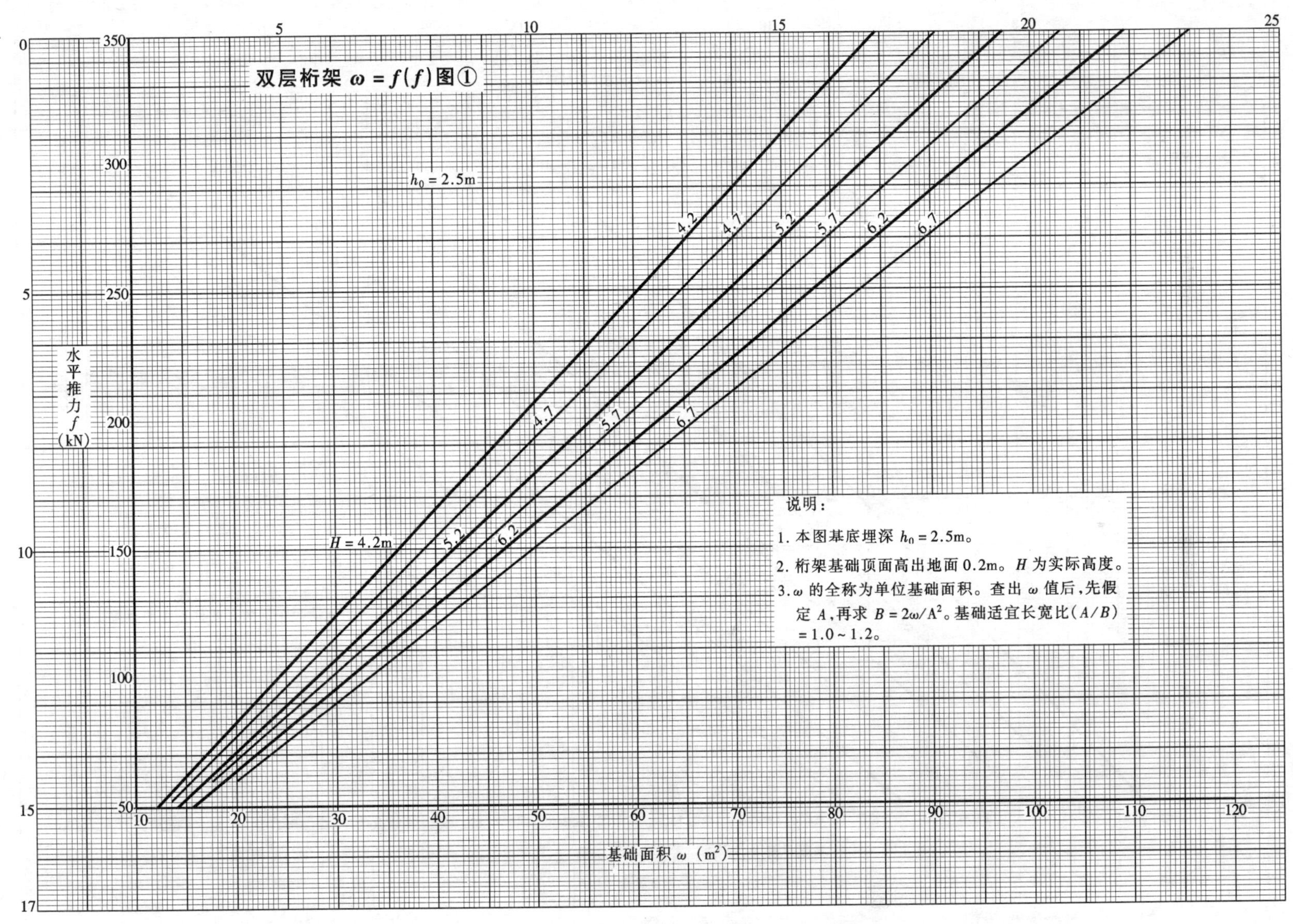
双层桁架 $\omega = f(f)$ 图①
$h_0 = 2.5$m
$H = 4.2$m
4.2
4.7
5.2
5.7
6.2
6.7
水平推力 f (kN)
基础面积 ω (m^2)
说明：
1. 本图基底埋深 $h_0 = 2.5$m。
2. 桁架基础顶面高出地面 0.2m。H 为实际高度。
3. ω 的全称为单位基础面积。查出 ω 值后，先假定 A，再求 $B = 2\omega/A^2$。基础适宜长宽比（A/B）= 1.0 ~ 1.2。

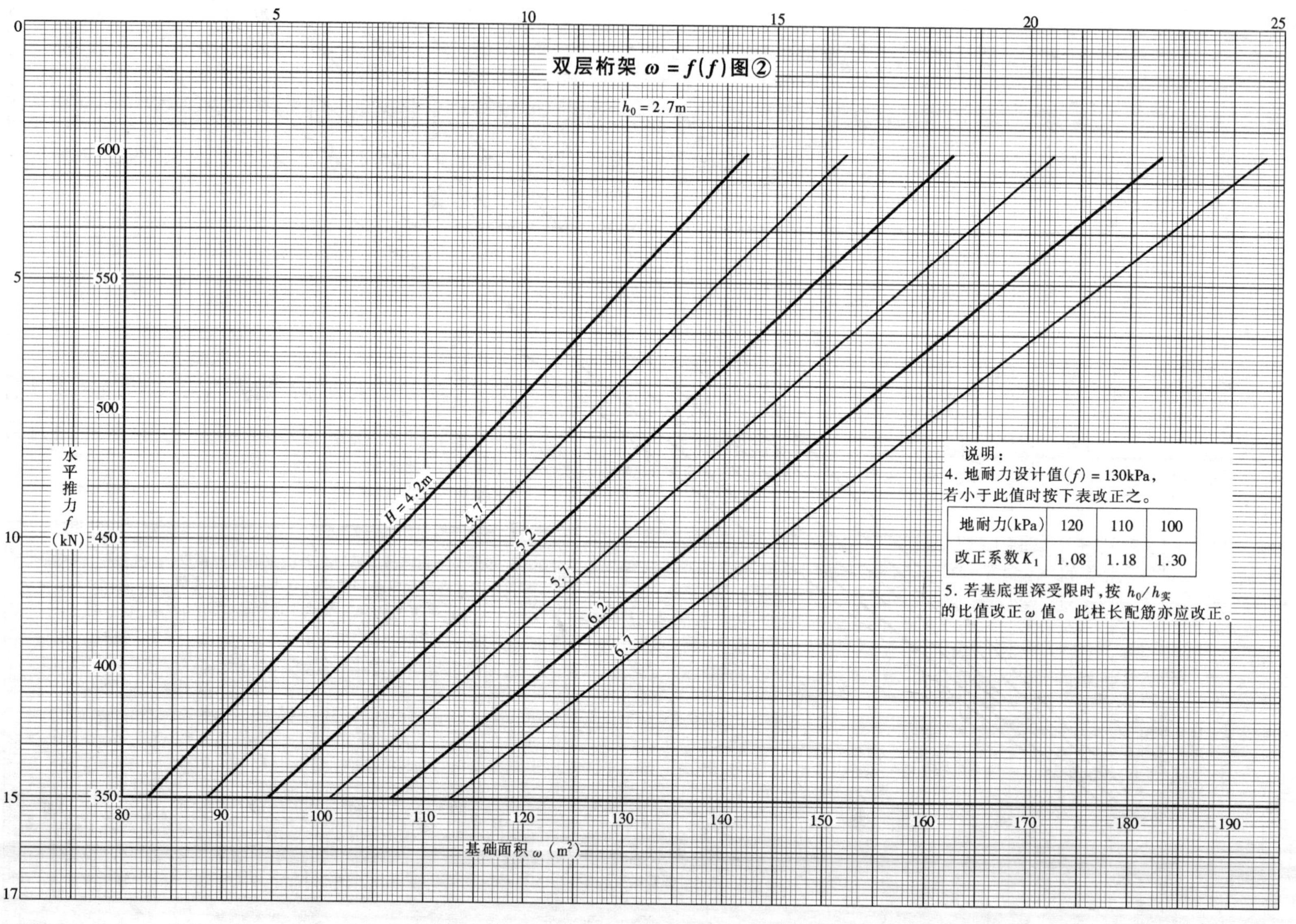

双层桁架 $\omega=f(f)$图②
$h_0=2.7\mathrm{m}$
水平推力 f (kN)
600
550
500
450
400
350
80
90
100
110
120
130
140
150
160
170
180
190
基础面积 ω (m^2)
0
5
10
15
17
5
10
15
20
25
H=4.2m
4.7
5.2
5.7
6.2
6.7
说明：
4. 地耐力设计值(f) = 130kPa，
若小于此值时按下表改正之。
地耐力(kPa) 120 110 100
改正系数K_1 1.08 1.18 1.30
5. 若基底埋深受限时，按 $h_0/h_{实}$
的比值改正ω值。此柱长配筋亦应改正。

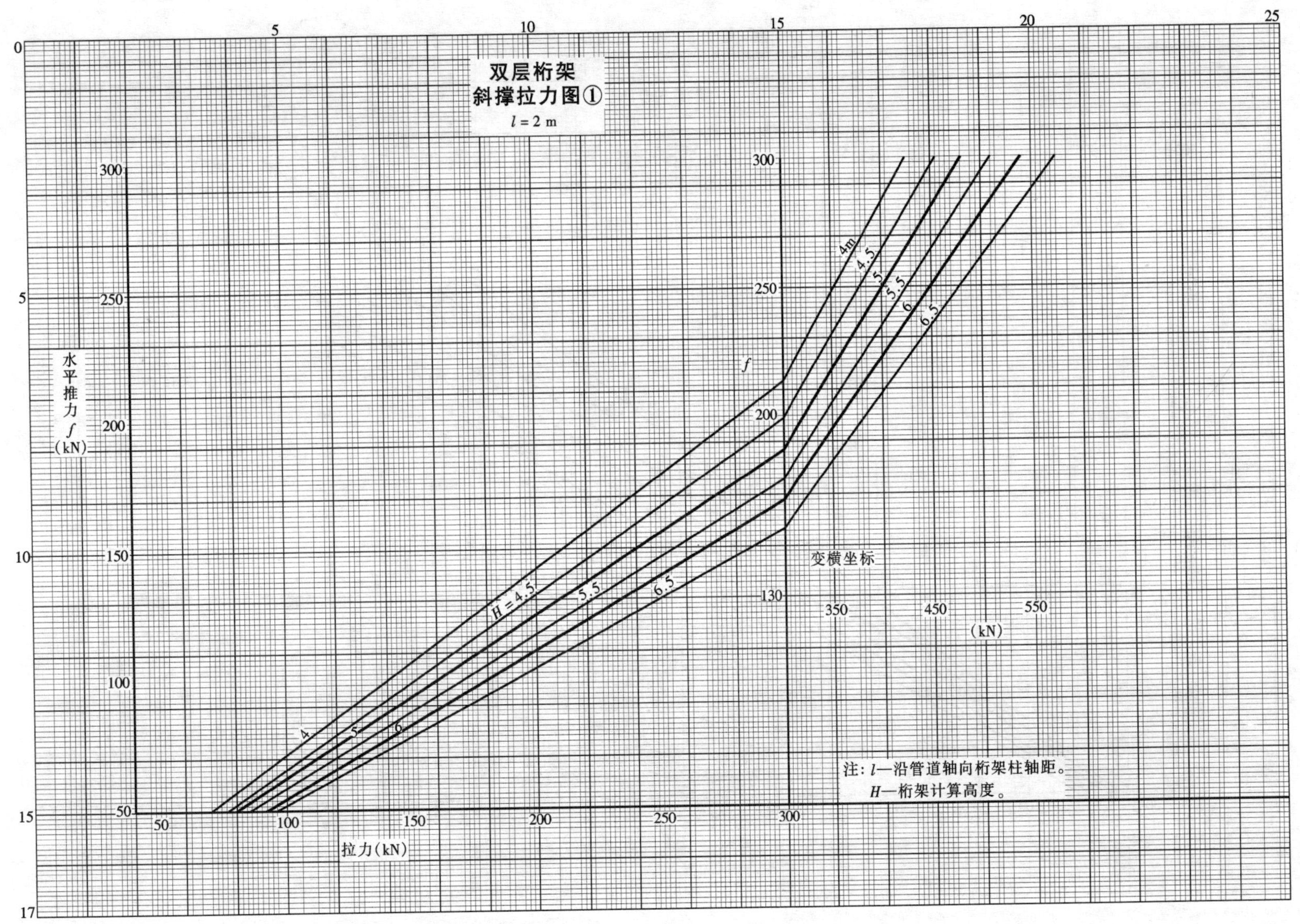
双层桁架
斜撑拉力图①
$l=2$ m
水平推力 f (kN)
拉力(kN)
变横坐标
(kN)
H=4.5
5.5
6.5
4m
4.5
5
5.5
6
6.5
4
5
6
f
注：l—沿管道轴向桁架柱轴距。
H—桁架计算高度。

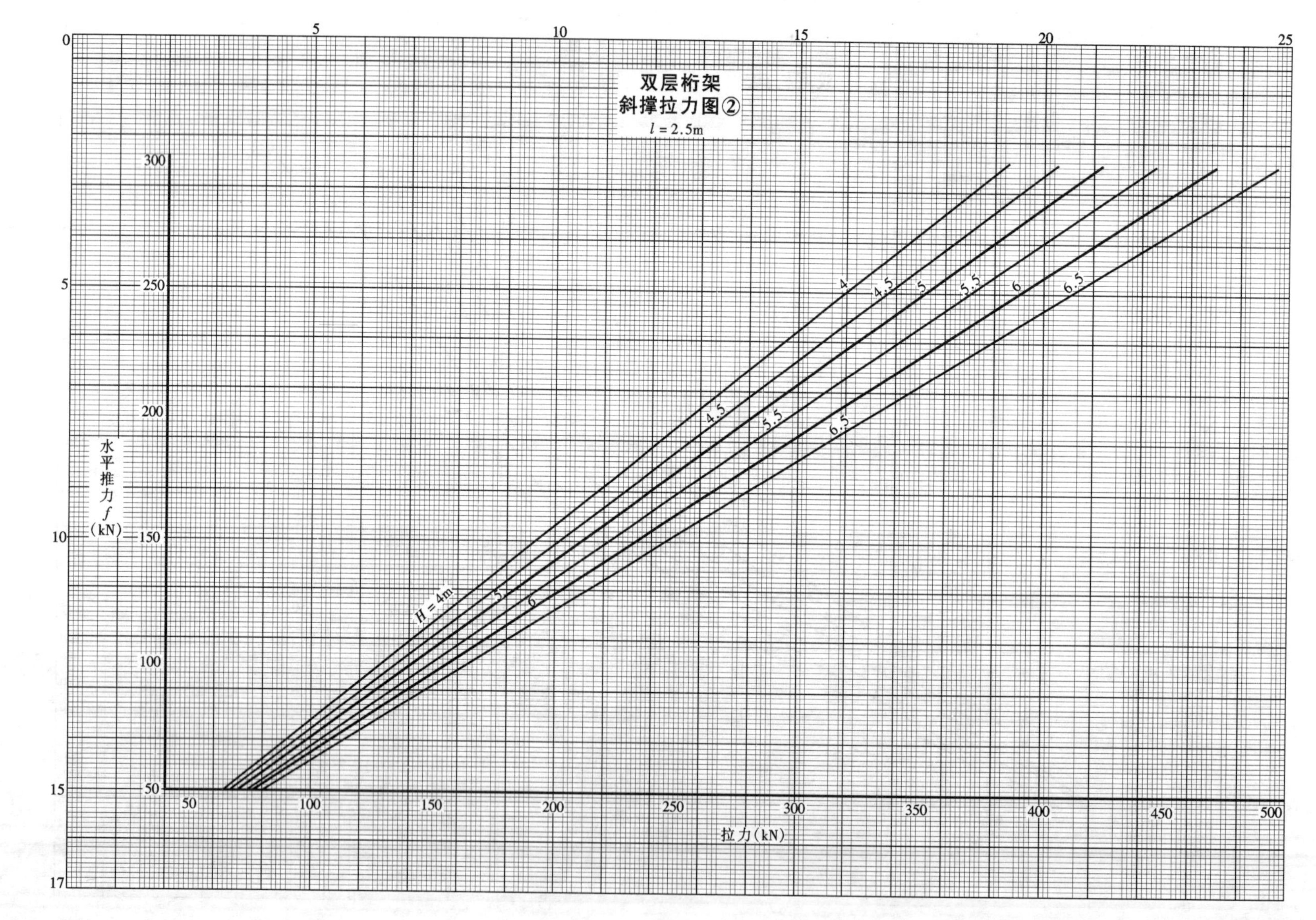
双层桁架
斜撑拉力图②
$l=2.5$m
水平推力 f (kN)
拉力(kN)
H = 4m
4
4.5
5
5.5
6
6.5
0
5
10
15
17
20
25
50
100
150
200
250
300
350
400
450
500

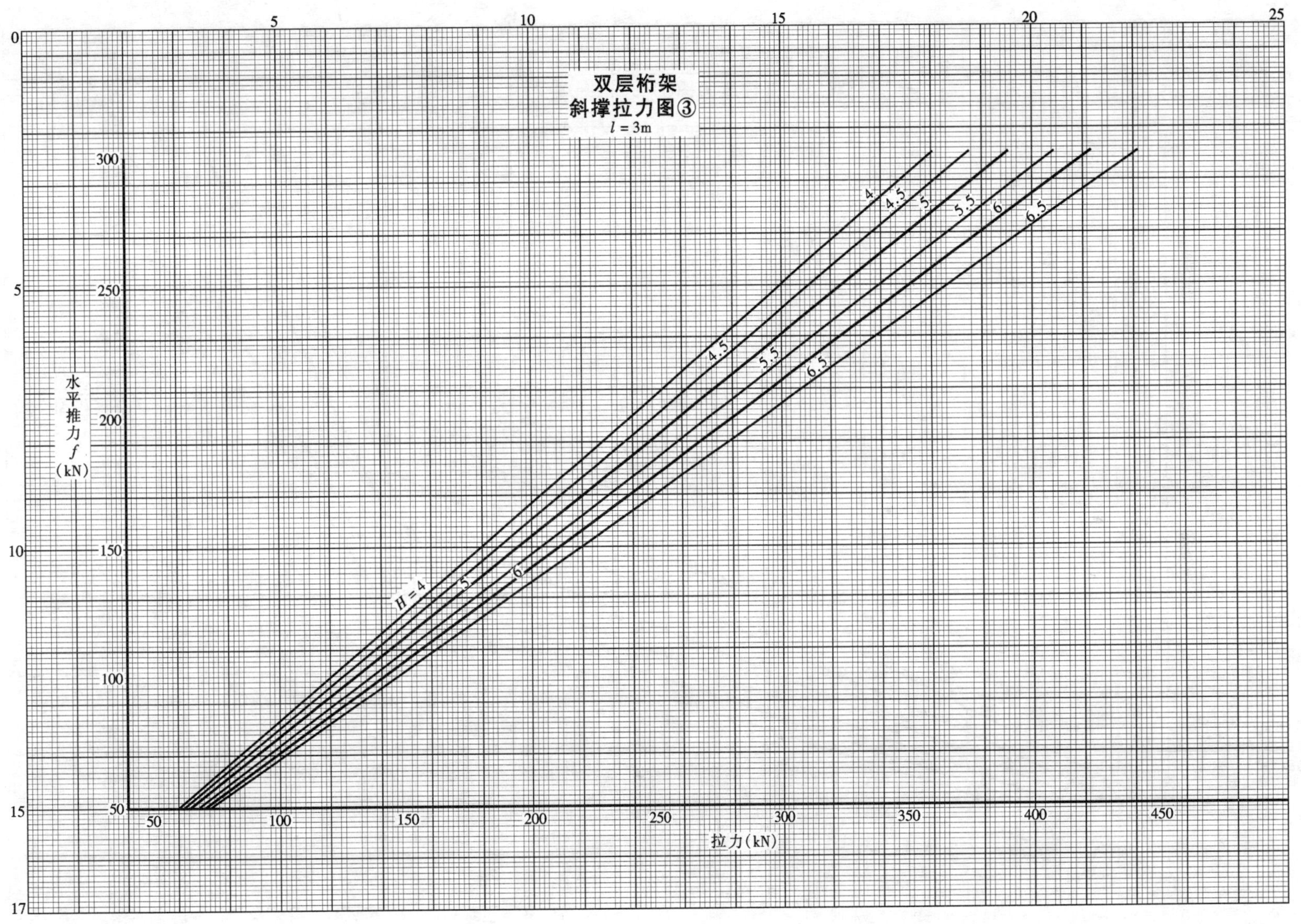
双层桁架
斜撑拉力图③
l = 3m
水平推力 f（kN）
拉力（kN）
H = 4
4.5
5
5.5
6
6.5
0
5
10
15
17
25
20
300
250
200
150
100
50
450
400
350
300
250
200
150
100
50

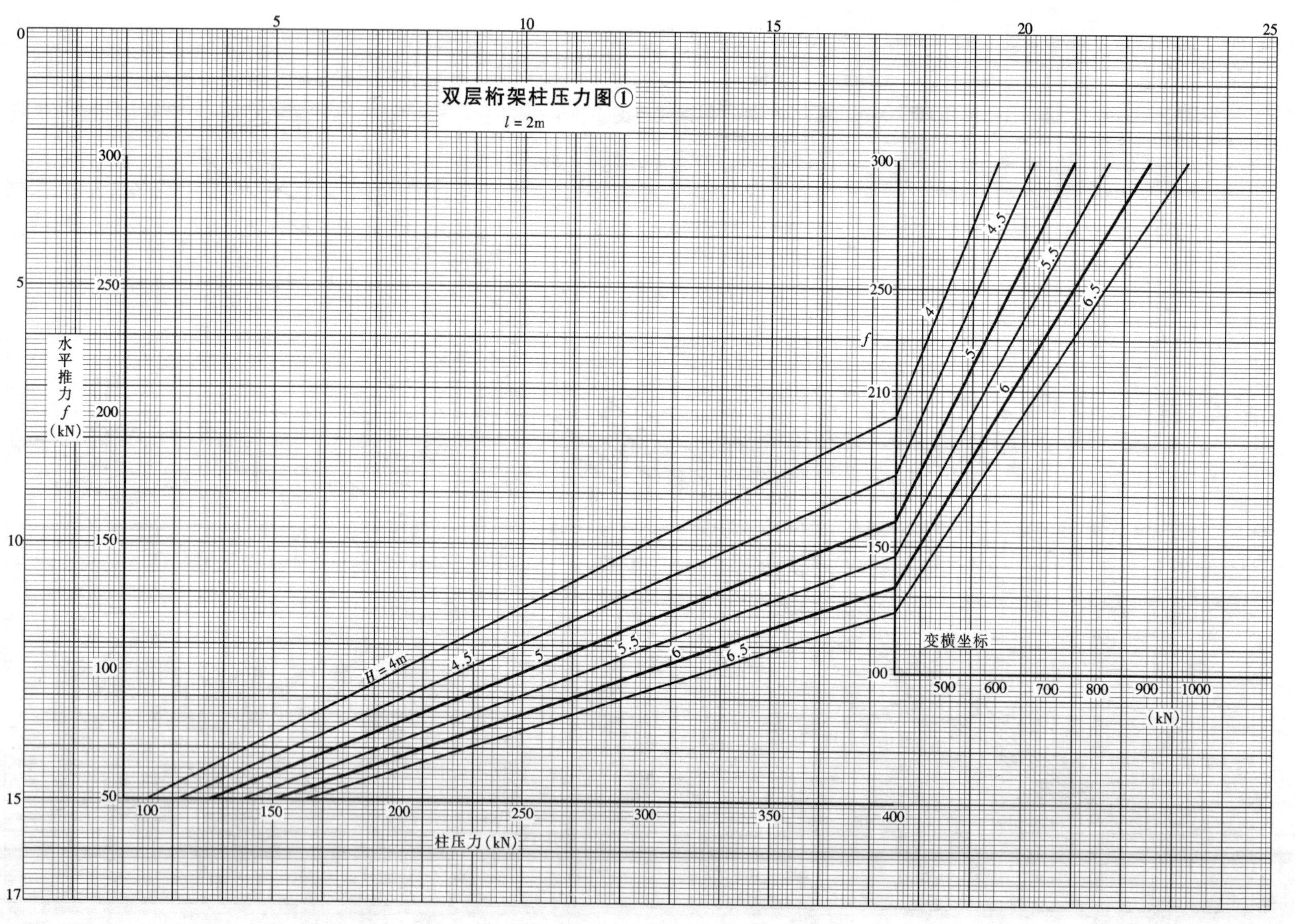
双层桁架柱压力图①
$l=2$m
水平推力 f (kN)
柱压力(kN)
变横坐标
(kN)
$H=4$m
4.5
5
5.5
6
6.5
f

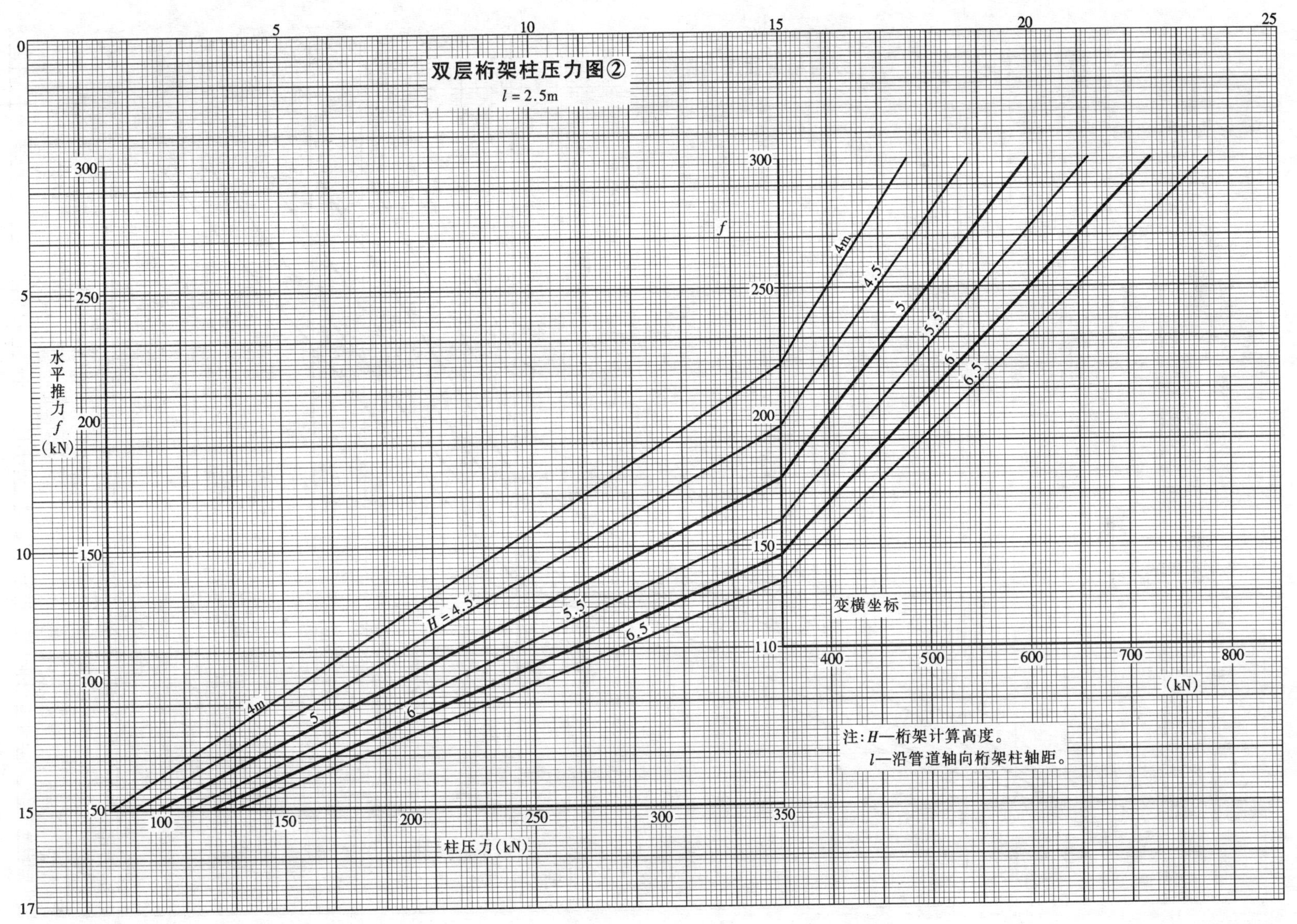

双层桁架柱压力图②
$l=2.5$m
水平推力 f (kN)
柱压力(kN)
变横坐标
(kN)
f
H=4.5
4m
5
5.5
6
6.5
注:H—桁架计算高度。
l—沿管道轴向桁架柱轴距。

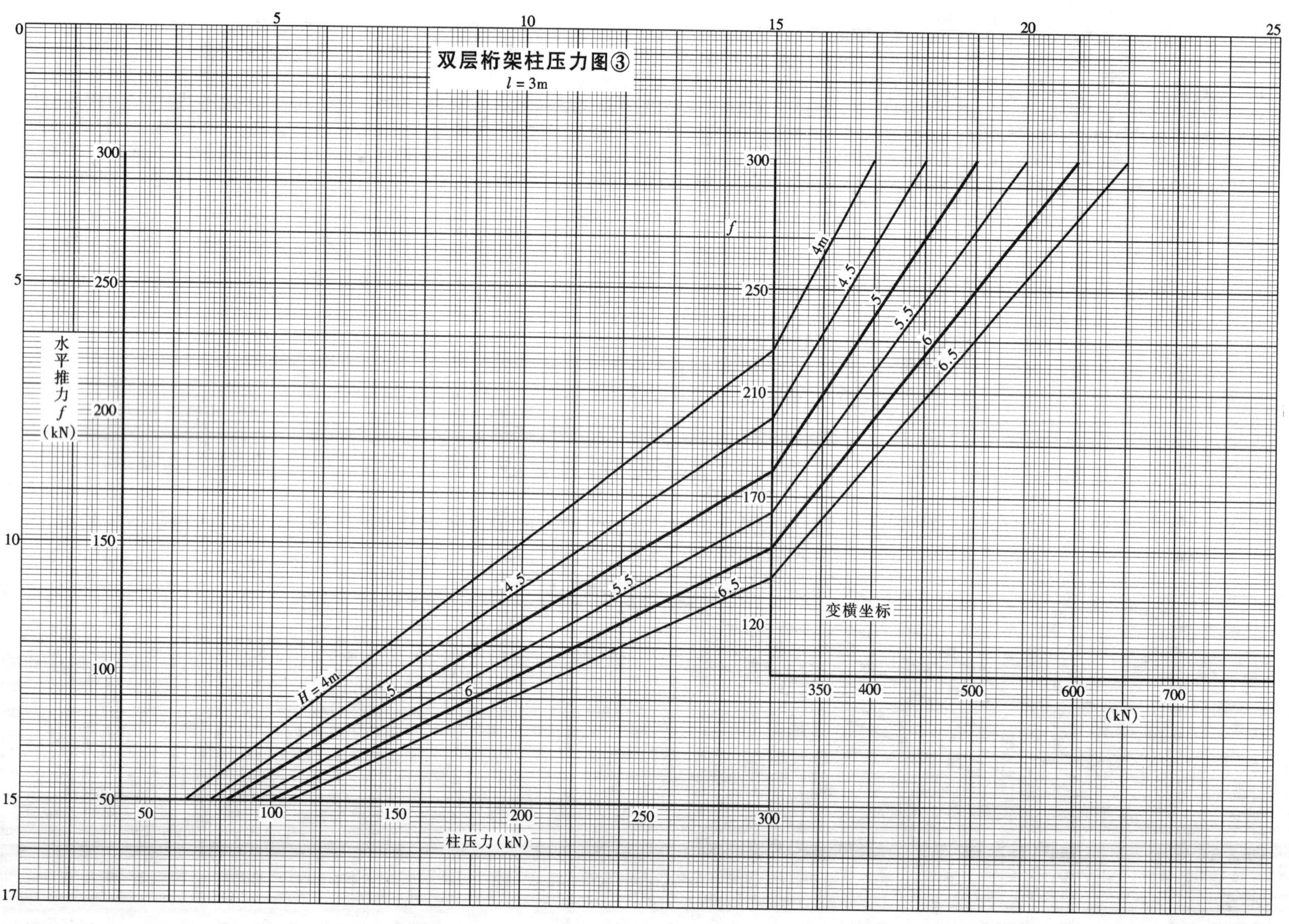

双层桁架柱压力图③
$l=3$m
水平推力 f (kN)
柱压力(kN)
变横坐标
f
(kN)
H = 4m
4.5
5
5.5
6
6.5
4m

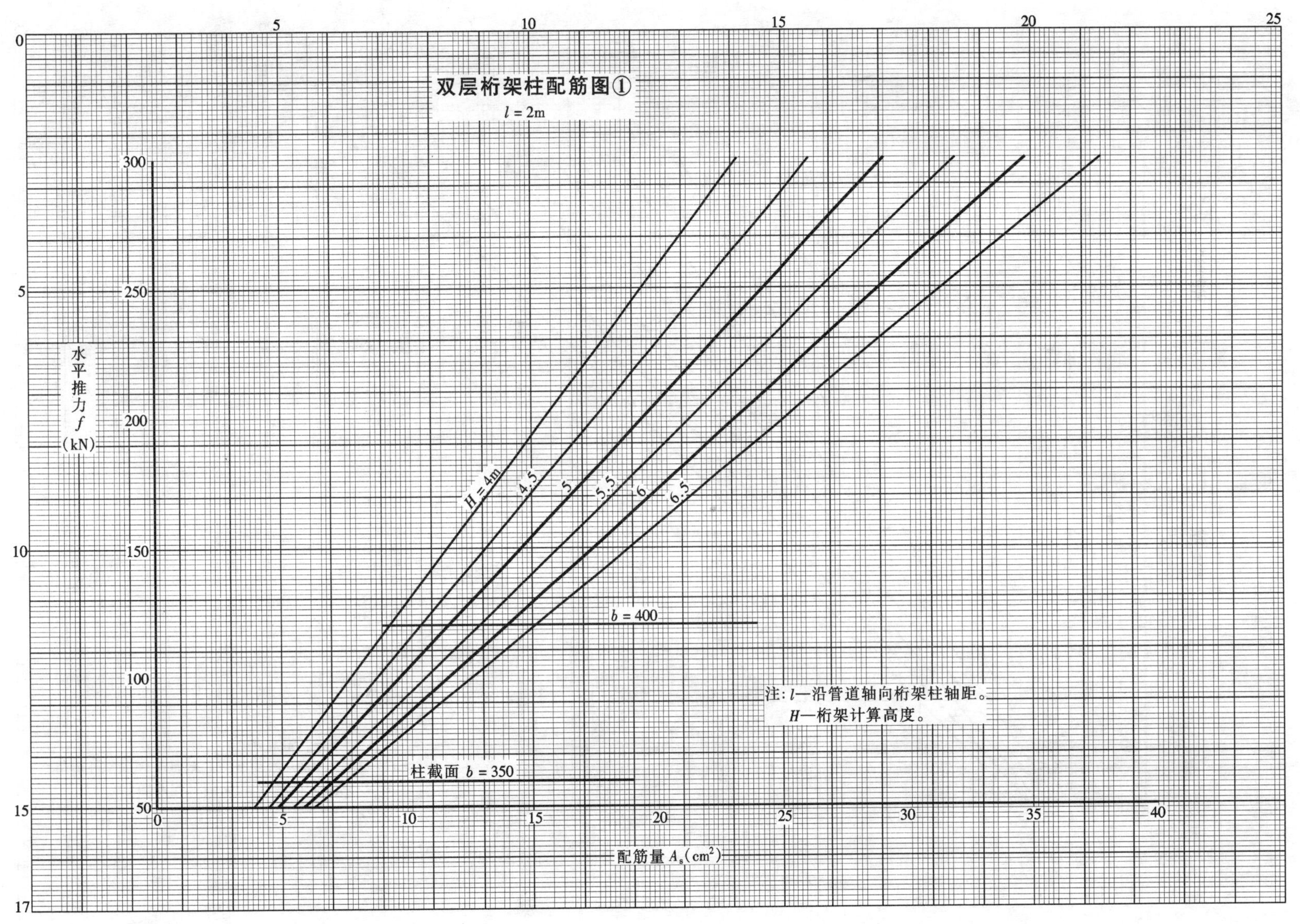

双层桁架柱配筋图①
$l = 2m$
水平推力 f (kN)
配筋量 A_s (cm²)
$H = 4m$
4.5
5
5.5
6
6.5
$b = 400$
柱截面 $b = 350$
注: l—沿管道轴向桁架柱轴距。
H—桁架计算高度。

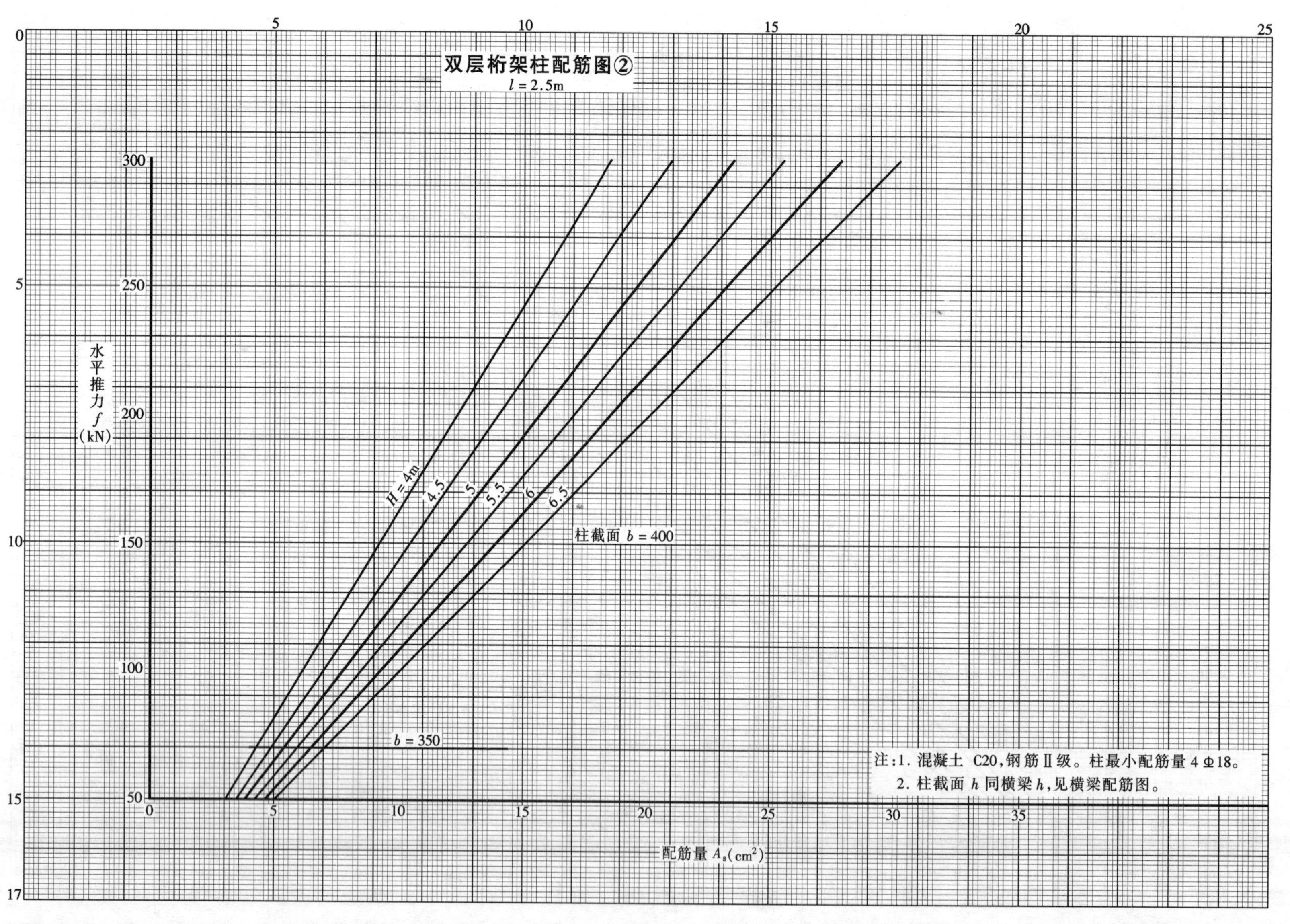
双层桁架柱配筋图②
$l=2.5$m
水平推力 f (kN)
$H=4$m
4.5
5
5.5
6
6.5
柱截面 $b=400$
$b=350$
注:1. 混凝土 C20,钢筋Ⅱ级。柱最小配筋量 4 Φ18。
2. 柱截面 h 同横梁 h,见横梁配筋图。
配筋量 A_s(cm^2)
300
250
200
150
100
50
0
5
10
15
20
25
30
35

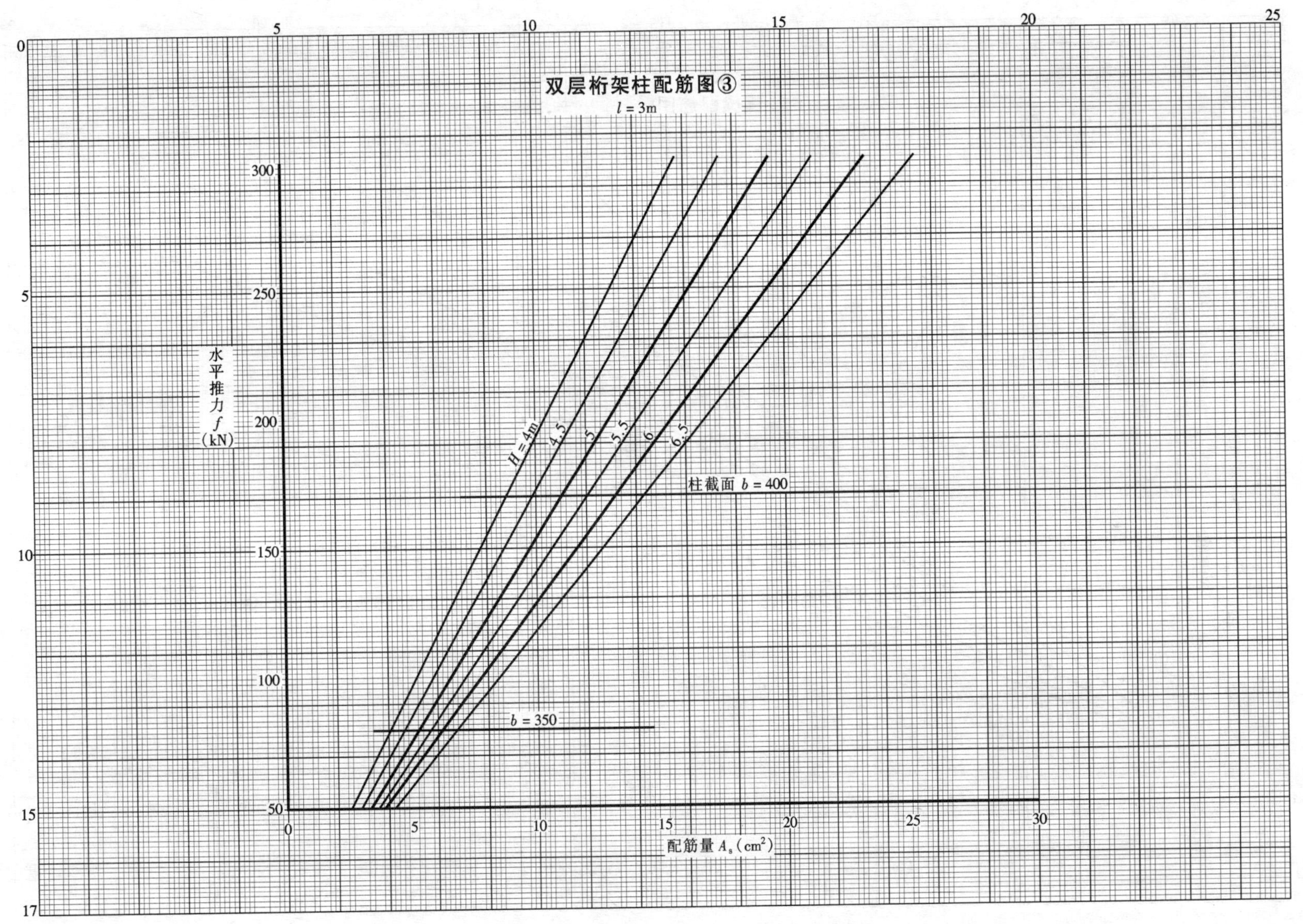
双层桁架柱配筋图③
$l=3$m
水平推力 f (kN)
300
250
200
150
100
50
$H=4$m
4.5
5
5.5
6
6.5
柱截面 $b=400$
$b=350$
0
5
10
15
20
25
30
配筋量 A_s (cm^2)

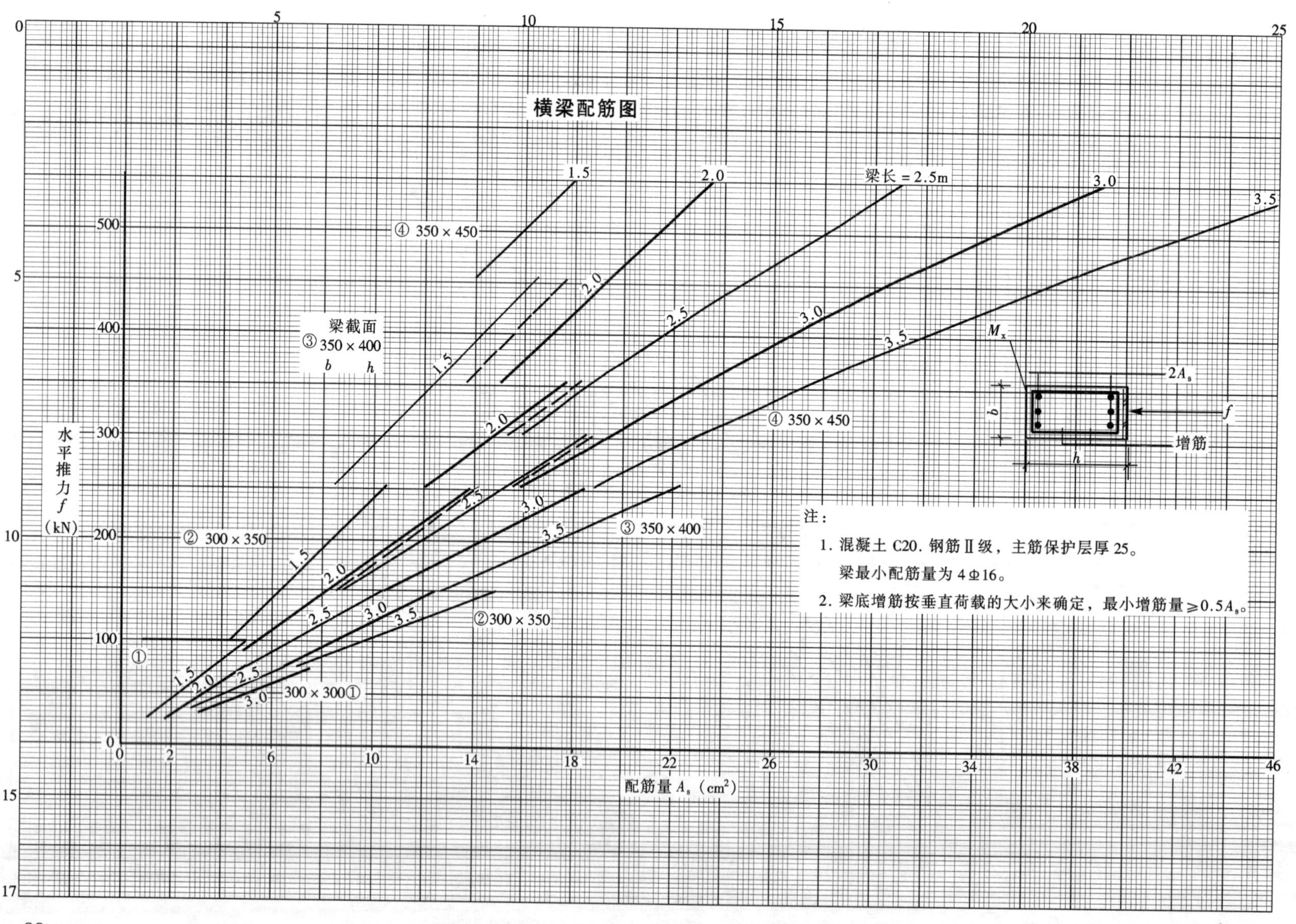

横梁配筋图
梁长=2.5m
1.5
2.0
3.0
3.5
④ 350×450
梁截面
③ 350×400
b h
② 300×350
300×300①
③ 350×400
②300×350
①
水平推力 f (kN)
配筋量 A_s (cm²)
M_x
$2A_s$
f
增筋
b
h
注：
1. 混凝土 C20. 钢筋Ⅱ级，主筋保护层厚25。
梁最小配筋量为4Φ16。
2. 梁底增筋按垂直荷载的大小来确定，最小增筋量≥$0.5A_s$。

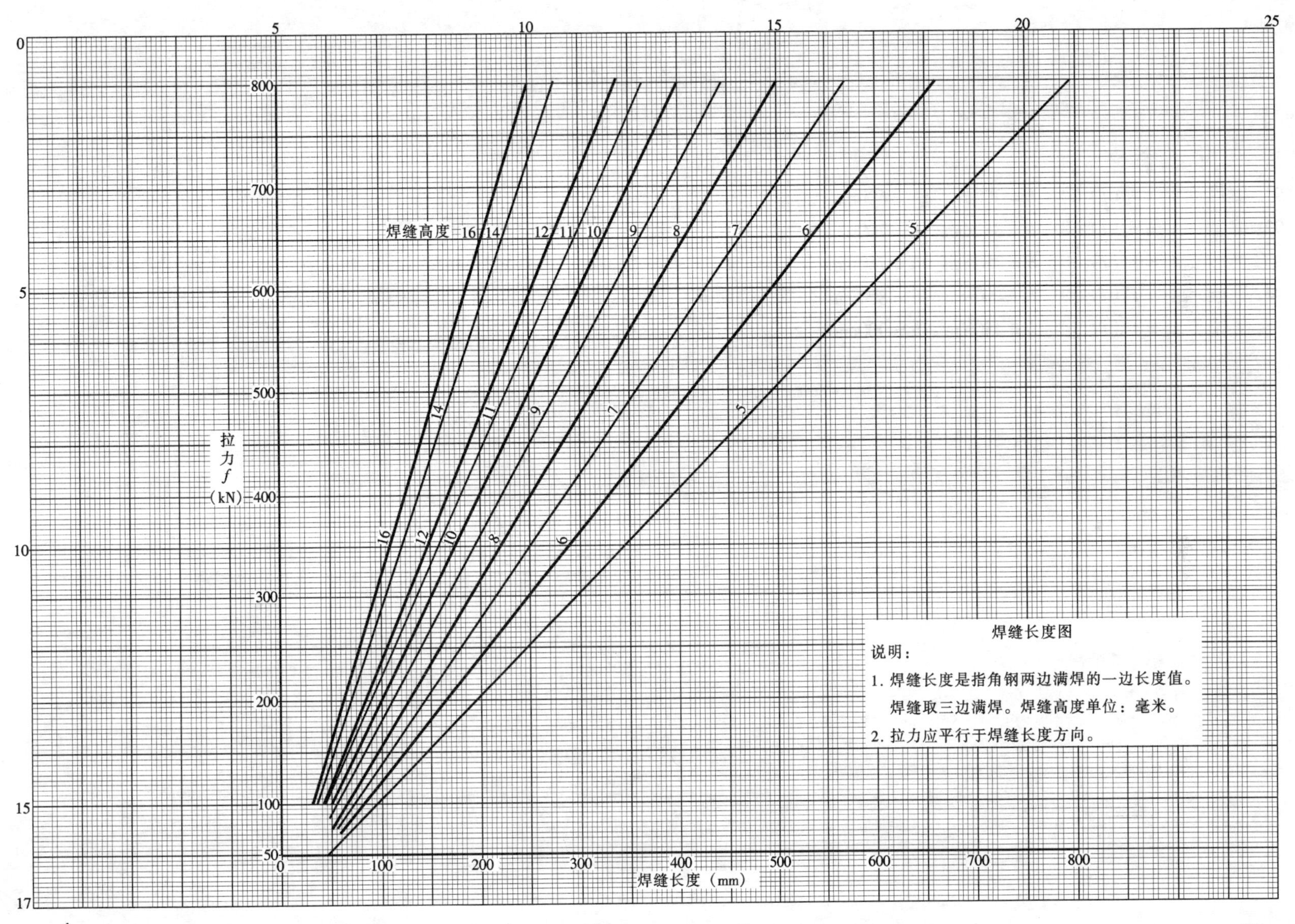
焊缝高度 16 14 12 11 10 9 8 7 6 5
拉力 f（kN）
焊缝长度（mm）
焊缝长度图
说明：
1. 焊缝长度是指角钢两边满焊的一边长度值。
焊缝取三边满焊。焊缝高度单位：毫米。
2. 拉力应平行于焊缝长度方向。

3. 侧推计算图

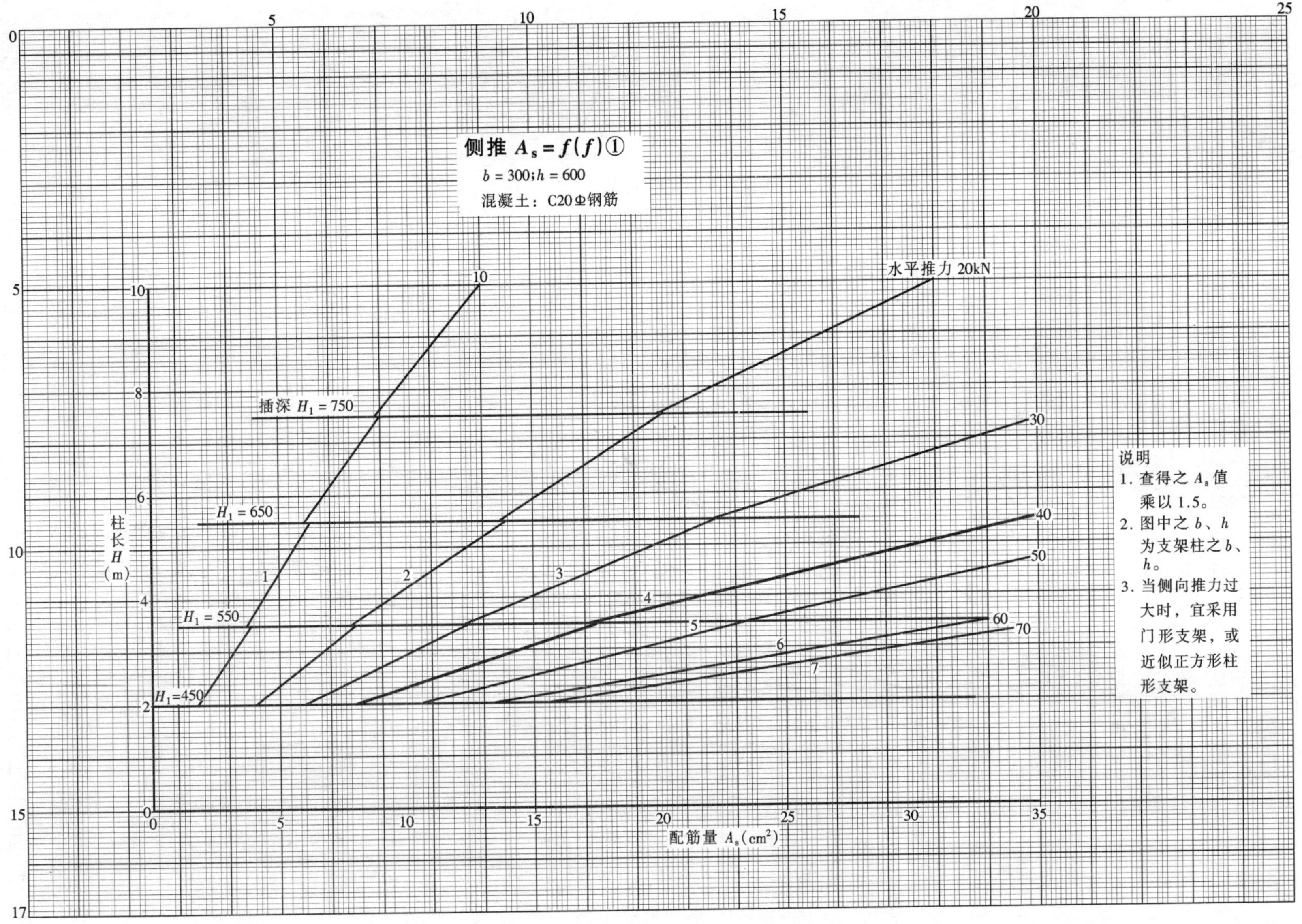

侧推 $A_s = f(f)$①
$b = 300; h = 600$
混凝土：C20 Φ钢筋
水平推力 20kN
10
30
40
50
60
70
插深 $H_1 = 750$
$H_1 = 650$
$H_1 = 550$
$H_1=450$
1
2
3
4
5
6
7
柱长 H (m)
配筋量 A_s (cm^2)
说明
1. 查得之 A_s 值乘以 1.5。
2. 图中之 b、h 为支架柱之 b、h。
3. 当侧向推力过大时，宜采用门形支架，或近似正方形柱形支架。

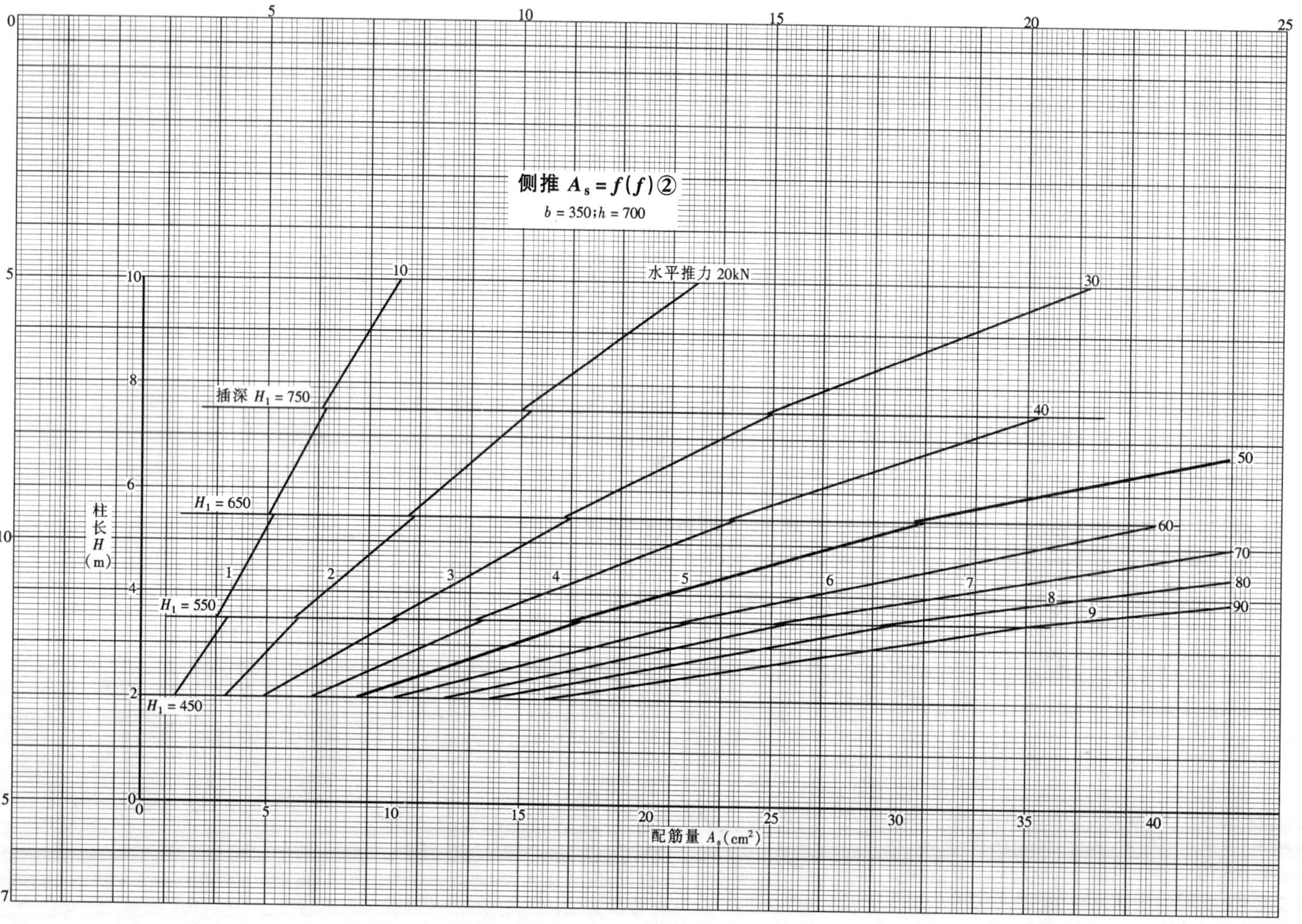
侧推 $A_s = f(f)$②
$b = 350; h = 700$
水平推力 20kN
10
30
40
50
60
70
80
90
插深 $H_1 = 750$
$H_1 = 650$
$H_1 = 550$
$H_1 = 450$
1
2
3
4
5
6
7
8
9
柱长 H (m)
配筋量 A_s (cm²)

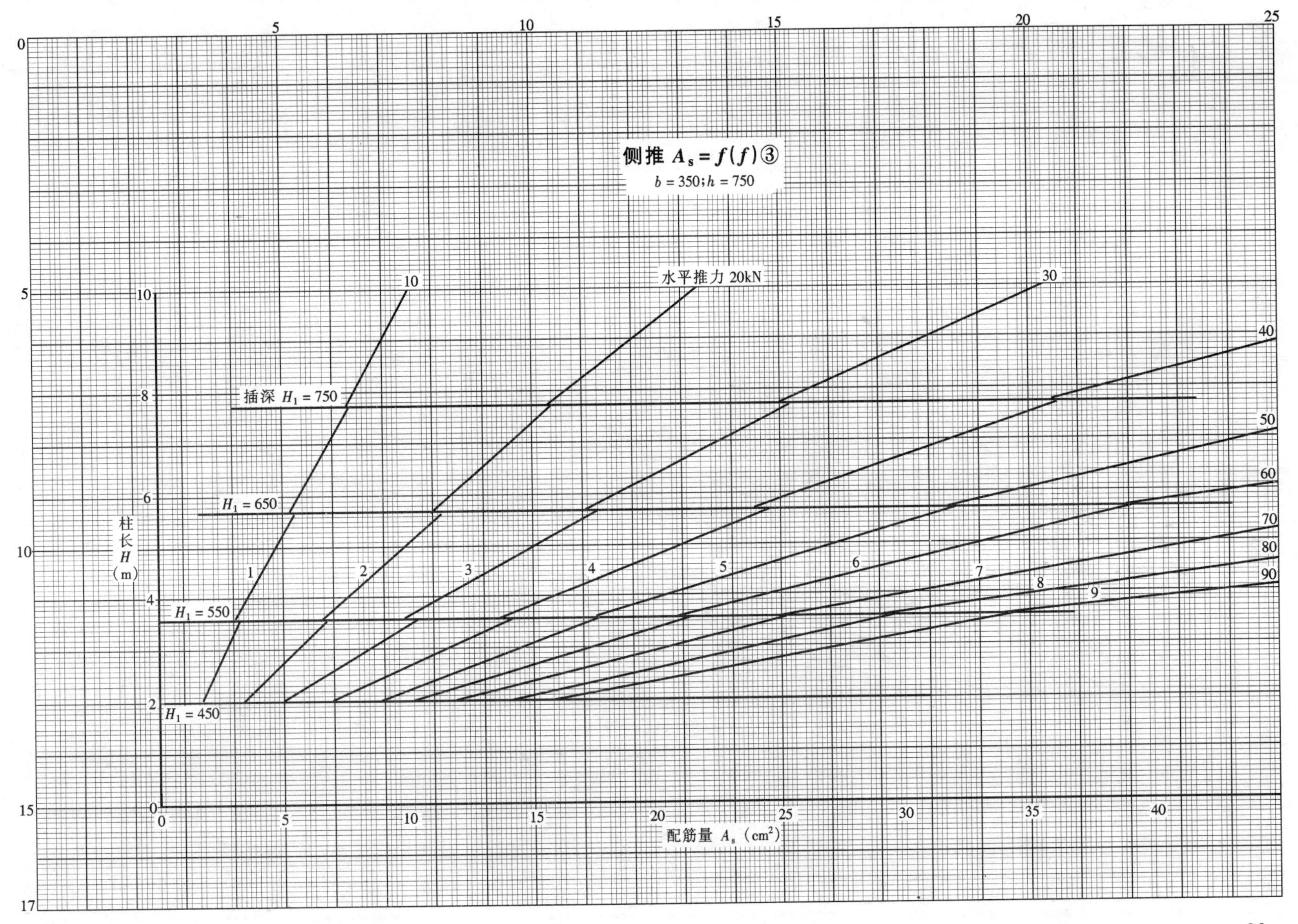

侧推 $A_s=f(f)$③
$b=350$;$h=750$
水平推力 20kN
10
30
40
50
60
70
80
90
插深 $H_1=750$
$H_1=650$
$H_1=550$
$H_1=450$
柱长 H (m)
配筋量 A_s (cm²)
1
2
3
4
5
6
7
8
9

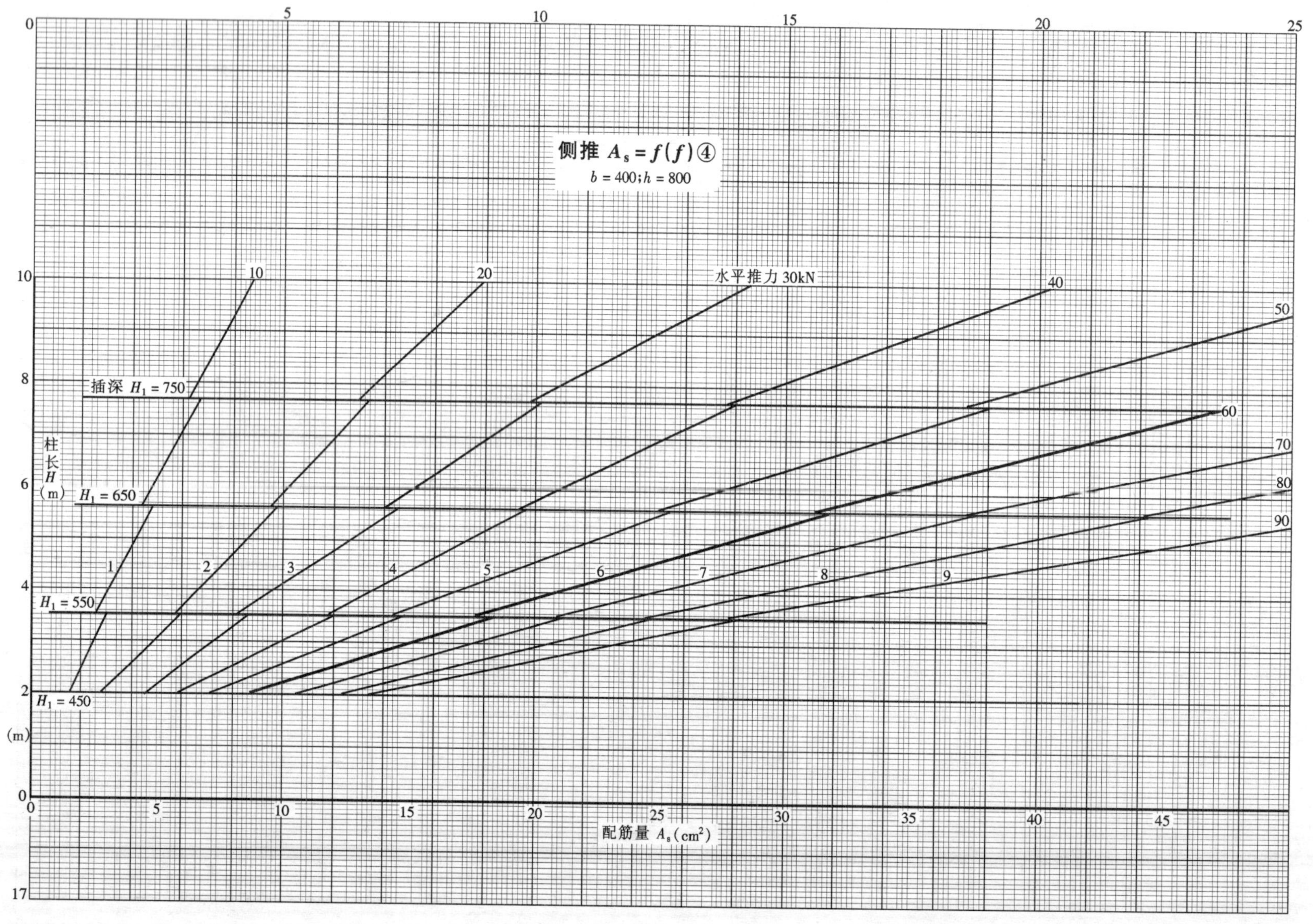
侧推 $A_s = f(f)$④
$b = 400; h = 800$
水平推力 30kN
10
20
40
50
60
70
80
90
插深 $H_1 = 750$
$H_1 = 650$
$H_1 = 550$
$H_1 = 450$
柱长 H (m)
配筋量 A_s(cm²)
1
2
3
4
5
6
7
8
9
0
5
10
15
20
25
30
35
40
45
17

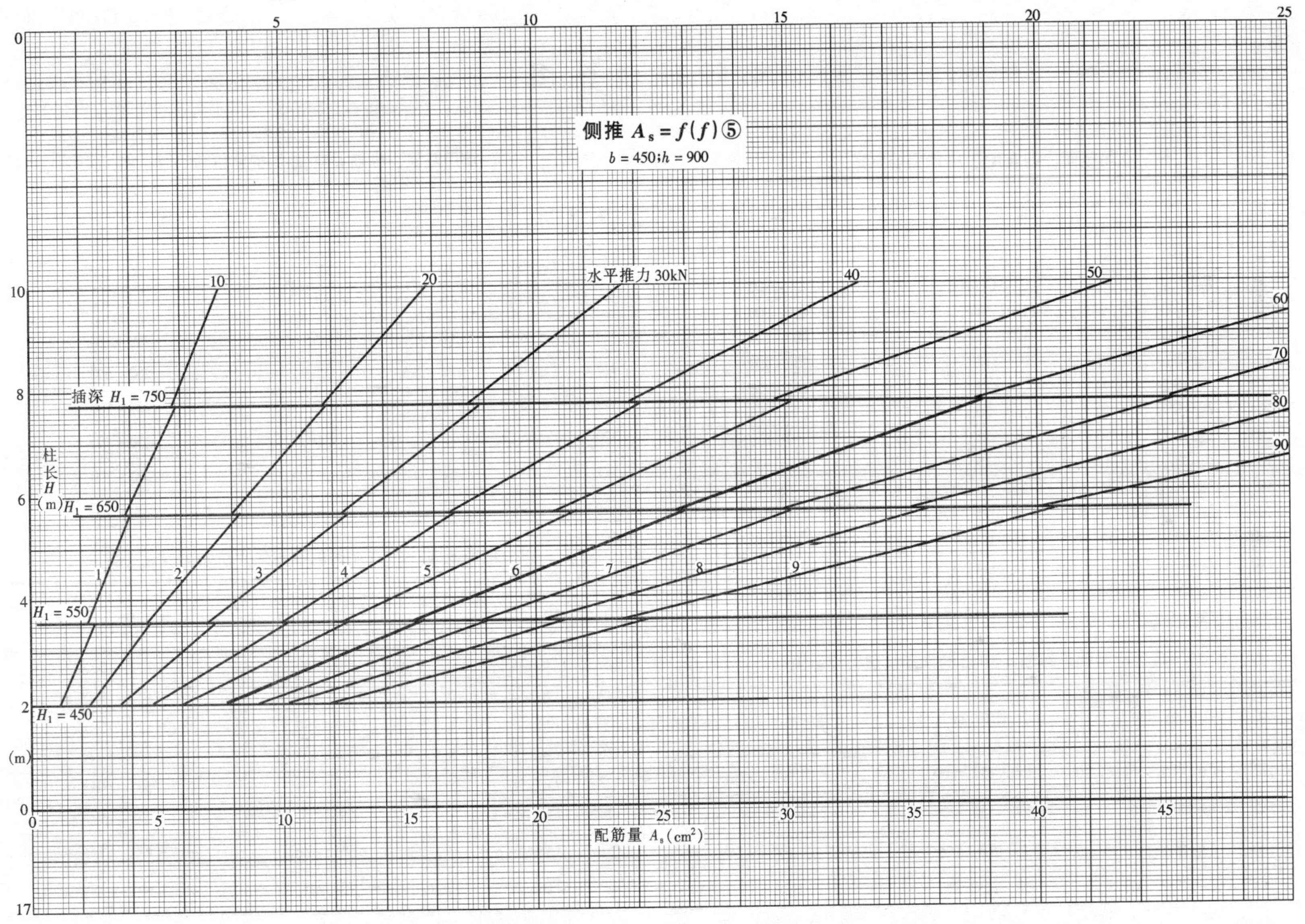

侧推 $A_s = f(f)$⑤
$b = 450; h = 900$
水平推力 30kN
10
20
40
50
60
70
80
90
插深 $H_1 = 750$
$H_1 = 650$
$H_1 = 550$
$H_1 = 450$
柱长 H (m)
(m)
1
2
3
4
5
6
7
8
9
0
5
10
15
20
25
30
35
40
45
17
配筋量 A_s (cm^2)

4. 剪扭计算图

一、常用截面、纵筋 4Φ16 的钢筋抗扭力 $T_{筋}$ 图

页	图　号	箍筋直径（mm）	间　距　（mm）	截　面　（b）
98	$T_{筋}$ 图①	6	100、200	250 ~ 400
99	$T_{筋}$ 图②	8	100、200	250 ~ 400
100	$T_{筋}$ 图③	6	100、150、200	400、500
101	$T_{筋}$ 图④	8	100、150、200	400、500
102	$T_{筋}$ 图⑤	6	150	250 ~ 500
103	$T_{筋}$ 图⑥	8	150	250 ~ 450
104	$T_{筋}$ 图⑦	10	200	250 ~ 500
105	$T_{筋}$ 图⑧	10	100	250 ~ 500
106	$T_{筋}$ 图⑨	10	150	250 ~ 500
107	$T_{筋}$ 图⑩	6、8、10	75、125、175	250
108	$T_{筋}$ 图⑪	6、8、10	75、125、175	300
109	$T_{筋}$ 图⑫	6、8、10	75、125、175	350
110	$T_{筋}$ 图⑬	6、8、10	75、125、175	400
111	$T_{筋}$ 图⑭	6、8、10	75、125、175	450
112	$T_{筋}$ 图⑮	6、8、10	75、125、175	500

二、小截面、纵筋 4Φ12 的钢筋抗扭力 $T_{筋}$ 图

页	图　号	箍筋直径（mm）	间　距　（mm）	截　面　（b）
113	$T_{筋}$ 图⑯	6、8、10	100、150、200	500
113	$T_{筋}$ 图⑰	6、8、10	100、150、200	200
114	$T_{筋}$ 图⑱	6、8、10	75、125、175	150
114	$T_{筋}$ 图⑲	6、8、10	75、125、175	200

三、常用截面、纵筋 6Φ20 的钢筋抗扭力 $T_{筋}$ 图

页	图　号	箍筋直径（mm）	间　距　（mm）	截　面　（b）
115	$T_{筋}$ 图⑳	12	225	200 ~ 500
116	$T_{筋}$ 图㉑	12	175	200 ~ 500
117	$T_{筋}$ 图㉒	12	125	200 ~ 500
118	$T_{筋}$ 图㉓	12	75	200 ~ 500
119	$T_{筋}$ 图㉔	12	250	200 ~ 500
120	$T_{筋}$ 图㉕	12	200	200 ~ 500
121	$T_{筋}$ 图㉖	12	150	200 ~ 500
122	$T_{筋}$ 图㉗	12	100	200 ~ 500

四、常用截面、$\zeta > 1.7$ 时的钢筋最大抗扭力 $T_{筋max}$ 图

页	图　号	箍筋直径（mm）	间　距　（mm）	截　面　（b）
123	$T_{筋max}$①	6	100 ~ 250	A_{cor} = 100 ~ 15000cm^2
124	$T_{筋max}$②	6	75 ~ 225	A_{cor} = 100 ~ 15000cm^2
125	$T_{筋max}$③	8	100 ~ 250	A_{cor} = 100 ~ 15000cm^2
126	$T_{筋max}$④	8	75 ~ 225	A_{cor} = 100 ~ 15000cm^2
127	$T_{筋max}$⑤	10	100 ~ 250	A_{cor} = 100 ~ 15000cm^2
128	$T_{筋max}$⑥	10	75 ~ 225	A_{cor} = 100 ~ 15000cm^2
129	$T_{筋max}$⑦	12	100 ~ 250	A_{cor} = 100 ~ 15000cm^2
130	$T_{筋max}$⑧	12	75 ~ 225	A_{cor} = 100 ~ 15000cm^2

五、箍筋抗剪力 $V_{箍}$ 图

页	图号	箍筋直径（mm）	间距（mm）	截面（b）
131	$V_{箍}$ 图①	6	75～200	
132	$V_{箍}$ 图②	8	75～200	
133	$V_{箍}$ 图③	10	75～200	
134	$V_{箍}$ 图④	12	75～250	

六、混凝土 C20 抗剪、抗扭力图

页	图名
137	混凝土抗扭力 $T_{混凝土}$图
138	混凝土抗剪力 $V_{混凝土}$图

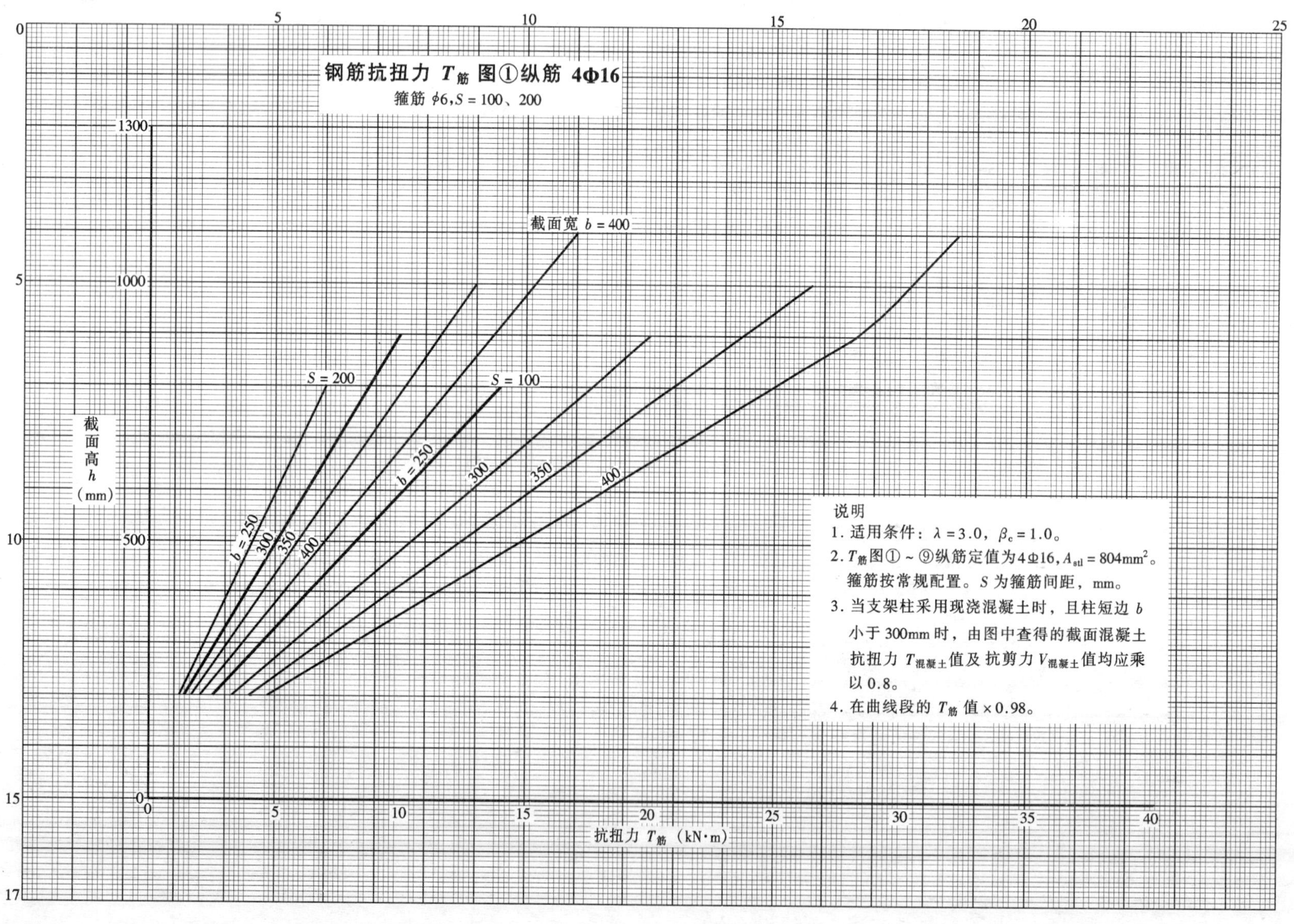
钢筋抗扭力 $T_{筋}$ 图①纵筋 4Φ16
箍筋 φ6，S = 100、200
截面宽 b = 400
S = 200
S = 100
b = 250
300
350
400
截面高 h （mm）
抗扭力 $T_{筋}$（kN·m）
说明
1. 适用条件：$\lambda = 3.0$，$\beta_c = 1.0$。
2. $T_{筋}$图①～⑨纵筋定值为4Φ16，$A_{stl} = 804mm^2$。箍筋按常规配置。S 为箍筋间距，mm。
3. 当支架柱采用现浇混凝土时，且柱短边 b 小于 300mm 时，由图中查得的截面混凝土抗扭力 $T_{混凝土}$值及抗剪力 $V_{混凝土}$值均应乘以 0.8。
4. 在曲线段的 $T_{筋}$ 值 ×0.98。

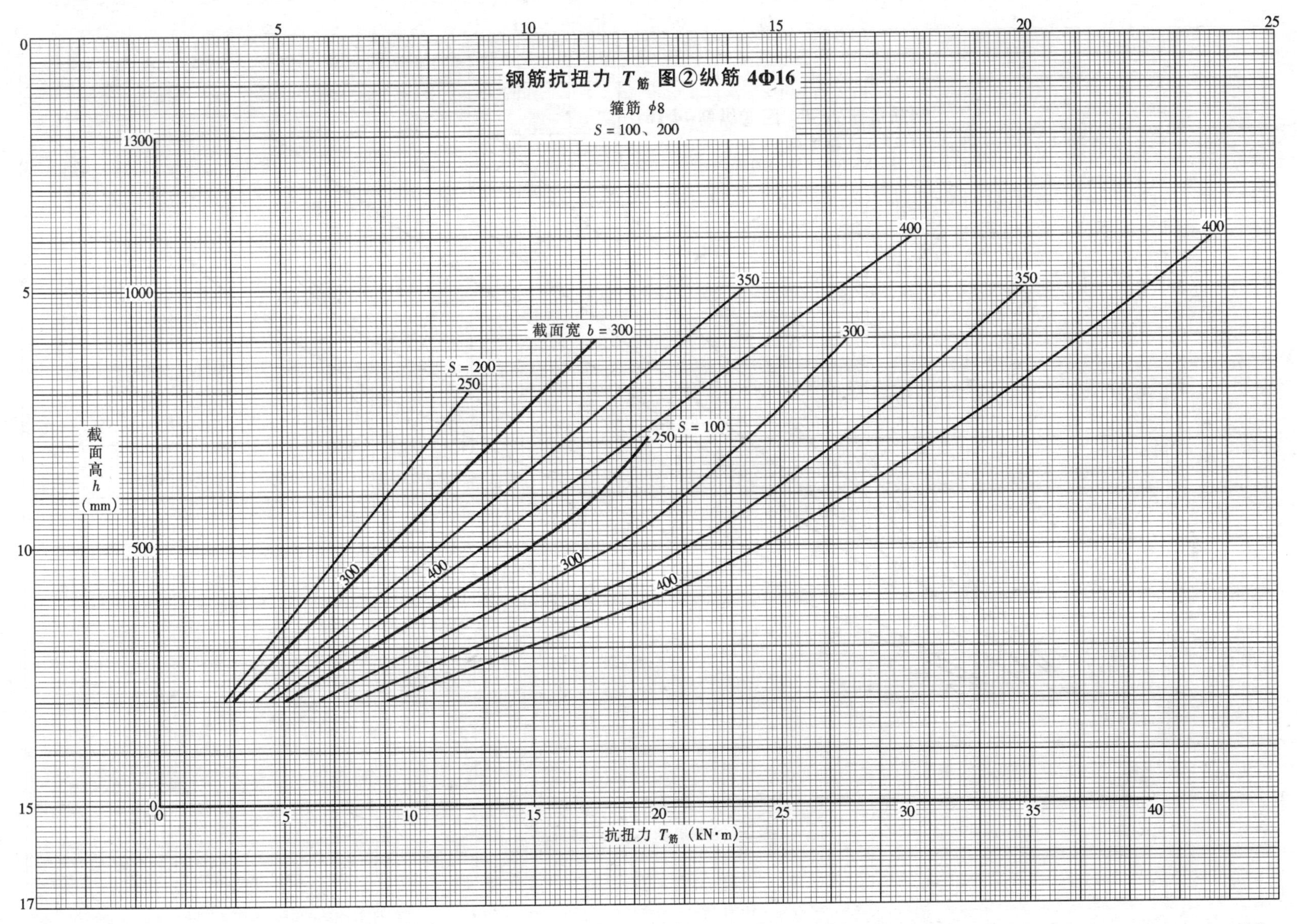

钢筋抗扭力 $T_{筋}$ 图②纵筋 4Φ16
箍筋 $\phi 8$
$S = 100$、200
截面宽 $b = 300$
$S = 200$
250
300
350
400
$S = 100$
截面高 h（mm）
抗扭力 $T_{筋}$（kN·m）

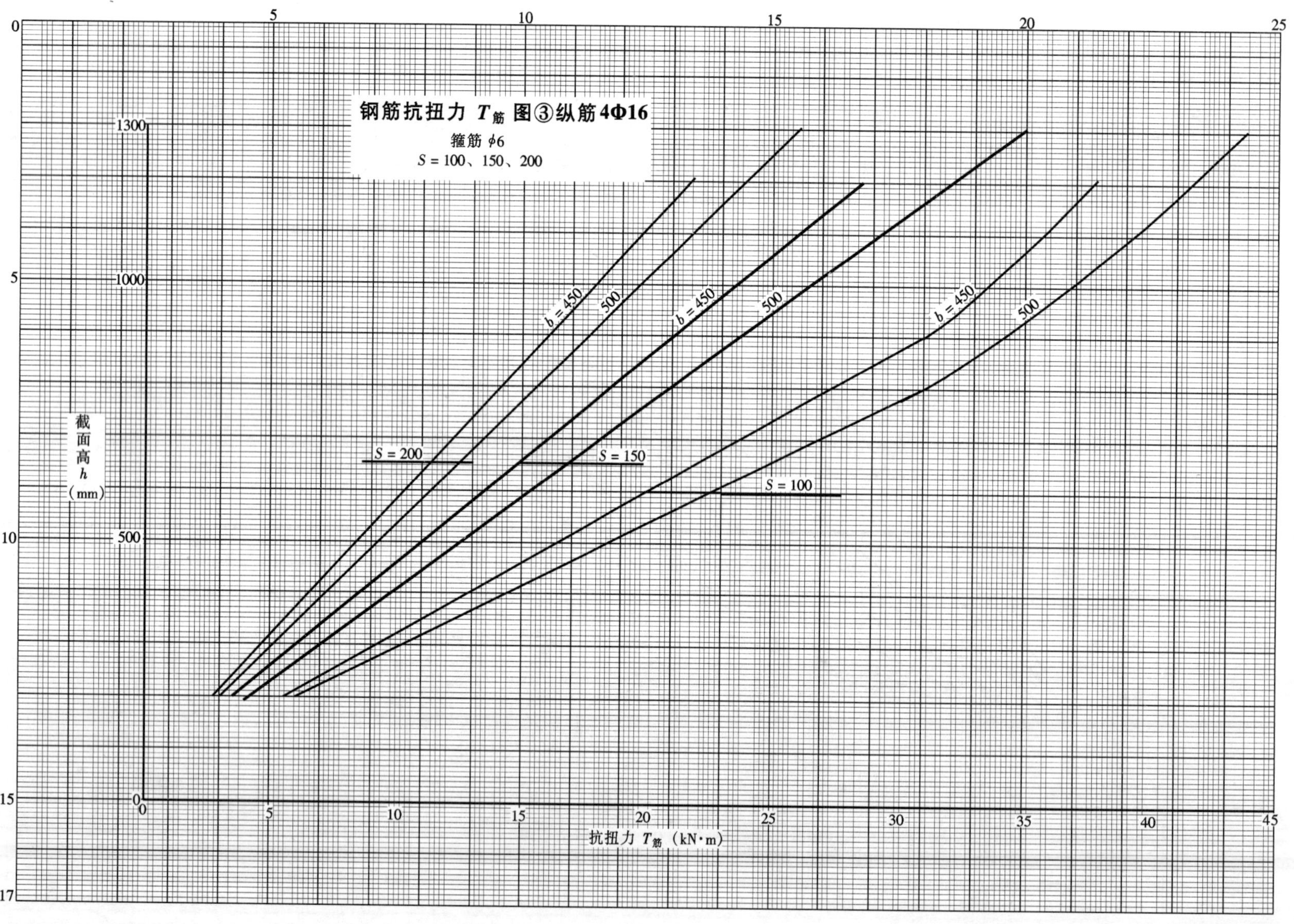
钢筋抗扭力 $T_{筋}$ 图③纵筋4Φ16
箍筋 $\phi 6$
S = 100、150、200
截面高 h (mm)
抗扭力 $T_{筋}$ (kN·m)
b = 450
500
b = 450
500
b = 450
500
S = 200
S = 150
S = 100
1300
1000
500
0
0
5
10
15
20
25
30
35
40
45

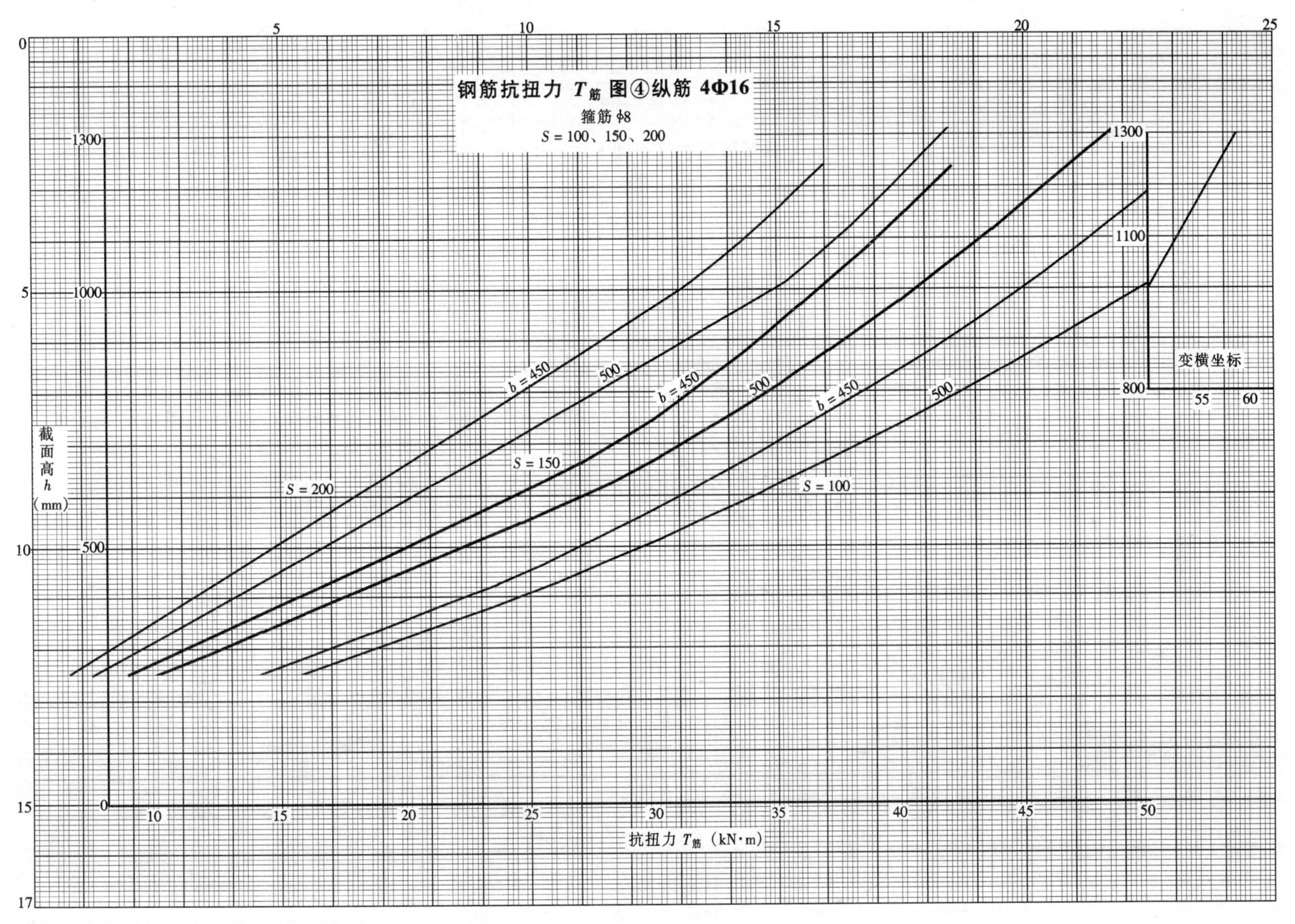

钢筋抗扭力 $T_{筋}$ 图④纵筋 4Φ16
箍筋 φ8
S = 100、150、200
b = 450
500
b = 450
500
b = 450
500
S = 200
S = 150
S = 100
截面高 h (mm)
抗扭力 $T_{筋}$（kN·m）
变横坐标
1300
1100
800
55
60

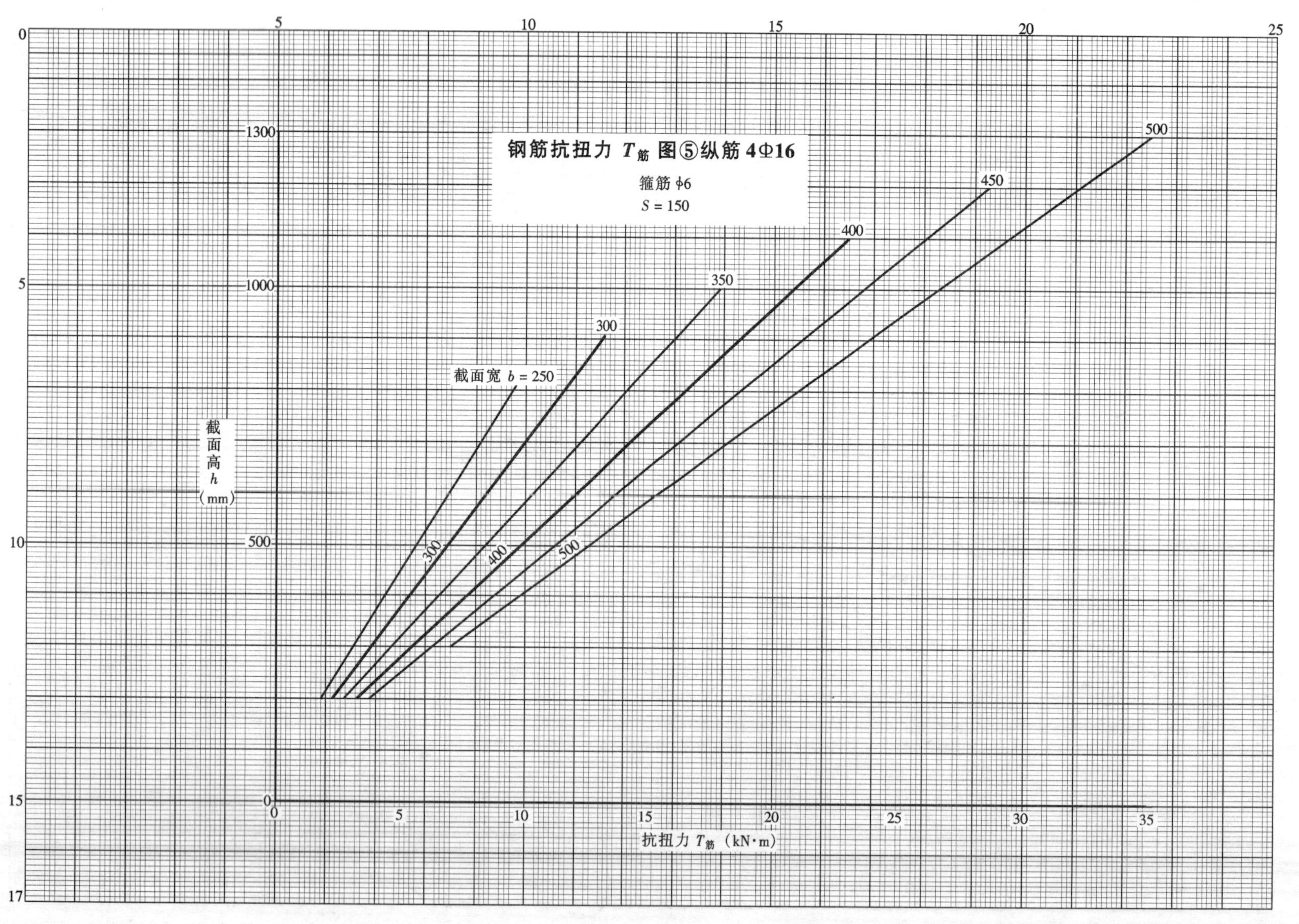

钢筋抗扭力 $T_{筋}$ 图⑤纵筋4Φ16
箍筋 φ6
$S = 150$
截面宽 $b = 250$
300
350
400
450
500
300
400
500
截面高 h (mm)
1300
1000
500
0
0
5
10
15
20
25
30
35
抗扭力 $T_{筋}$ (kN·m)
0
5
10
15
17
5
10
15
20
25

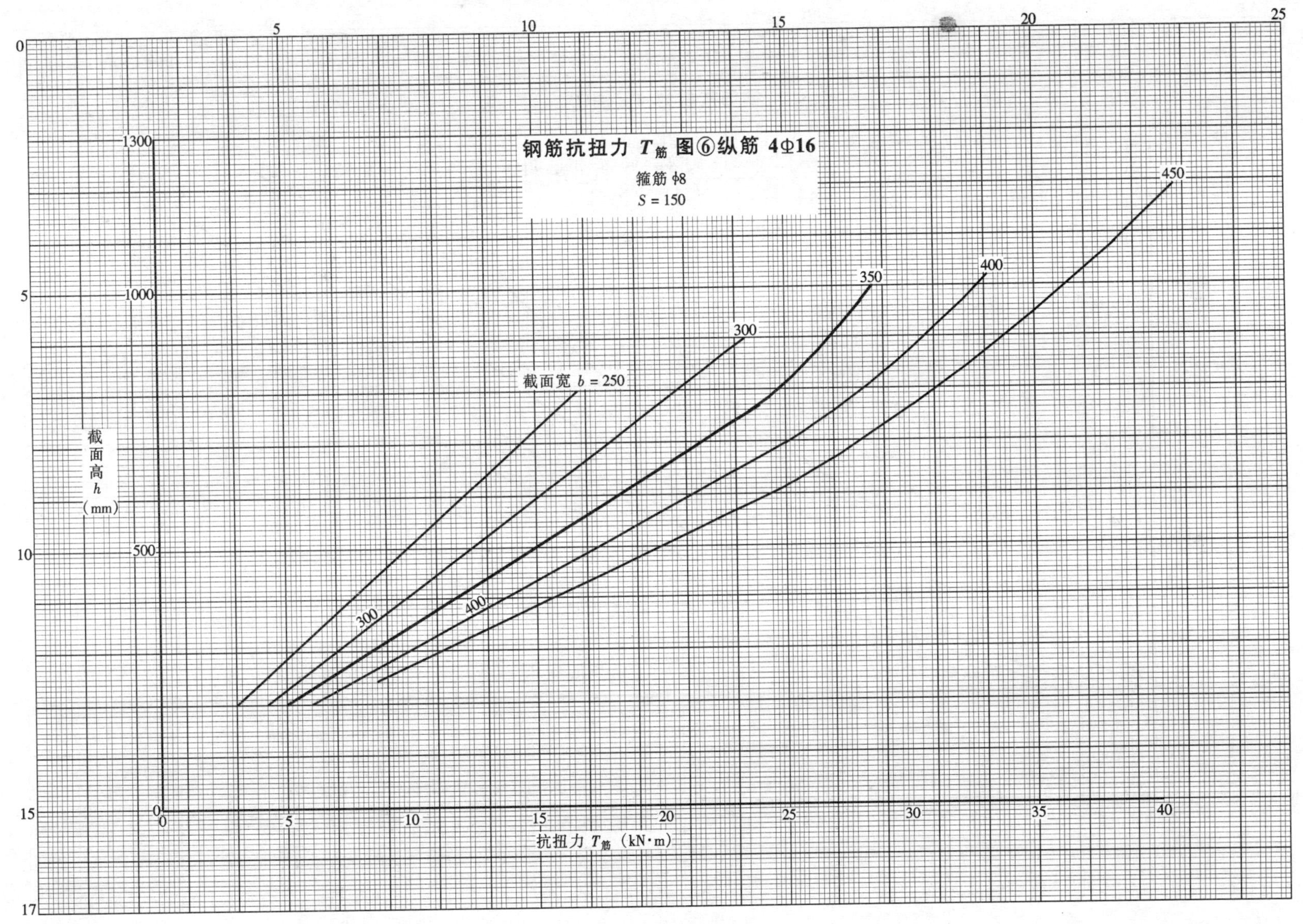
钢筋抗扭力 $T_{筋}$ 图⑥纵筋 4Φ16
箍筋 ϕ8
$S=150$
截面宽 $b=250$
300
350
400
450
300
400
截面高 h（mm）
1300
1000
500
0
0
5
10
15
20
25
30
35
40
抗扭力 $T_{筋}$（kN·m）

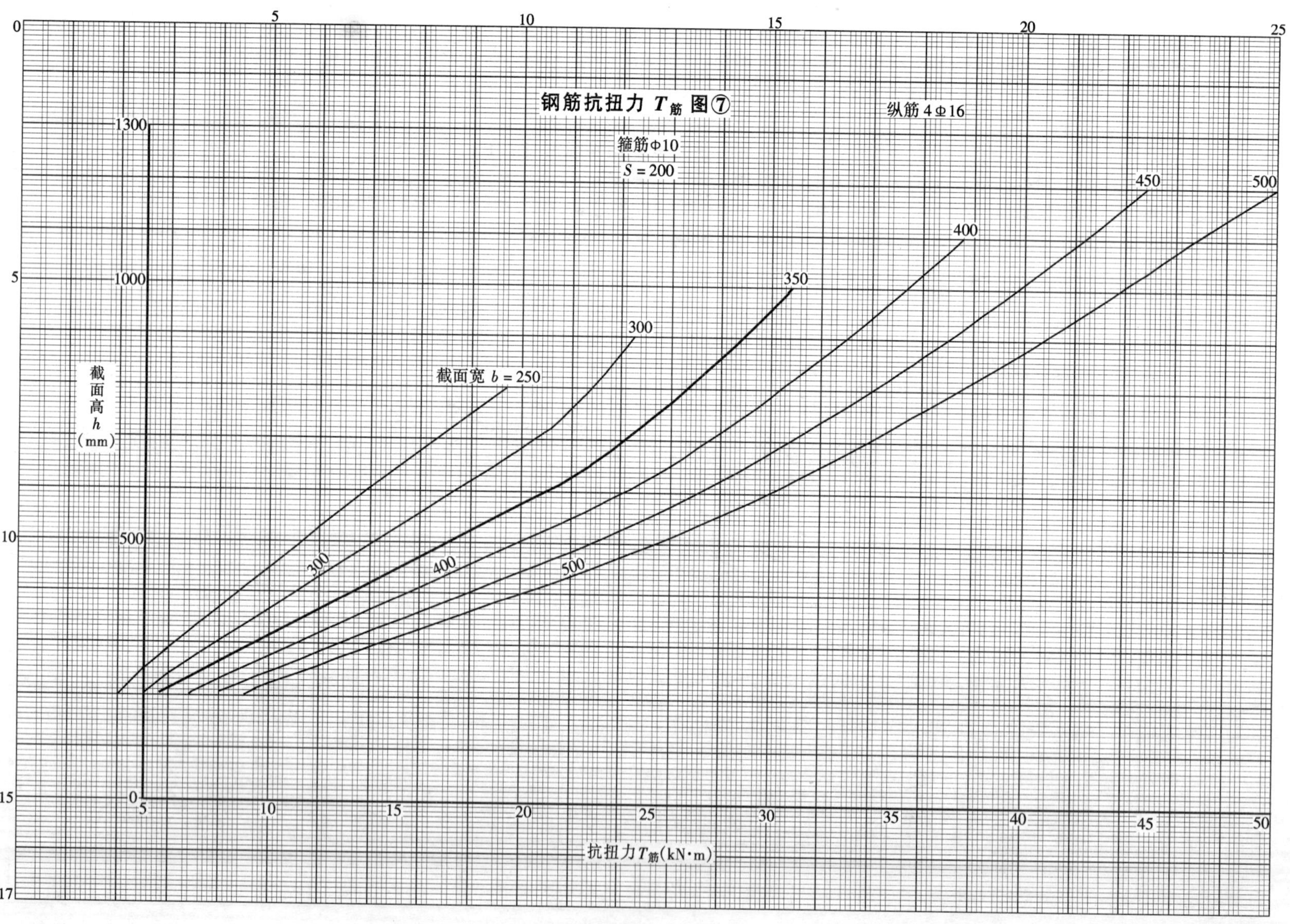
钢筋抗扭力 $T_筋$ 图⑦
纵筋 4Φ16
箍筋Φ10
$S=200$
截面宽 $b=250$
300
350
400
450
500
300
400
500
截面高 h (mm)
1300
1000
500
0
抗扭力 $T_筋$(kN·m)
5
10
15
20
25
30
35
40
45
50

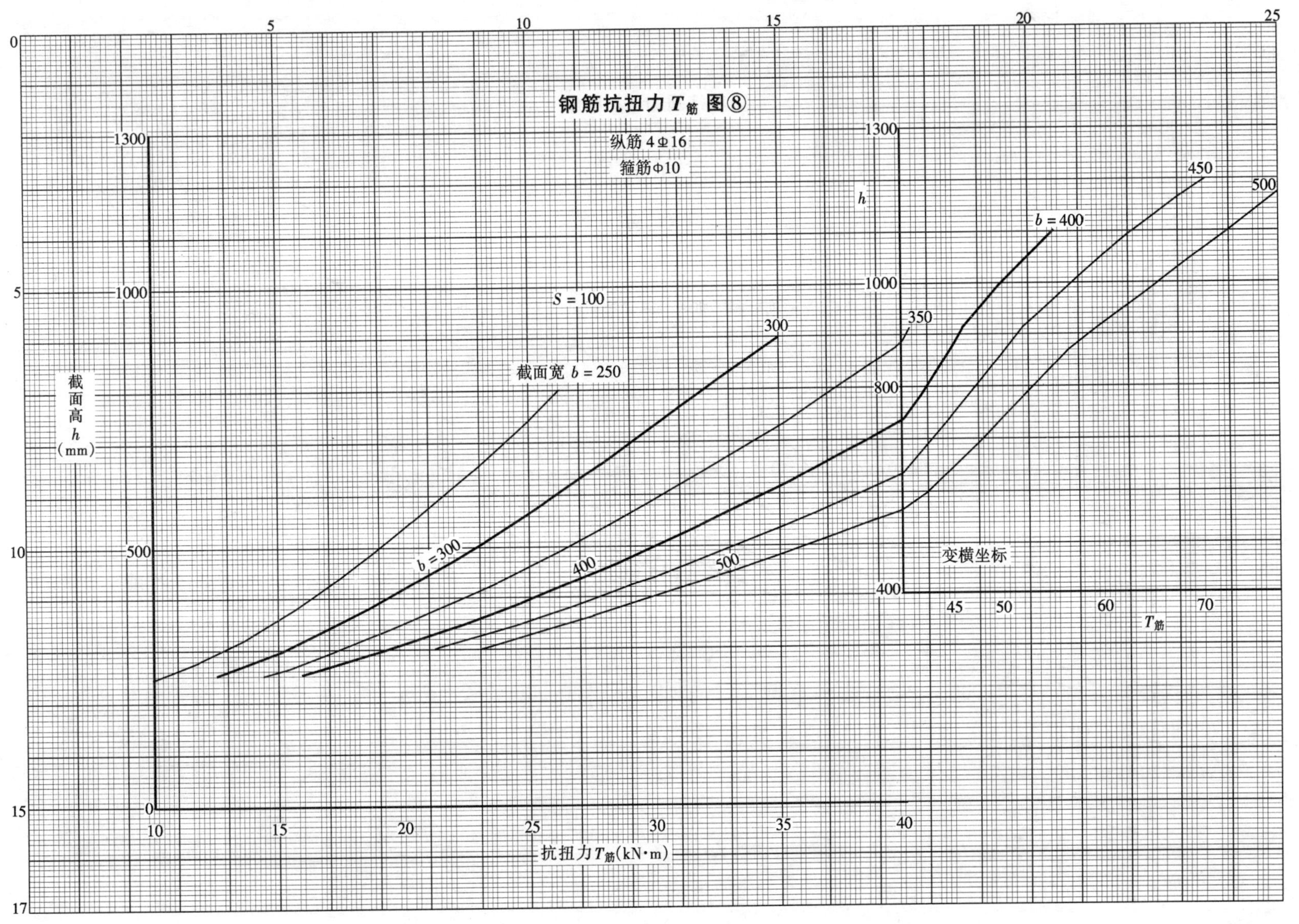

钢筋抗扭力 $T_{筋}$ 图⑧
纵筋 4Φ16
箍筋Φ10
S = 100
截面宽 b = 250
300
350
b = 400
450
500
b = 300
400
500
截面高 h (mm)
h
变横坐标
抗扭力 $T_{筋}$(kN·m)
$T_{筋}$
1300
1000
500
0
800
400
10
15
20
25
30
35
40
45
50
60
70
5
0
17

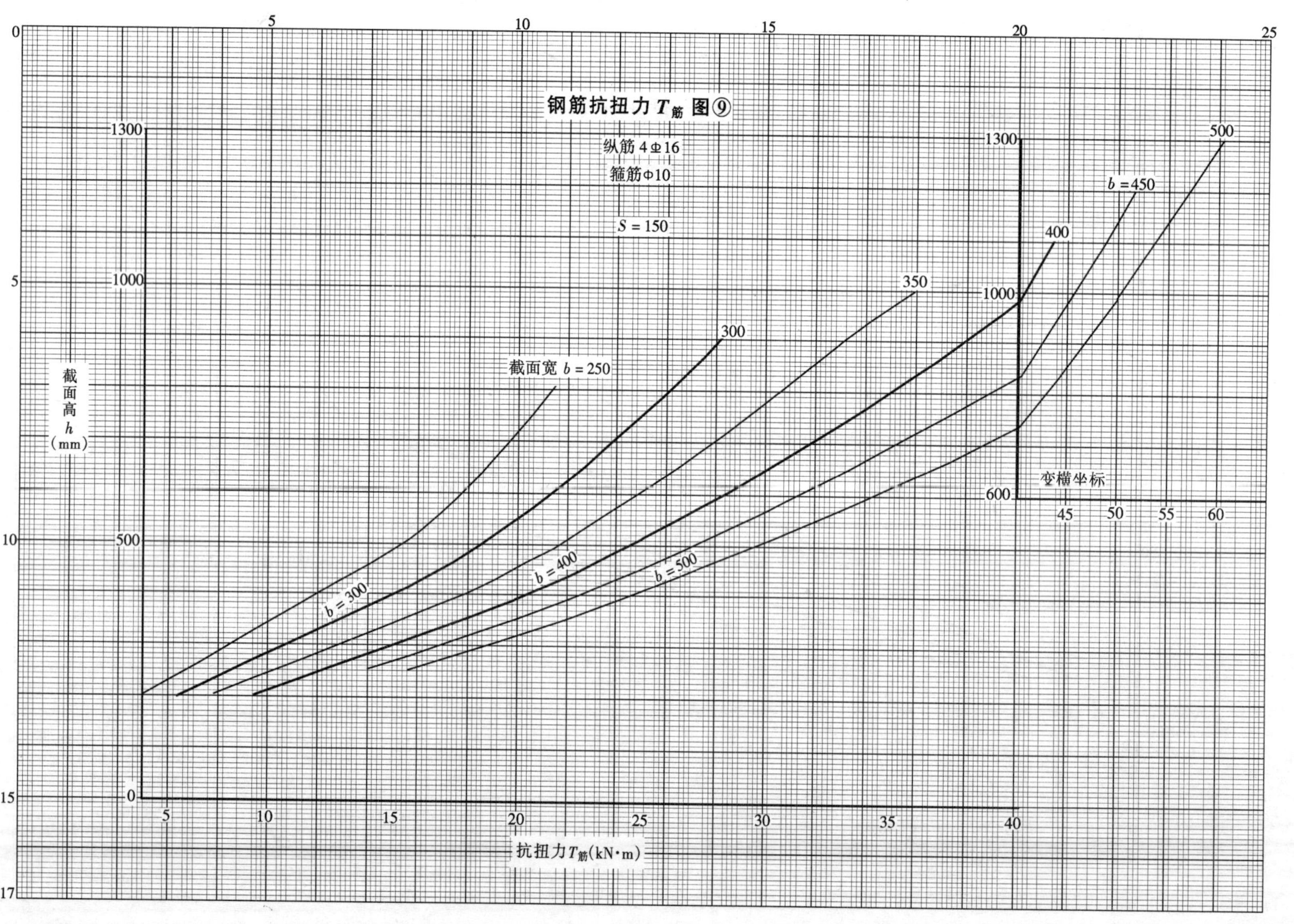
钢筋抗扭力 $T_{筋}$ 图⑨
纵筋 4Φ16
箍筋Φ10
S = 150
截面高 h (mm)
截面宽 b = 250
300
350
400
b = 450
500
b = 300
b = 400
b = 500
变横坐标
1300
1000
500
0
600
抗扭力 $T_{筋}$(kN·m)
5
10
15
20
25
30
35
40
45
50
55
60

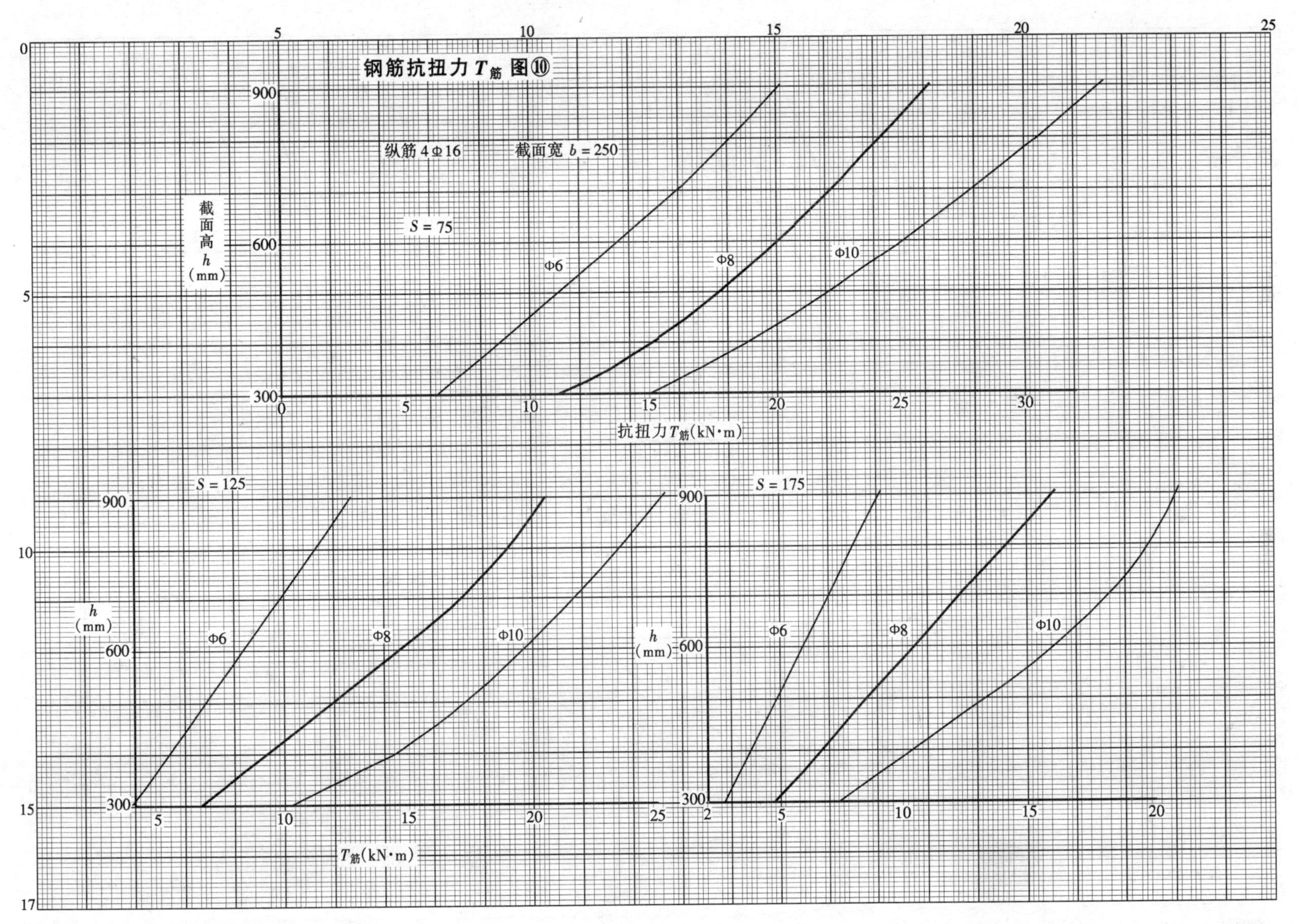

钢筋抗扭力 $T_筋$ 图⑩
纵筋 4Φ16
截面宽 b = 250
截面高 h (mm)
S = 75
Φ6
Φ8
Φ10
抗扭力 $T_筋$(kN·m)
S = 125
h (mm)
$T_筋$(kN·m)
S = 175

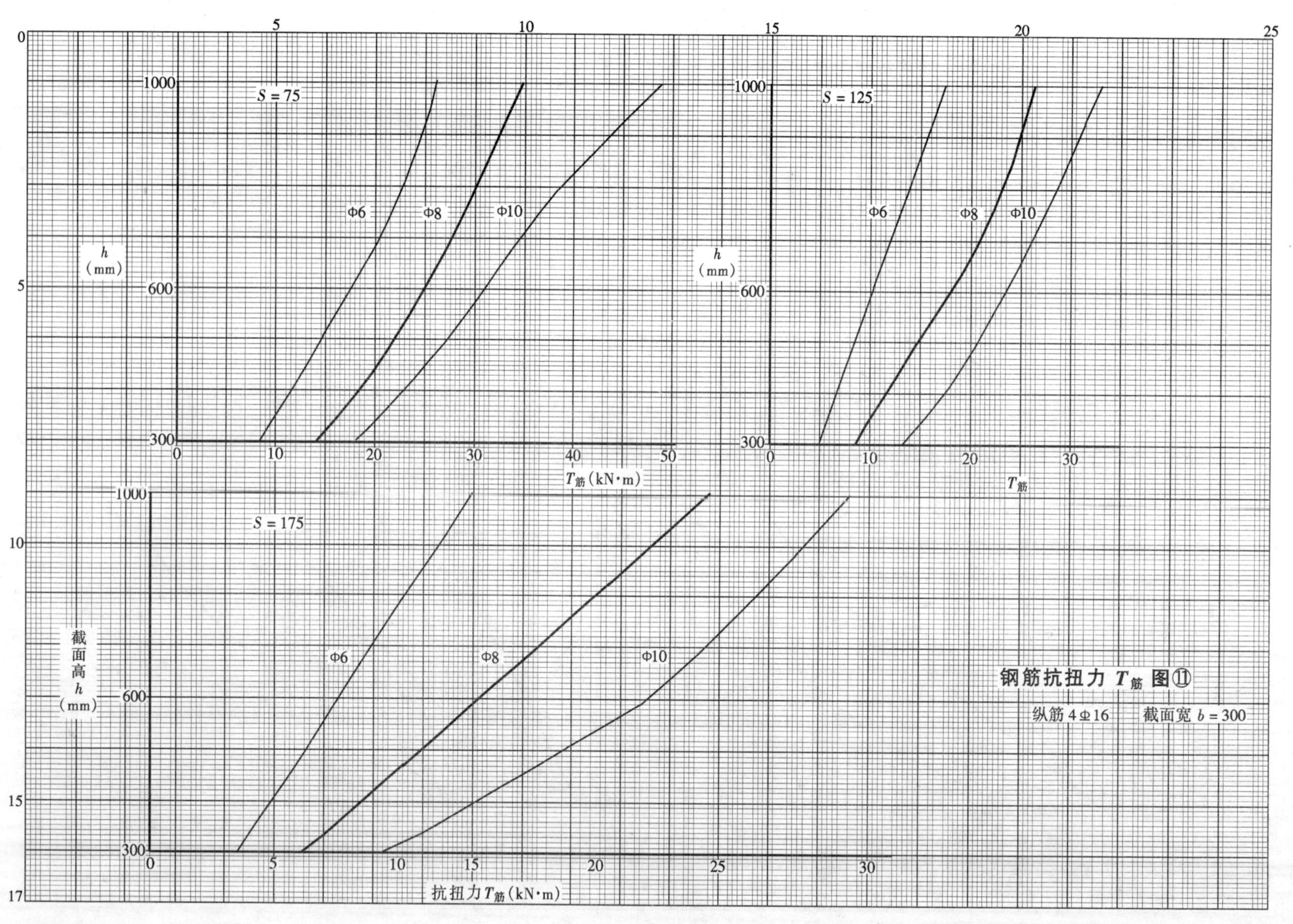

钢筋抗扭力 $T_{筋}$ 图⑪

纵筋 4 Φ 16　截面宽 $b = 300$

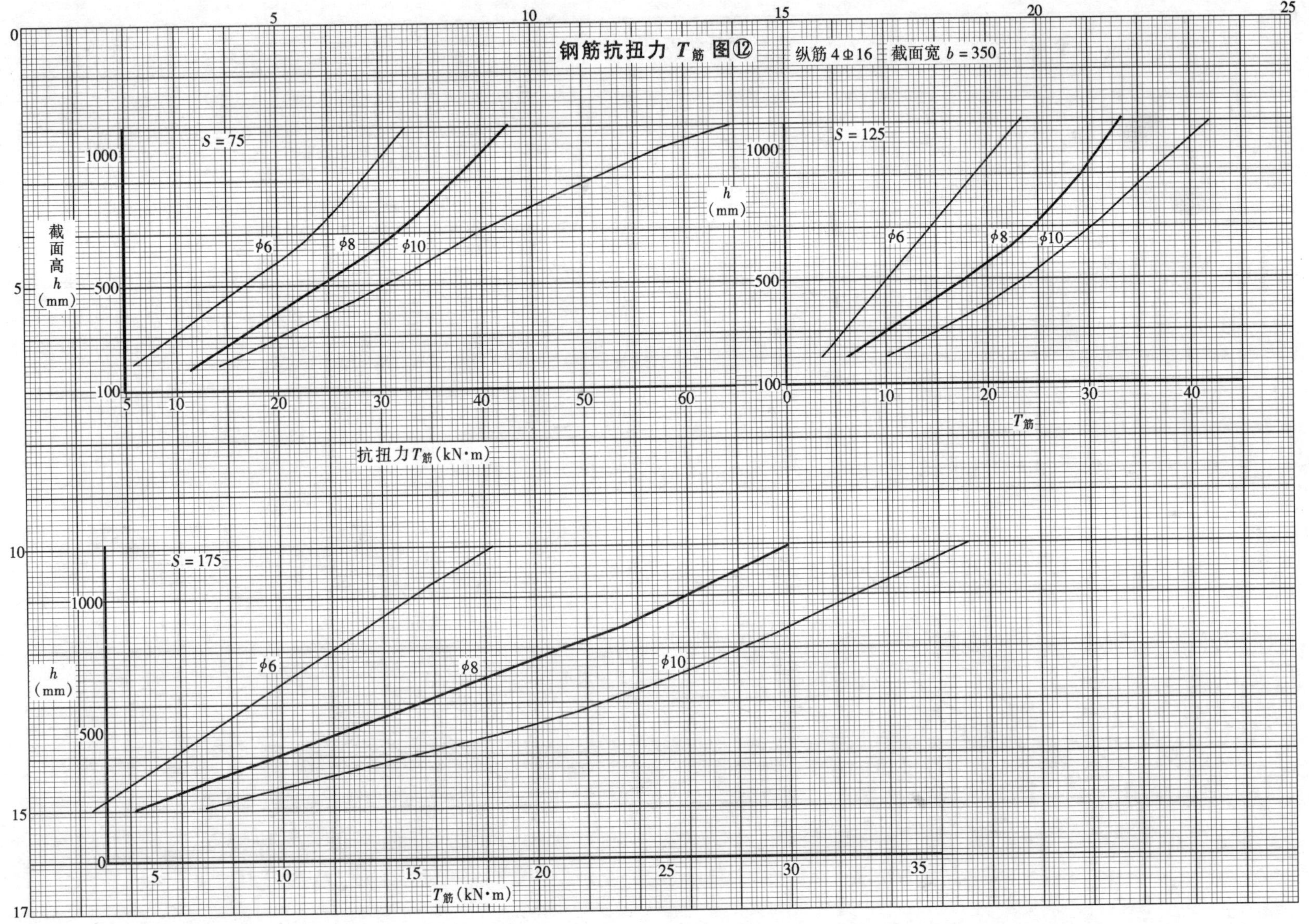

钢筋抗扭力 $T_{筋}$ 图⑫
纵筋 4Φ16 截面宽 b = 350
S = 75
S = 125
S = 175
ϕ6
ϕ8
ϕ10
截面高 h (mm)
h (mm)
1000
500
100
0
抗扭力 $T_{筋}$ (kN·m)
$T_{筋}$
$T_{筋}$ (kN·m)
5
10
20
30
40
50
60
15
25
35

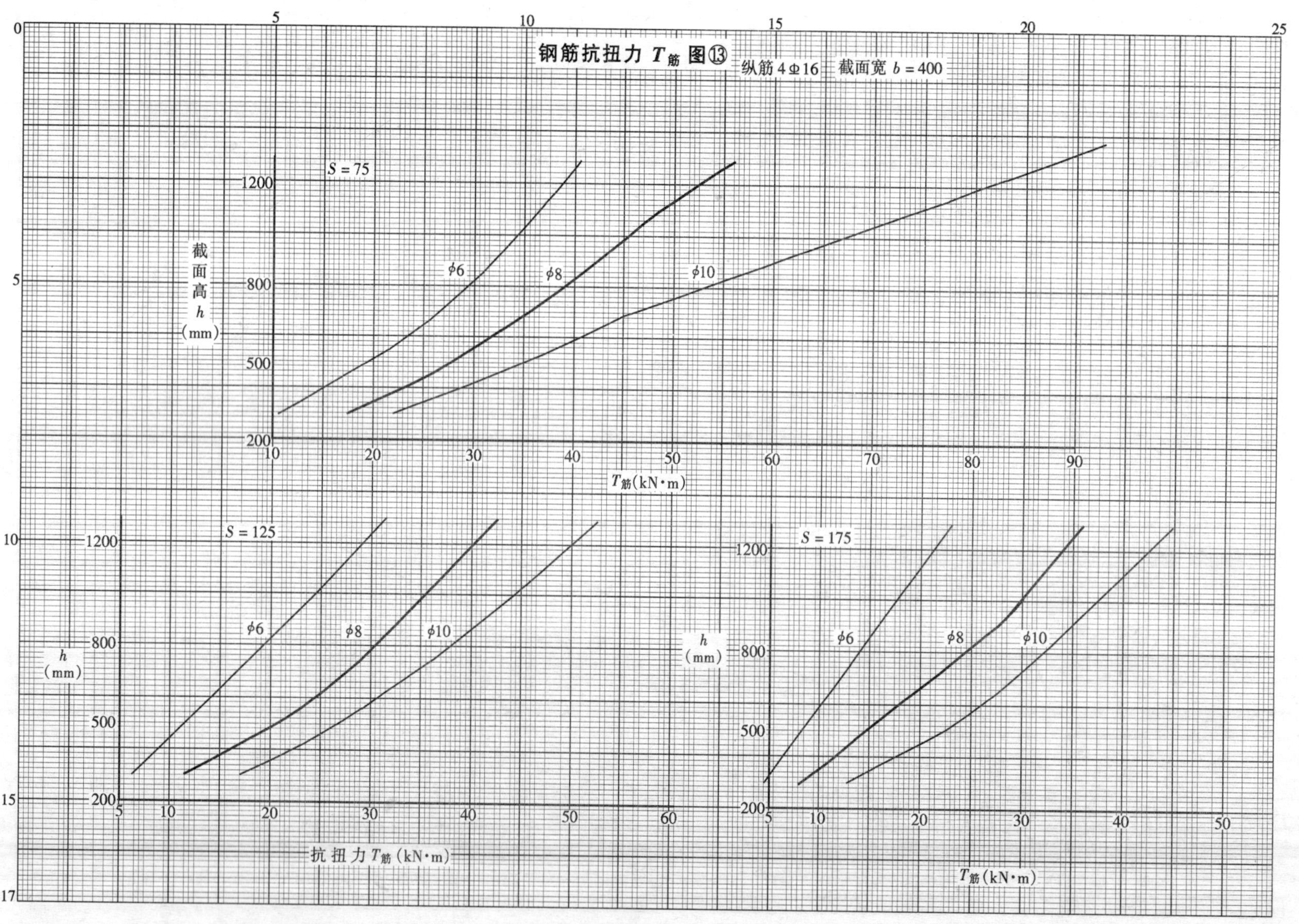
钢筋抗扭力 $T_{筋}$ 图⑬
纵筋 4Φ16 截面宽 $b=400$
S = 75
截面高 h (mm)
φ6
φ8
φ10
$T_{筋}$(kN·m)
S = 125
h (mm)
抗扭力 $T_{筋}$(kN·m)
S = 175
h (mm)
$T_{筋}$(kN·m)

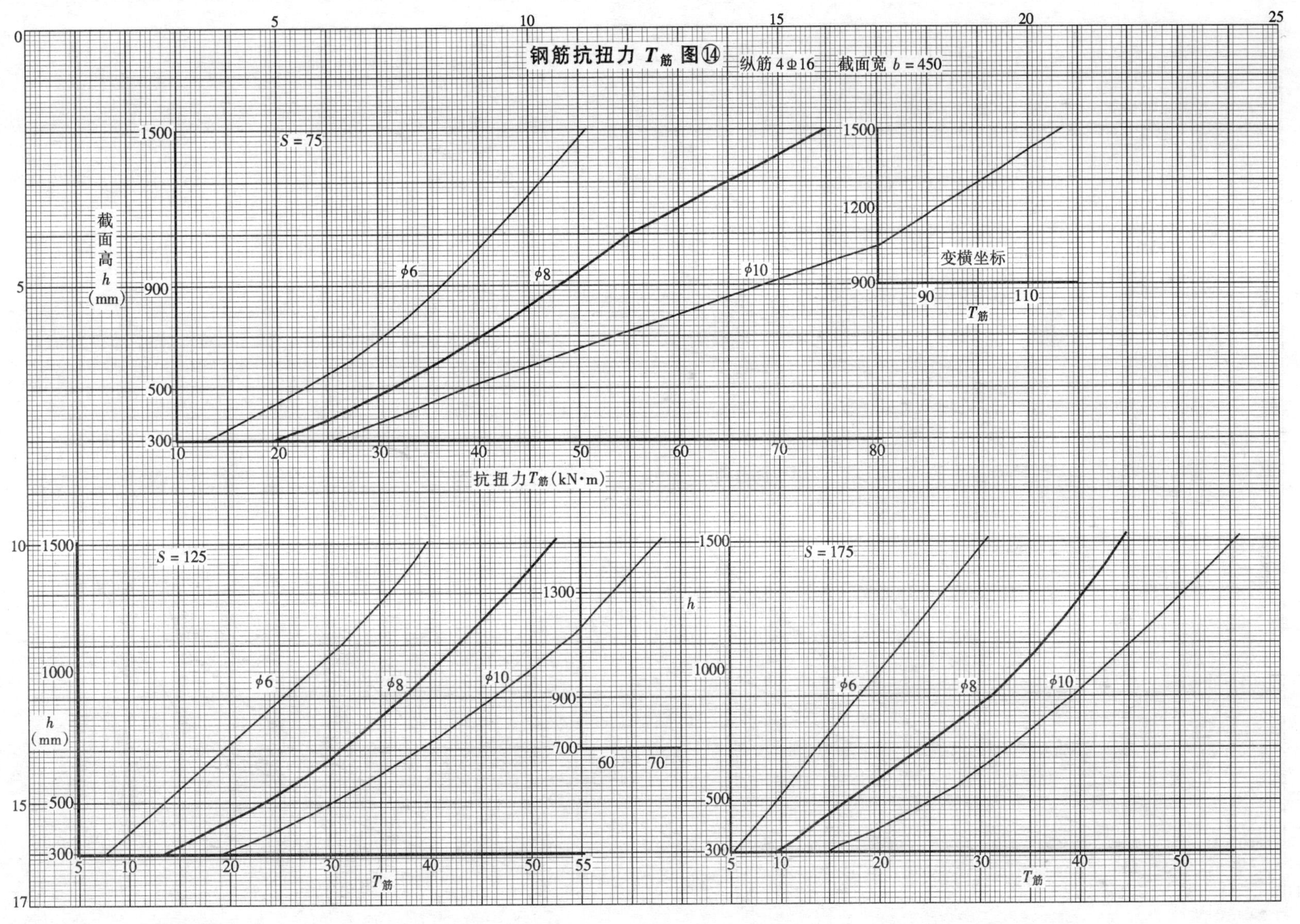
钢筋抗扭力 T筋 图⑭
纵筋 4Φ16 截面宽 b=450
S=75
S=125
S=175
φ6
φ8
φ10
截面高 h (mm)
抗扭力T筋 (kN·m)
变横坐标
T筋
h
h (mm)

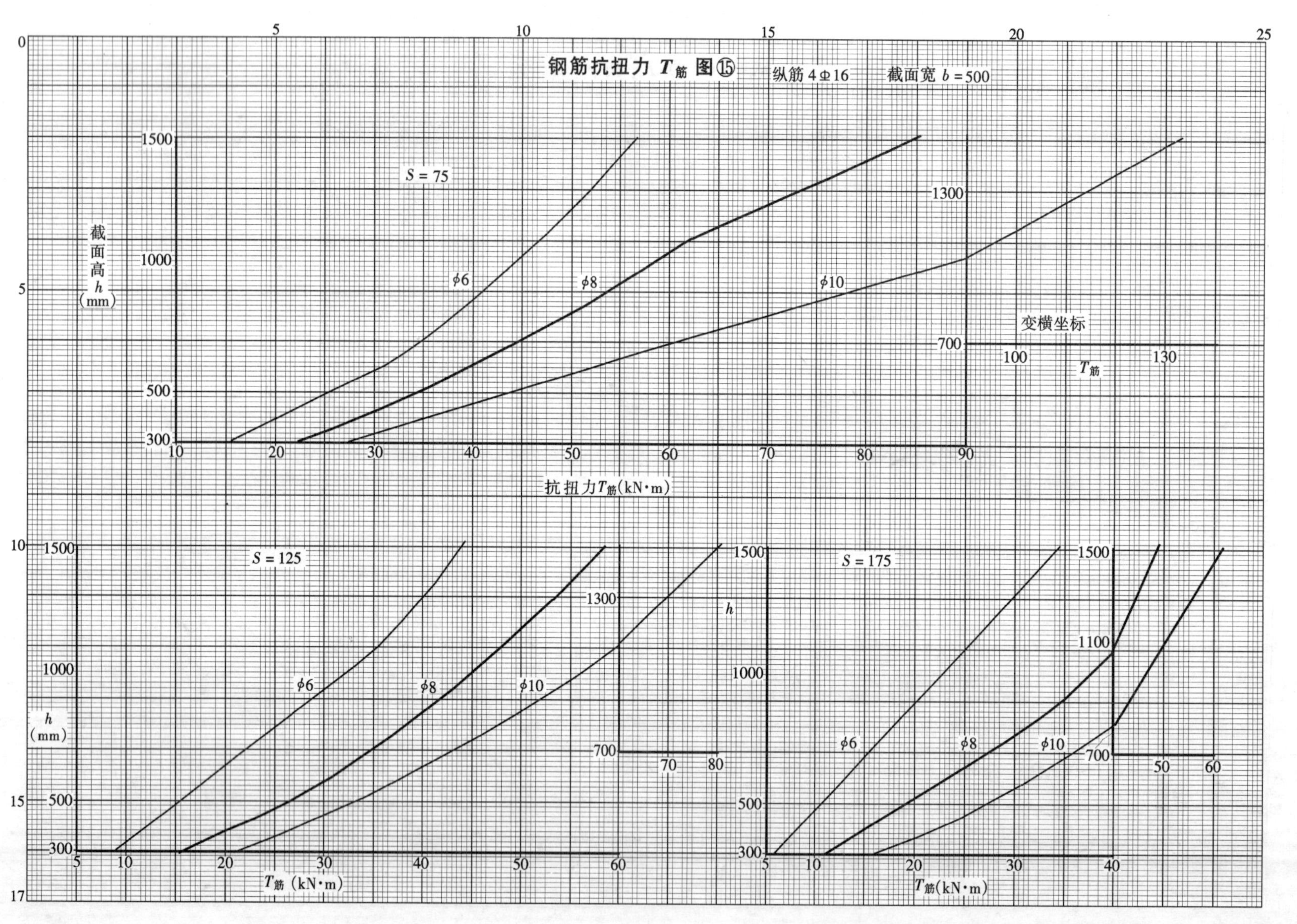
钢筋抗扭力 $T_筋$ 图⑮
纵筋 4Φ16
截面宽 $b=500$
$S=75$
截面高 h (mm)
$\phi6$
$\phi8$
$\phi10$
变横坐标
$T_筋$
抗扭力$T_筋$(kN·m)
$S=125$
h (mm)
$T_筋$ (kN·m)
$S=175$
h
$T_筋$(kN·m)

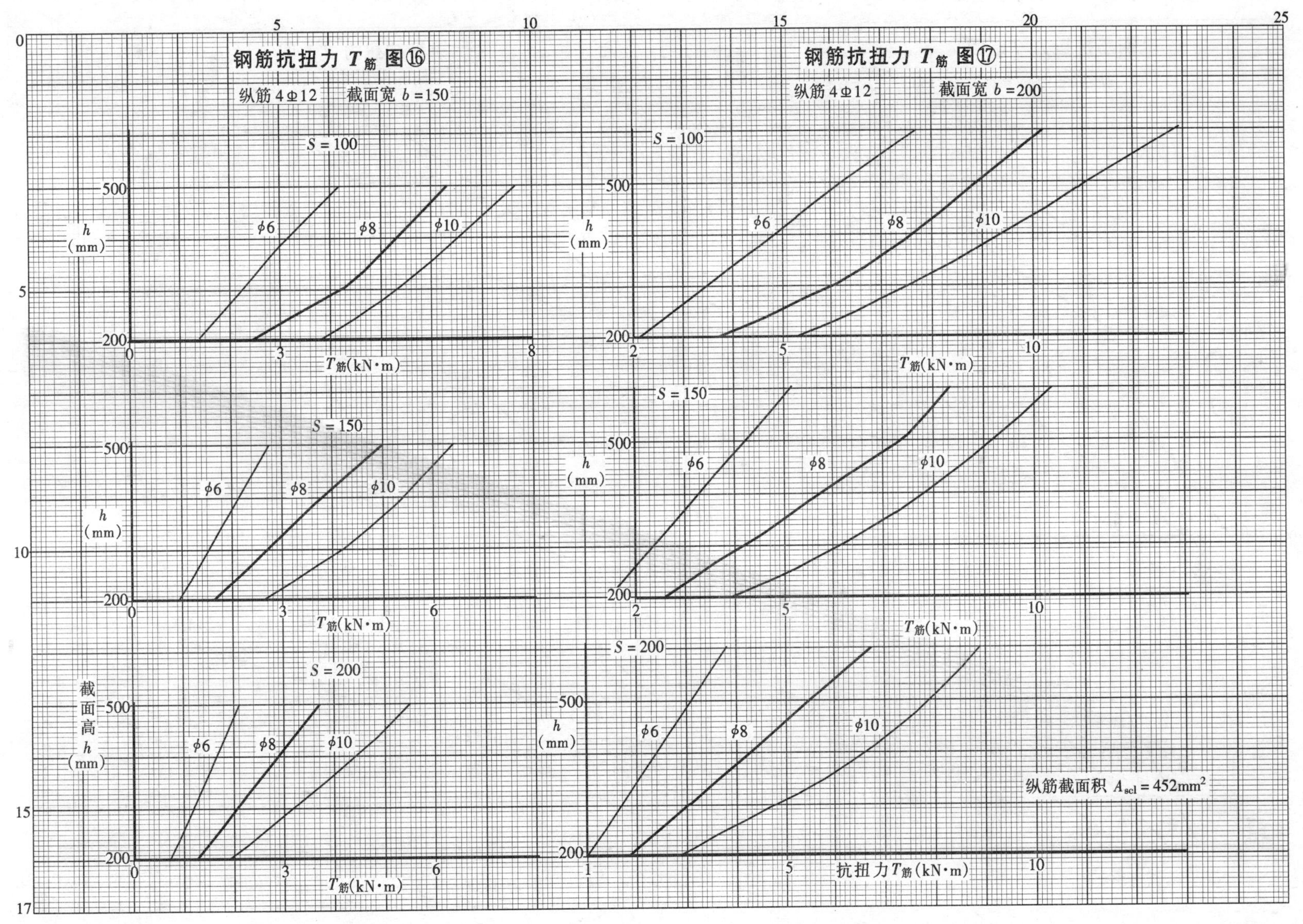

钢筋抗扭力 $T_筋$ 图⑯
纵筋 4Φ12　截面宽 b=150
S=100
S=150
S=200
φ6
φ8
φ10
h (mm)
截面高 h (mm)
$T_筋$(kN·m)
钢筋抗扭力 $T_筋$ 图⑰
纵筋 4Φ12　截面宽 b=200
抗扭力 $T_筋$(kN·m)
纵筋截面积 $A_{scl}=452mm^2$

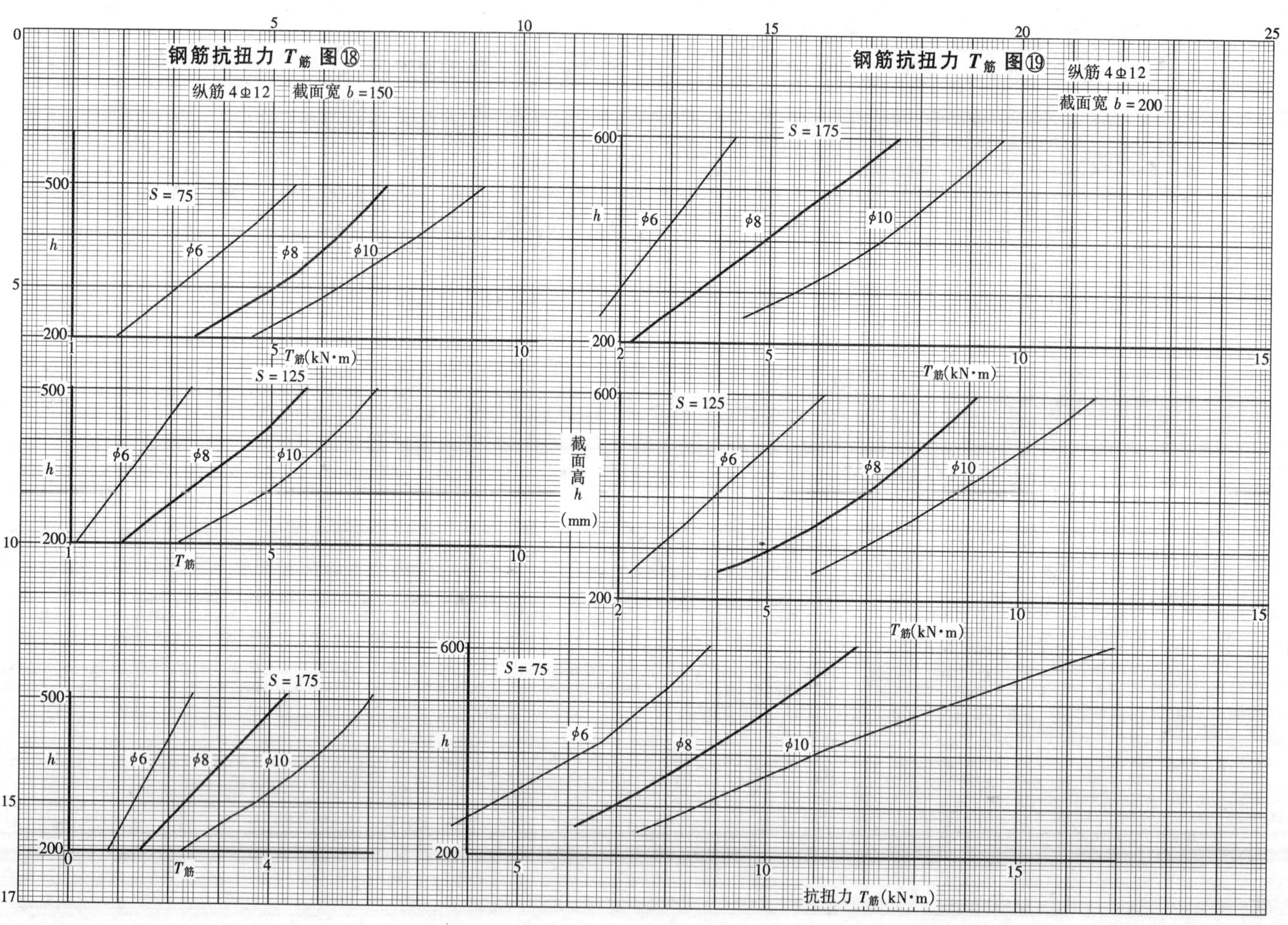

钢筋抗扭力 $T_{筋}$ 图⑱
纵筋 4Φ12 截面宽 $b=150$
钢筋抗扭力 $T_{筋}$ 图⑲
纵筋 4Φ12
截面宽 $b=200$
S = 75
S = 125
S = 175
φ6
φ8
φ10
h
截面高 h (mm)
$T_{筋}$(kN·m)
抗扭力 $T_{筋}$(kN·m)

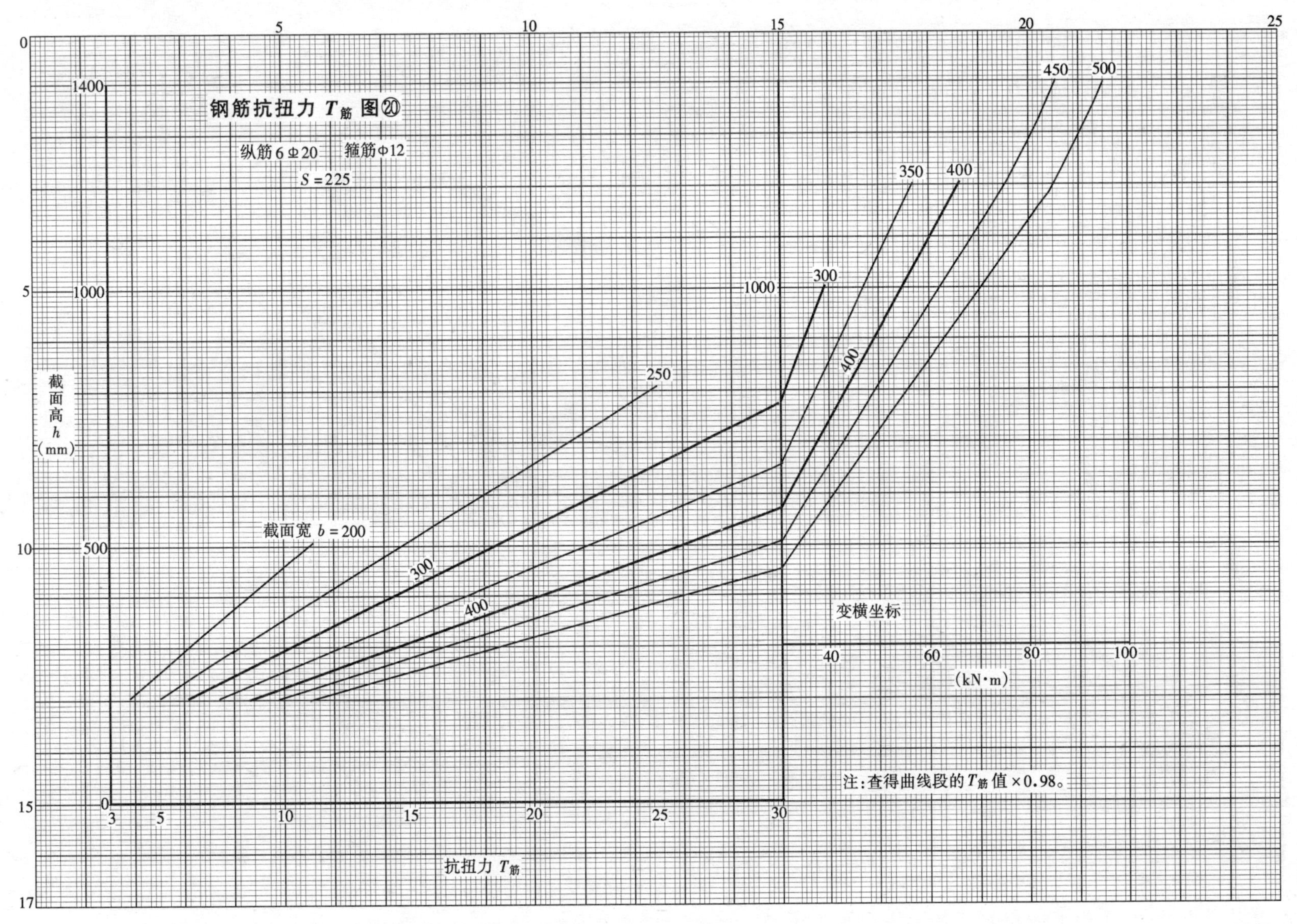
钢筋抗扭力 $T_{筋}$ 图⑳
纵筋6Φ20 箍筋Φ12
$S=225$
截面高 h (mm)
截面宽 $b=200$
250
300
350
400
450
500
变横坐标
40 60 80 100
(kN·m)
抗扭力 $T_{筋}$
注:查得曲线段的 $T_{筋}$ 值×0.98。

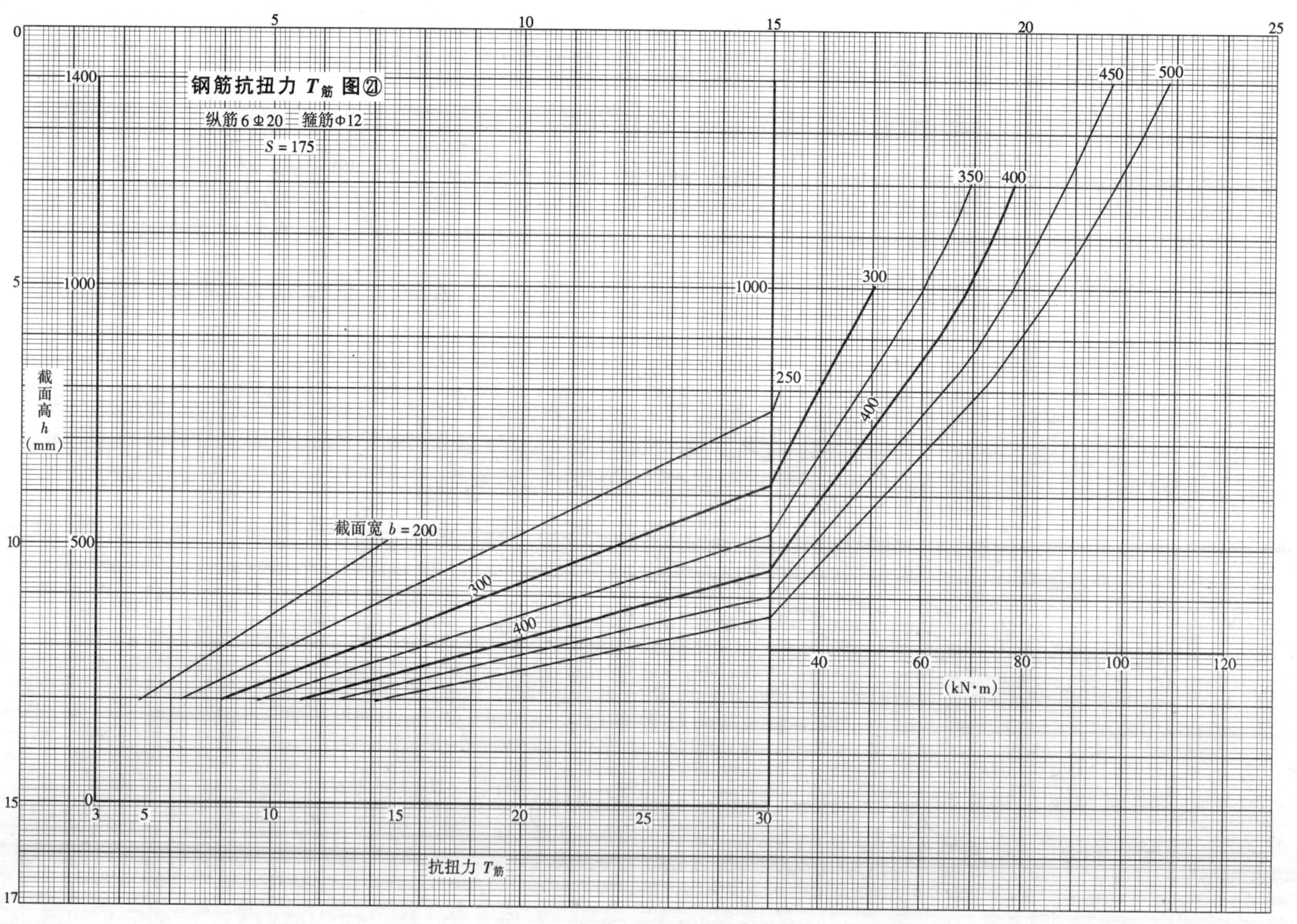
钢筋抗扭力 $T_{筋}$ 图㉑
纵筋6Φ20 箍筋Φ12
$S=175$
截面高 h (mm)
截面宽 $b=200$
300
400
250
300
350
400
450
500
1400
1000
500
0
1000
3
5
10
15
20
25
30
40
60
80
100
120
(kN·m)
抗扭力 $T_{筋}$

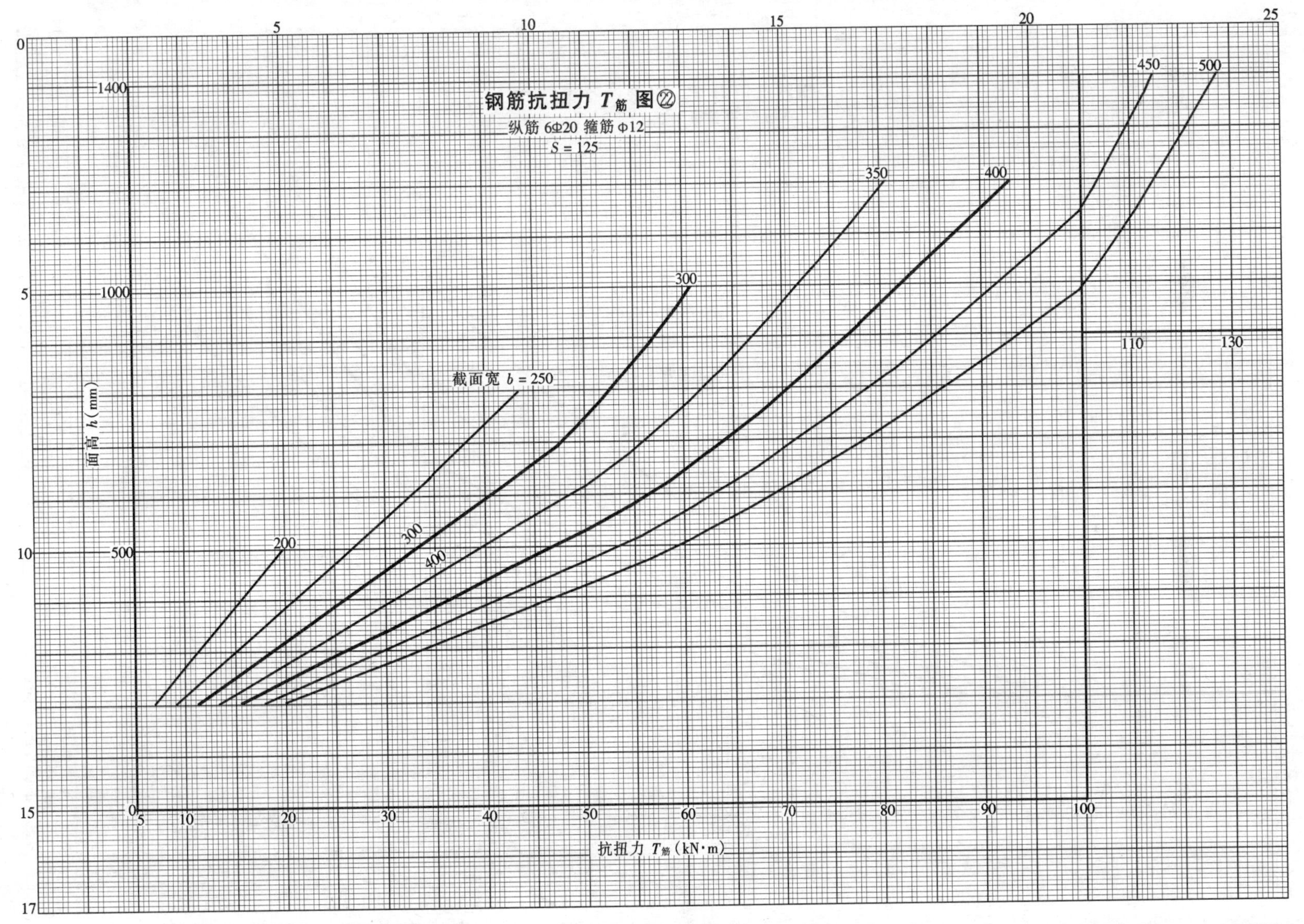

钢筋抗扭力 $T_{筋}$ 图㉒
纵筋 6Φ20 箍筋 Φ12
S = 125
截面宽 b = 250
200
300
400
300
350
400
450
500
面高 h (mm)
1400
1000
500
0
抗扭力 $T_{筋}$ (kN·m)
5
10
20
30
40
50
60
70
80
90
100
110
130

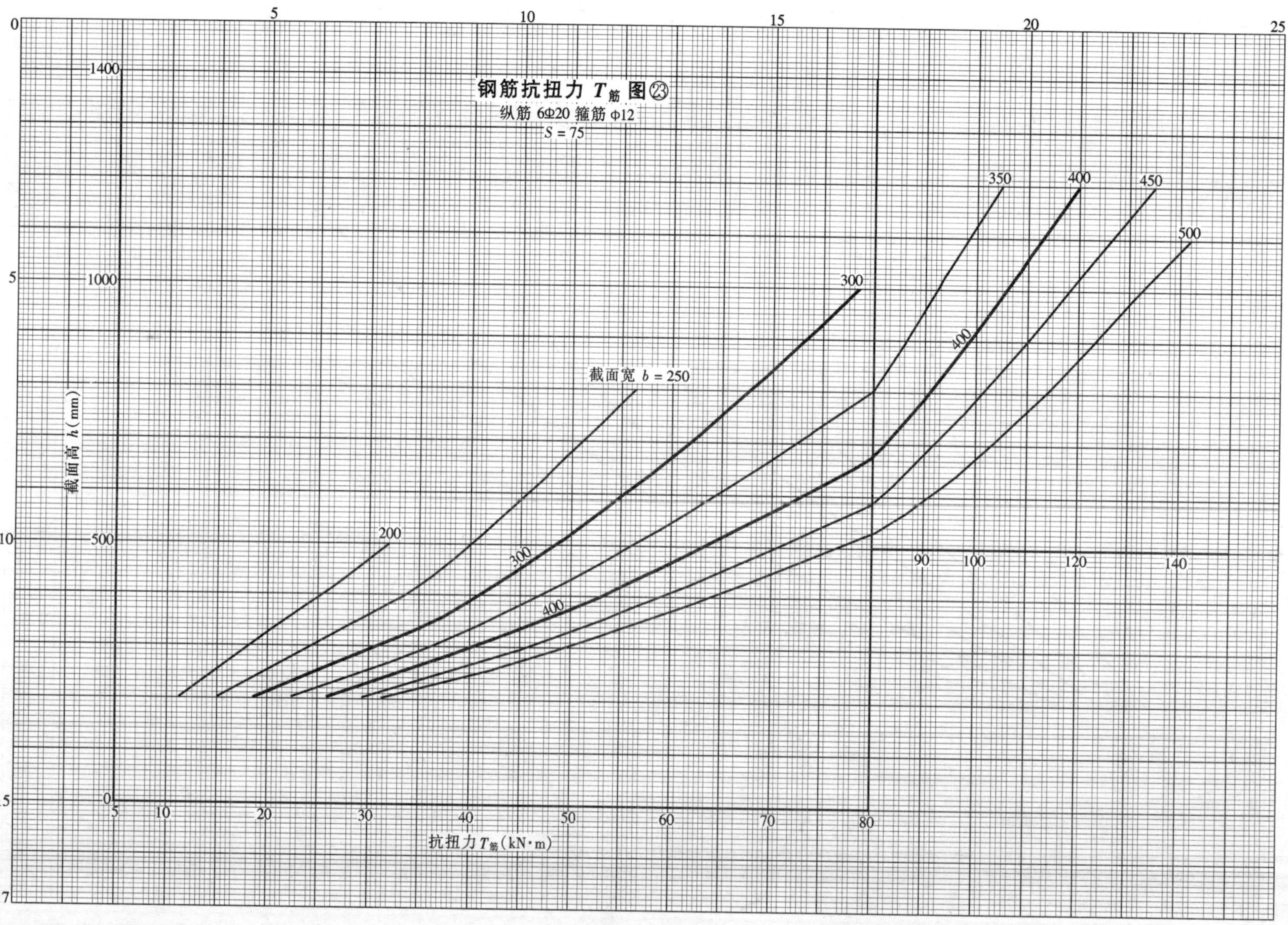

钢筋抗扭力 $T_{筋}$ 图㉓
纵筋 6Φ20 箍筋 φ12
$S=75$
截面宽 $b=250$
200
300
350
400
450
500
300
400
400
截面高 h(mm)
1400
1000
500
0
抗扭力 $T_{筋}$(kN·m)
5
10
20
30
40
50
60
70
80
90
100
120
140

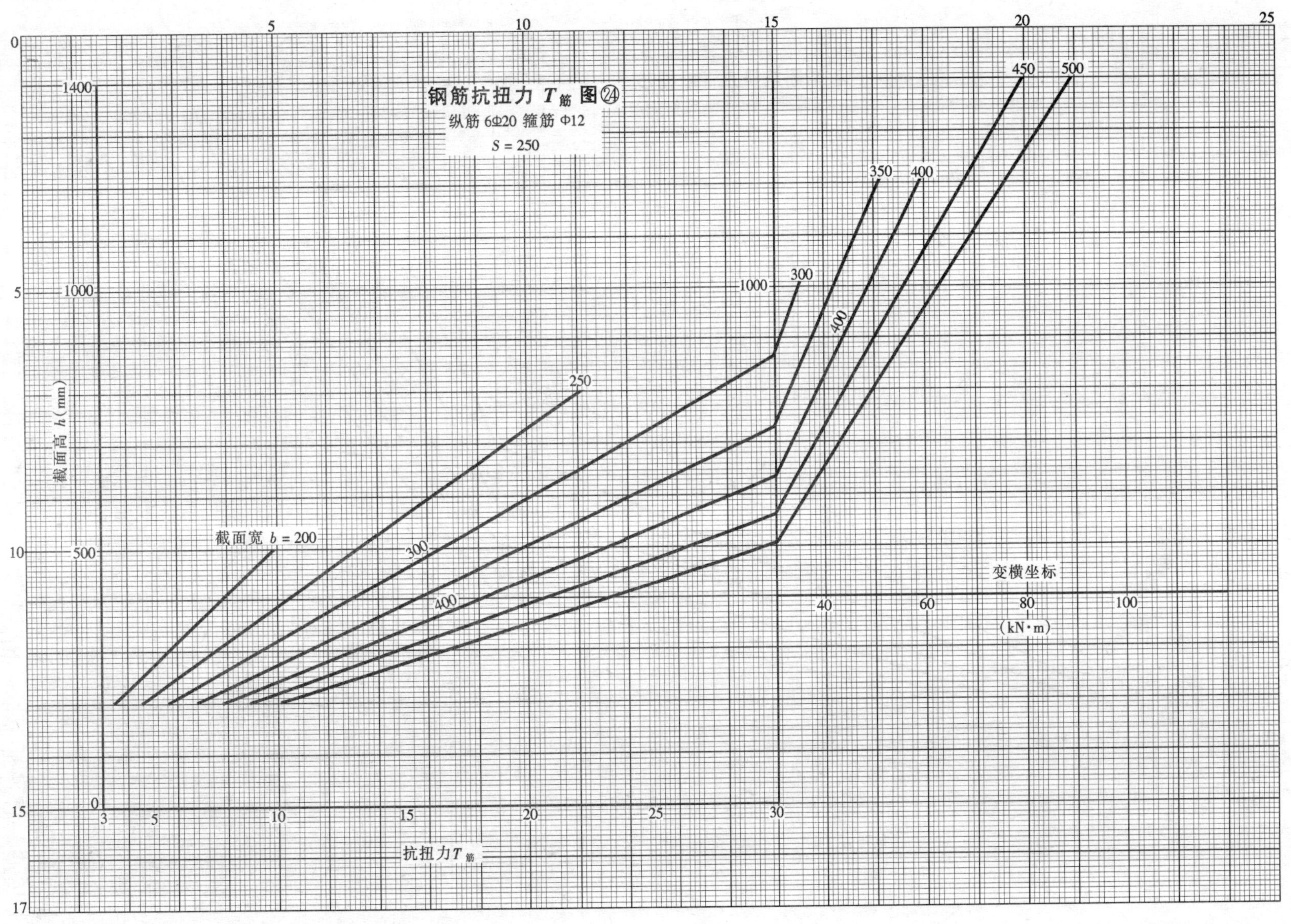
钢筋抗扭力 $T_{筋}$ 图㉔
纵筋 6Φ20 箍筋 Φ12
S = 250
截面高 h (mm)
截面宽 b = 200
250
300
350
400
450
500
变横坐标
(kN·m)
抗扭力 $T_{筋}$
0
5
10
15
17
1400
1000
500
3
20
25
30
40
60
80
100

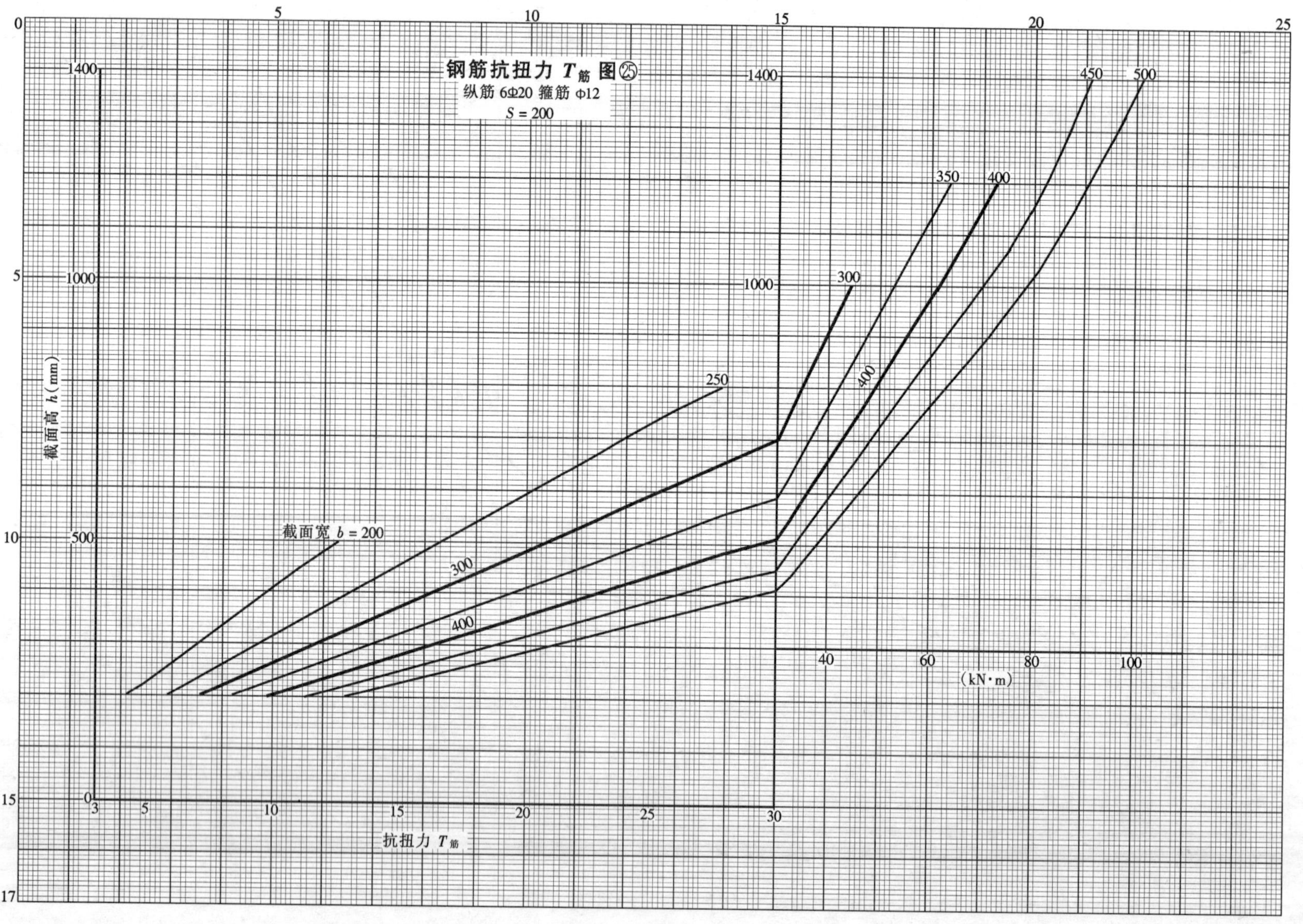
钢筋抗扭力 $T_{筋}$ 图㉕
纵筋 6Φ20 箍筋 Φ12
S = 200
截面高 h (mm)
截面宽 b = 200
抗扭力 $T_{筋}$
(kN·m)
250
300
350
400
450
500

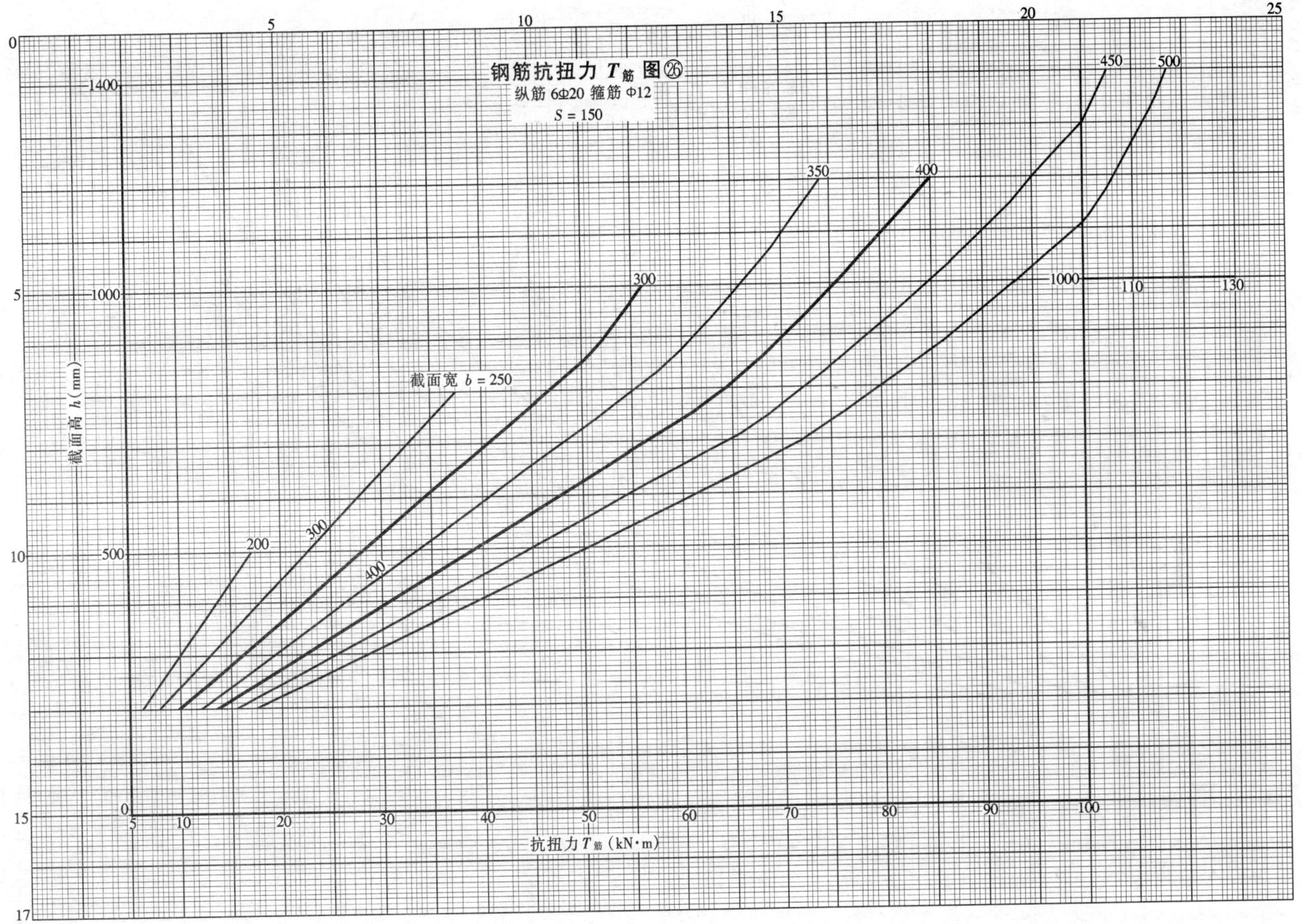
钢筋抗扭力 $T_{筋}$ 图㉖
纵筋 6Φ20 箍筋 Φ12
S = 150
截面宽 b = 250
200
300
350
400
450
500
截面高 h (mm)
1400
1000
500
0
110
130
抗扭力 $T_{筋}$ (kN·m)
5
10
20
30
40
50
60
70
80
90
100
15
17
25

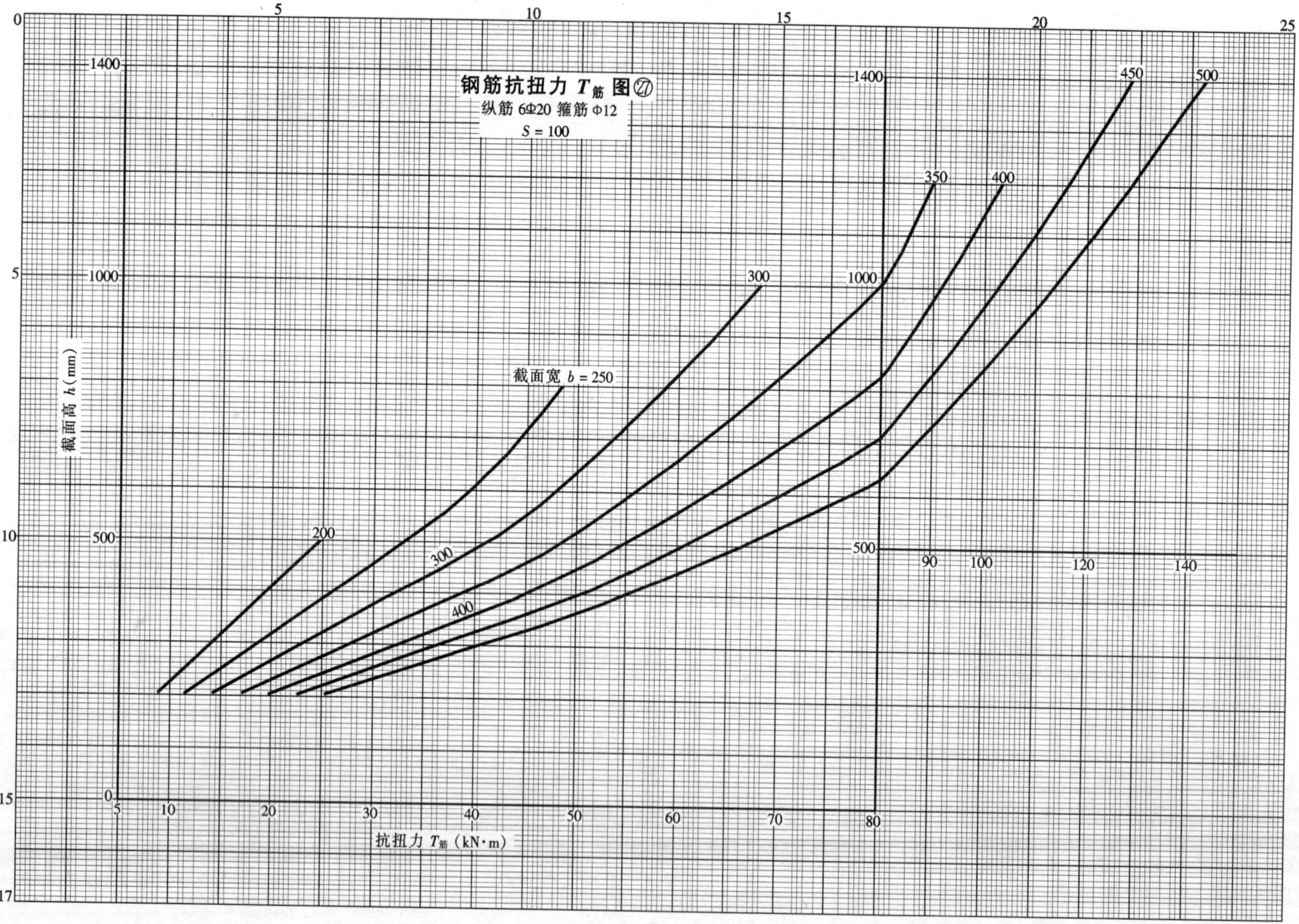

钢筋抗扭力 T筋 图㉗
纵筋 6Φ20 箍筋 Φ12
S = 100
截面宽 b = 250
截面高 h (mm)
抗扭力 T筋 (kN·m)
200
300
350
400
450
500
1400
1000
500
0
5
10
15
17
20
25
30
40
50
60
70
80
90
100
120
140

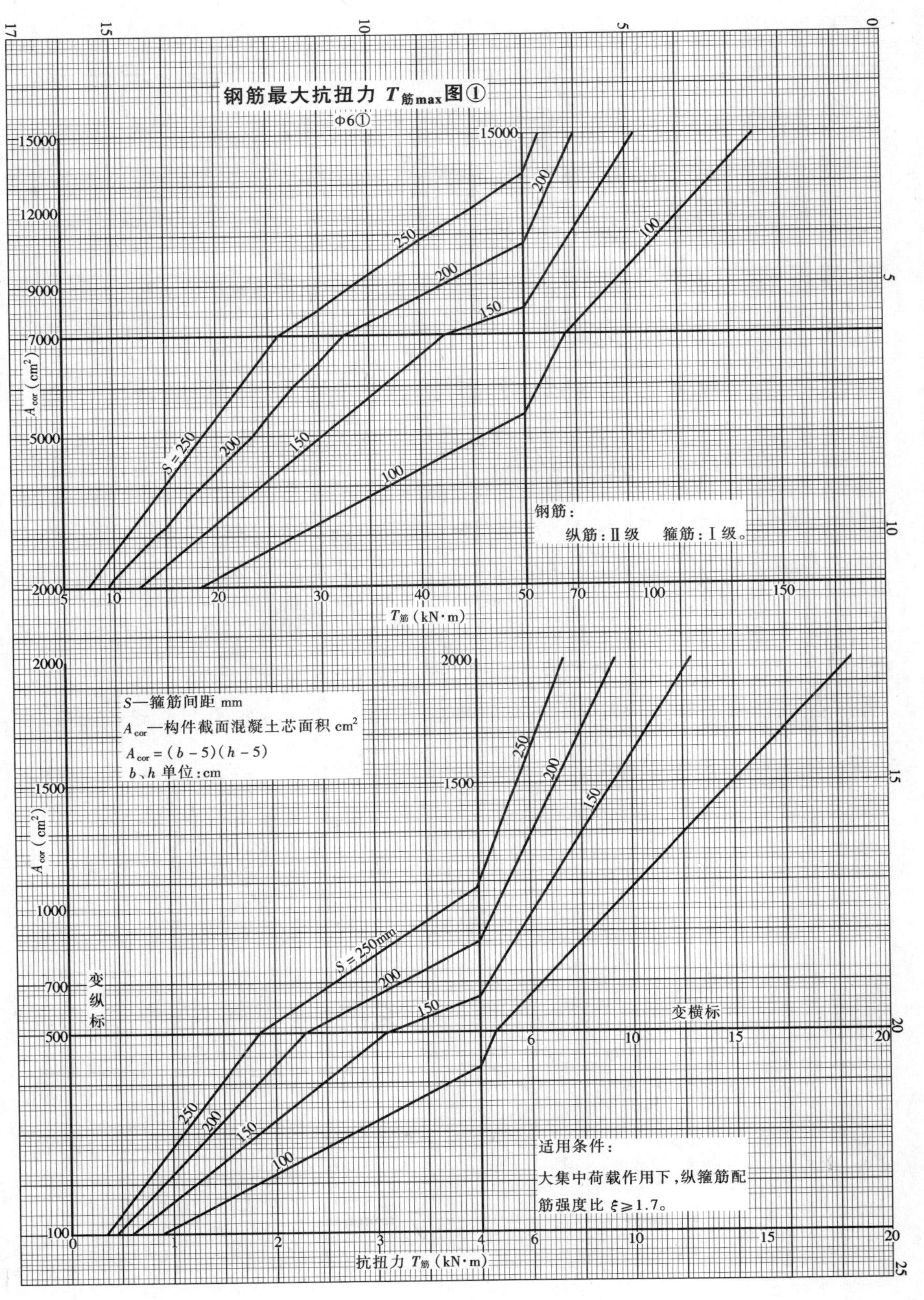
钢筋最大抗扭力 $T_{筋max}$图①
Φ6①
钢筋：
纵筋：Ⅱ级　箍筋：Ⅰ级。
S—箍筋间距 mm
A_{cor}—构件截面混凝土芯面积 cm^2
$A_{cor}=(b-5)(h-5)$
b、h 单位：cm
A_{cor} (cm^2)
$T_{筋}$ (kN·m)
S = 250
S = 250mm
变纵标
变横标
适用条件：
大集中荷载作用下，纵箍筋配筋强度比 $\xi\geqslant1.7$。
抗扭力 $T_{筋}$ (kN·m)

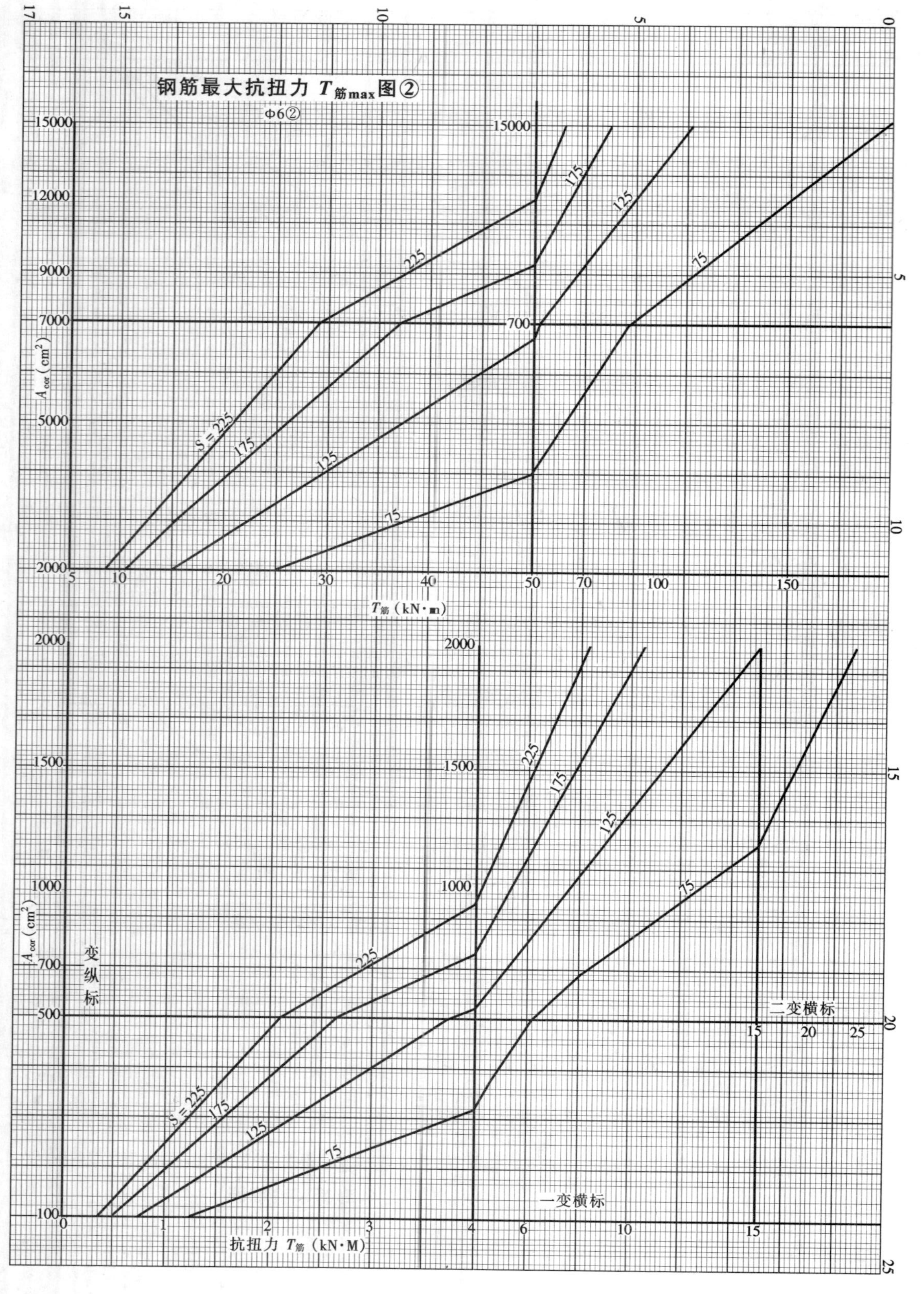

钢筋最大抗扭力 $T_{筋max}$ 图②
Φ6②
A_{cor}（cm²）
$T_{筋}$（kN·m）
S=225
175
125
75
变纵标
二变横标
一变横标
抗扭力 $T_{筋}$（kN·M）

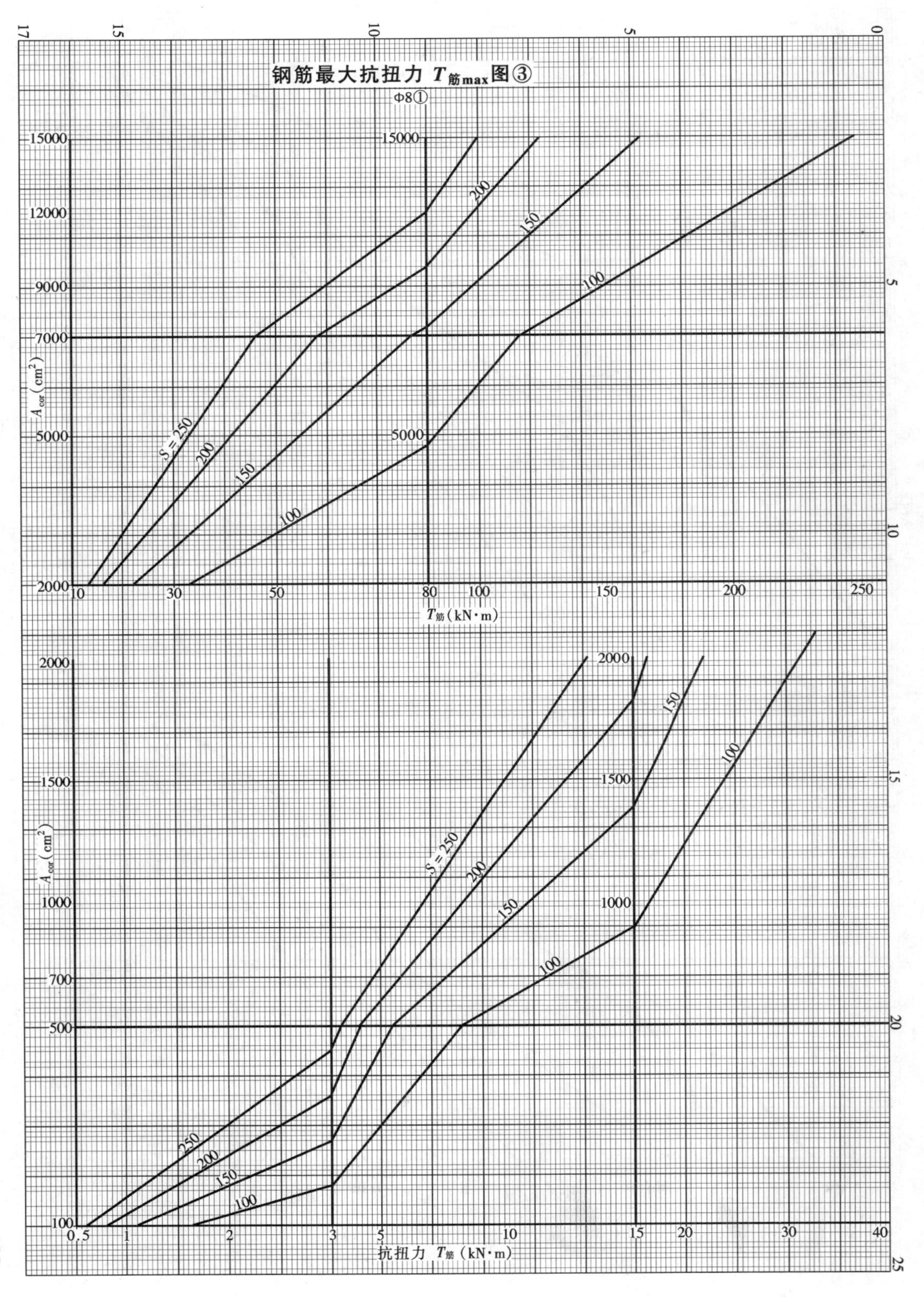

钢筋最大抗扭力 $T_{筋max}$ 图③
Φ8①
A_{cor} (cm²)
$T_{筋}$ (kN·m)
抗扭力 $T_{筋}$ (kN·m)
S = 250
200
150
100
15000
12000
9000
7000
5000
2000
1500
1000
700
500
100

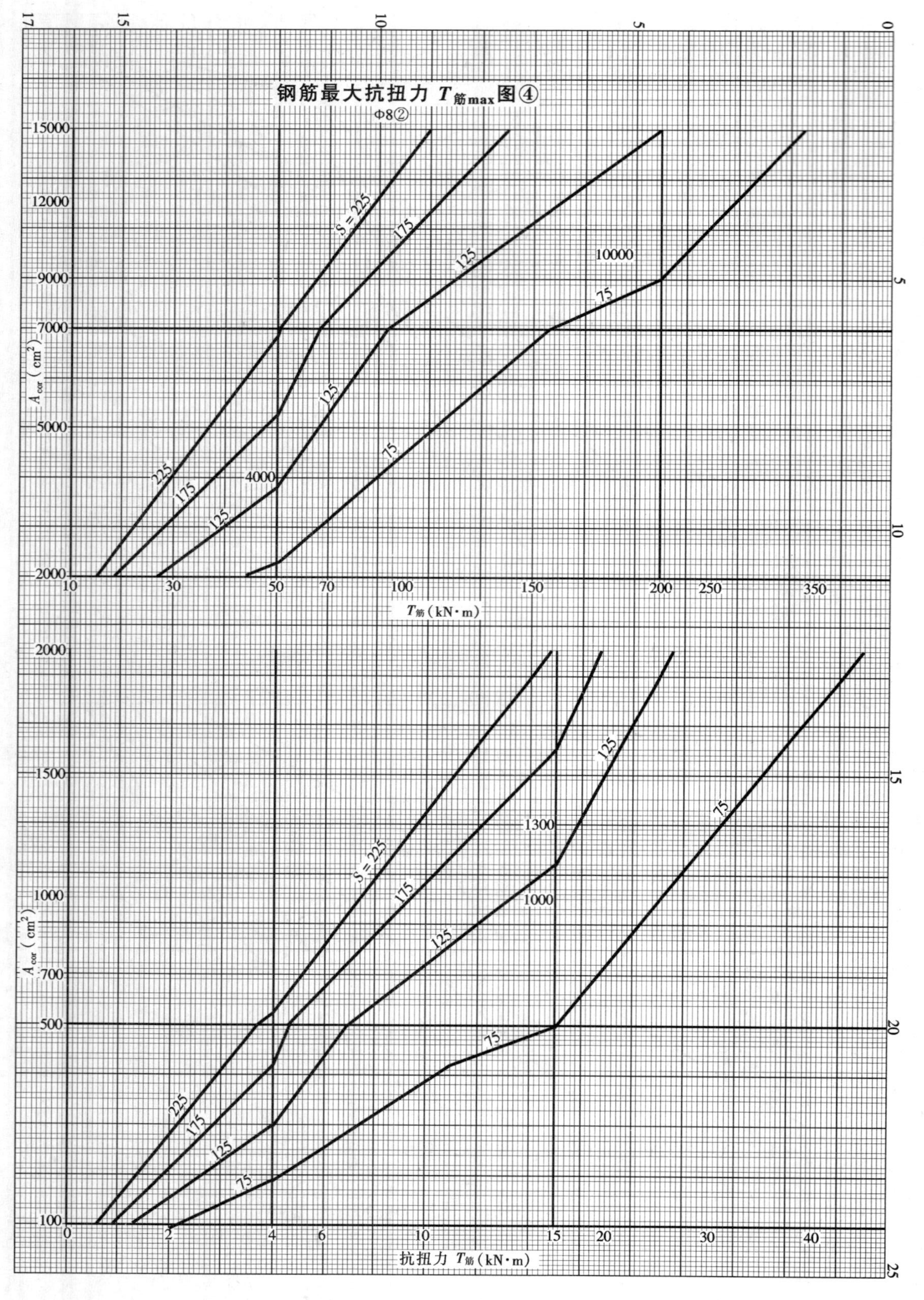
钢筋最大抗扭力 $T_{筋max}$ 图④
Φ8②
$T_{筋}$ (kN·m)
抗扭力 $T_{筋}$ (kN·m)
A_{cor} (cm²)
S=225
175
125
75
10000
4000
1300
1000

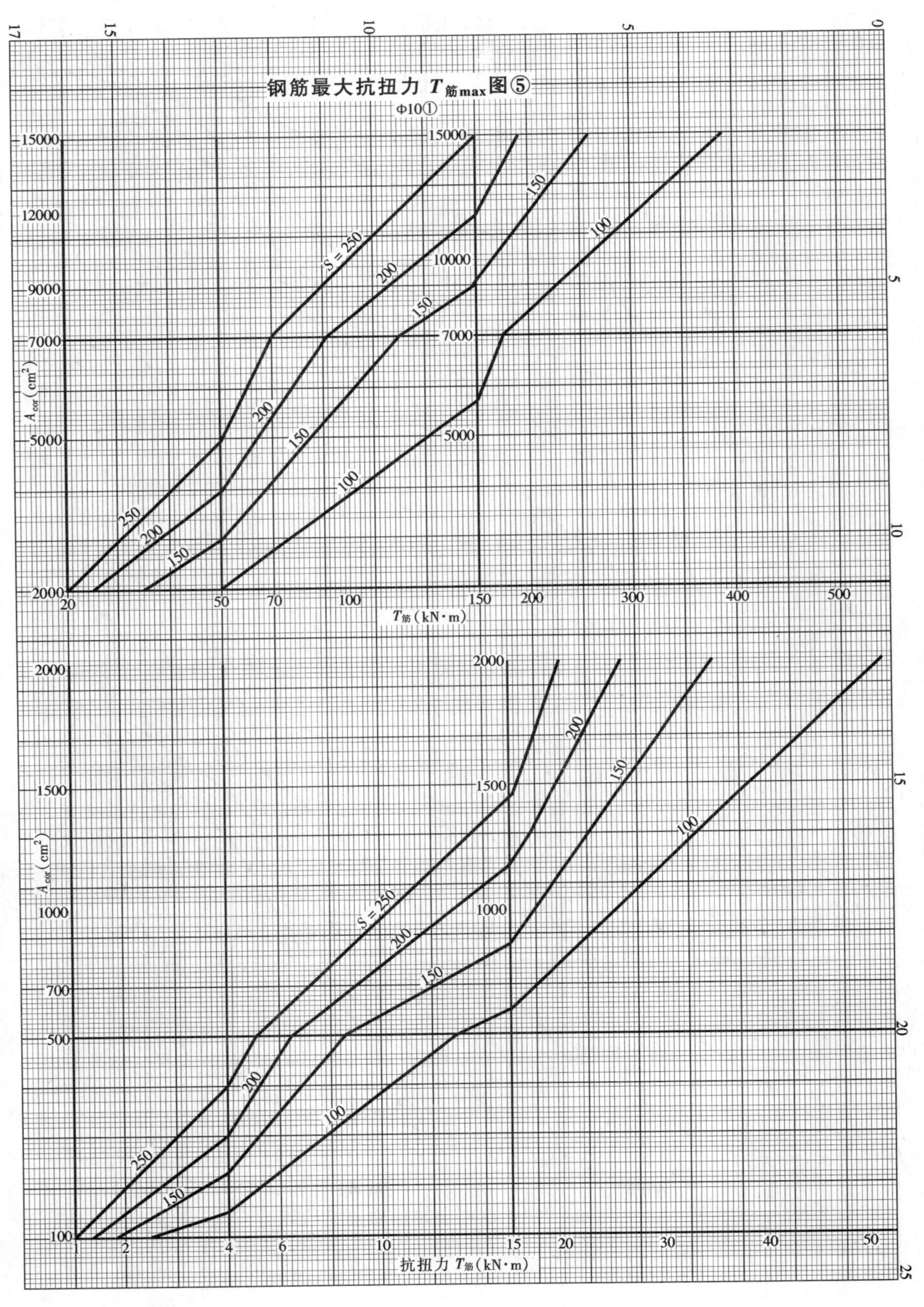

钢筋最大抗扭力 $T_{筋max}$ 图⑤
Φ10①
A_{cor} (cm²)
$T_{筋}$ (kN·m)
抗扭力 $T_{筋}$ (kN·m)
S = 250
200
150
100

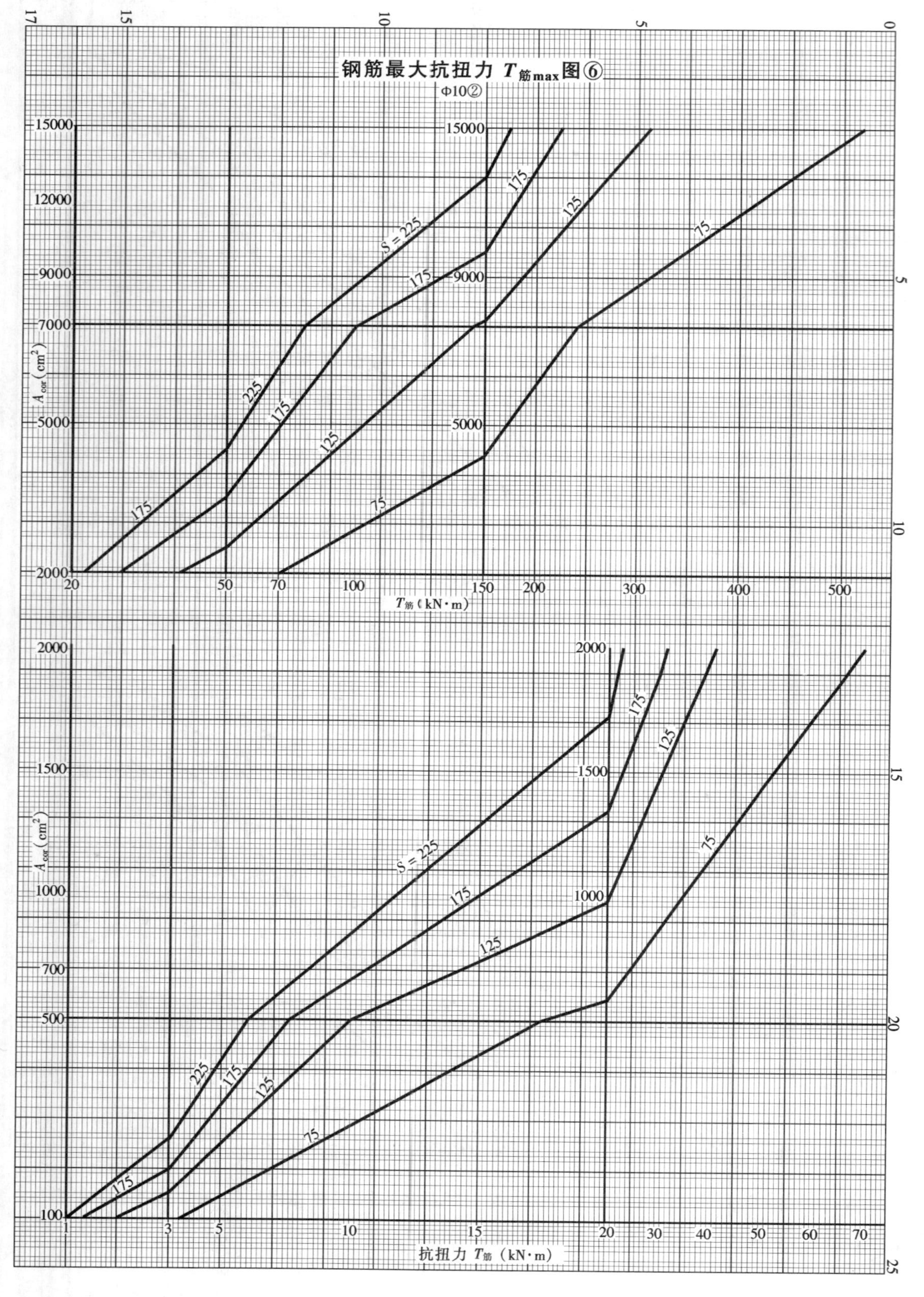

钢筋最大抗扭力 $T_{筋max}$ 图⑥
Φ10②
A_{cor} (cm²)
$T_{筋}$ (kN·m)
抗扭力 $T_{筋}$ (kN·m)
S = 225
175
125
75

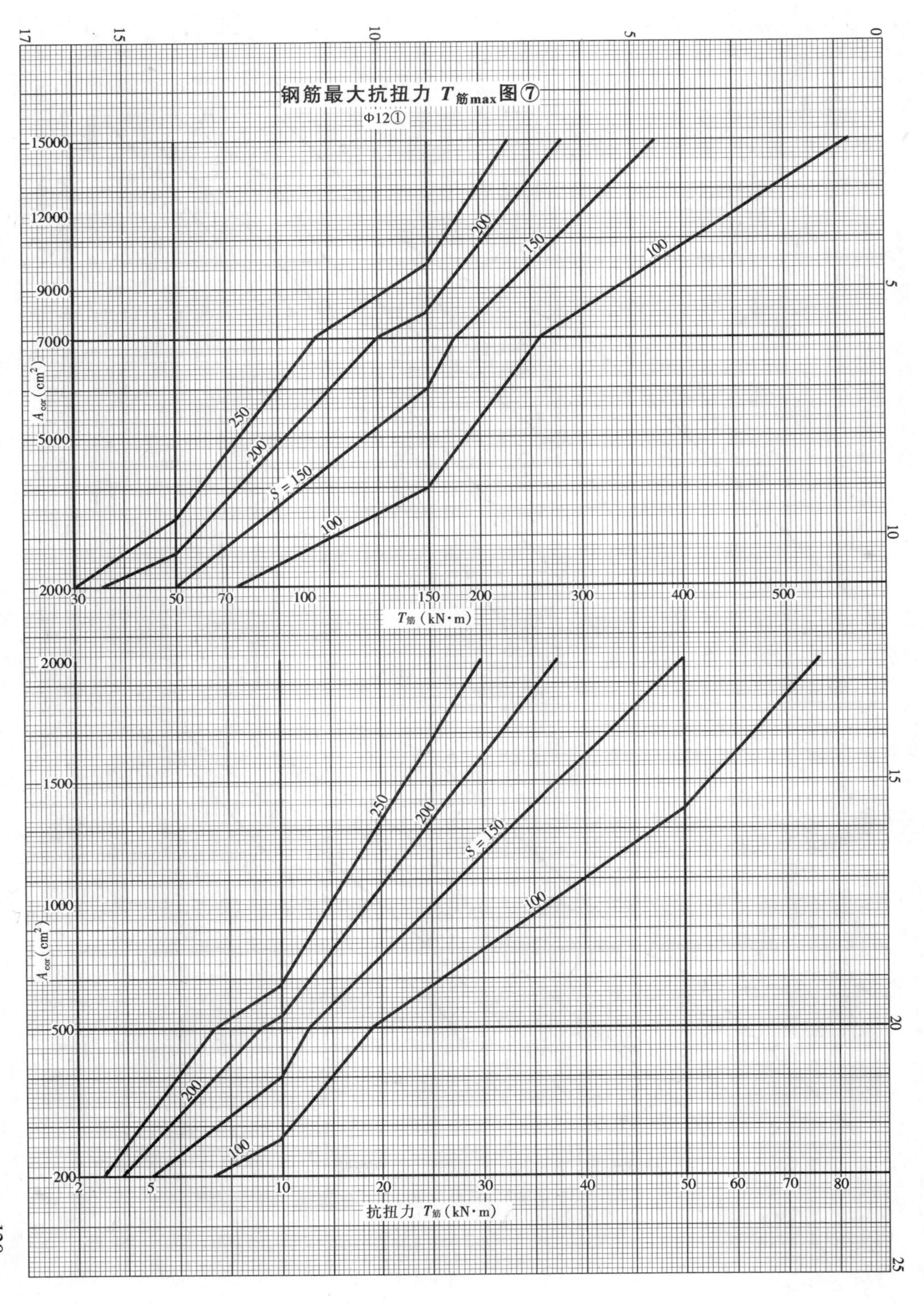
钢筋最大抗扭力 T筋max 图⑦
Φ12①
A cor（cm²）
T筋（kN·m）
抗扭力 T筋（kN·m）
S = 150
100
150
200
250

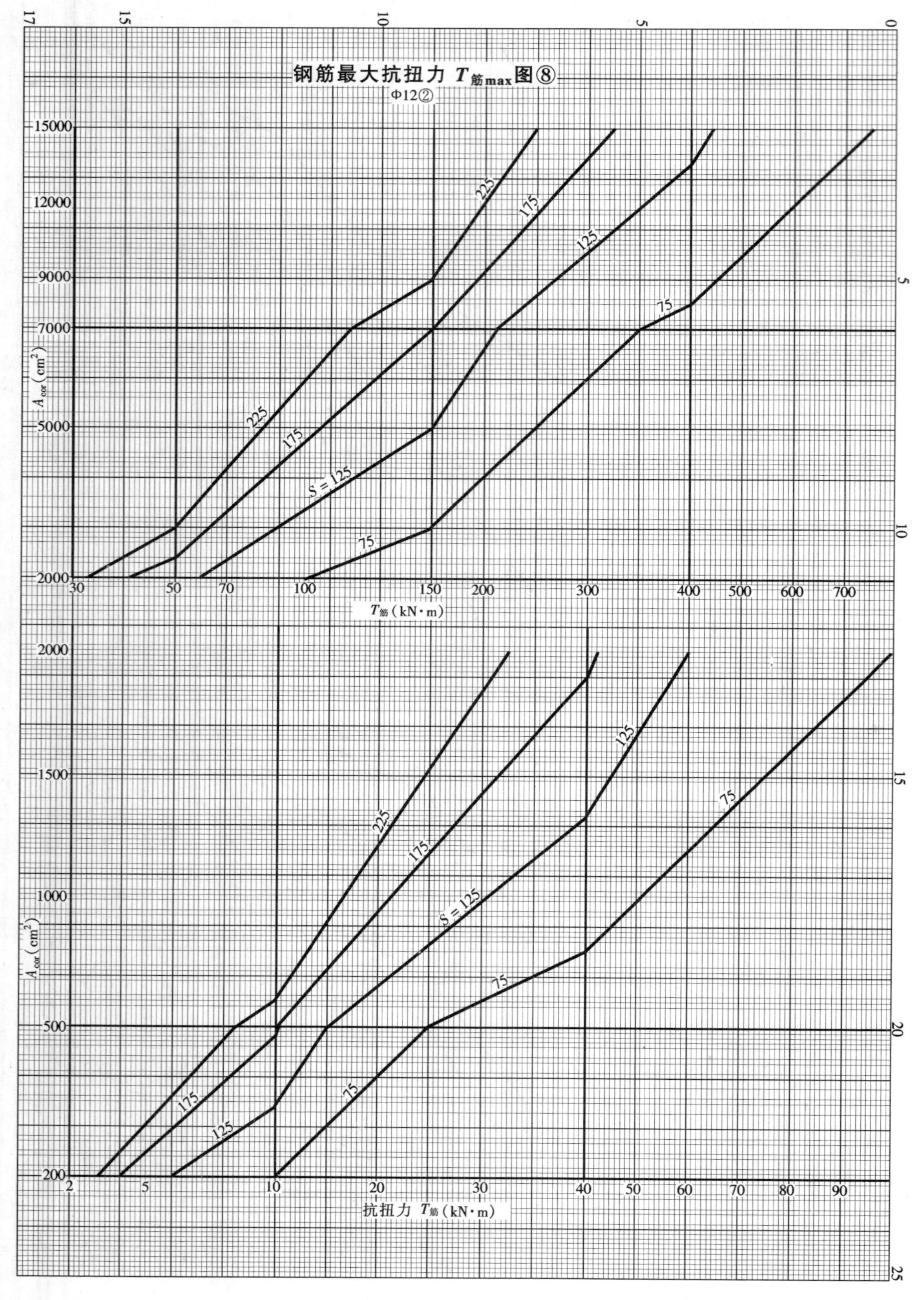
钢筋最大抗扭力 $T_{筋max}$ 图⑧
Φ12②
$T_{筋}$（kN·m）
抗扭力 $T_{筋}$（kN·m）
A_{cor}（cm²）
75
125
175
225
S = 125
0
5
10
15
17
20
25
15000
12000
9000
7000
5000
2000
1500
1000
500
200
30
50
70
100
150
200
300
400
500
600
700
2
10
20
30
40
50
60
70
80
90

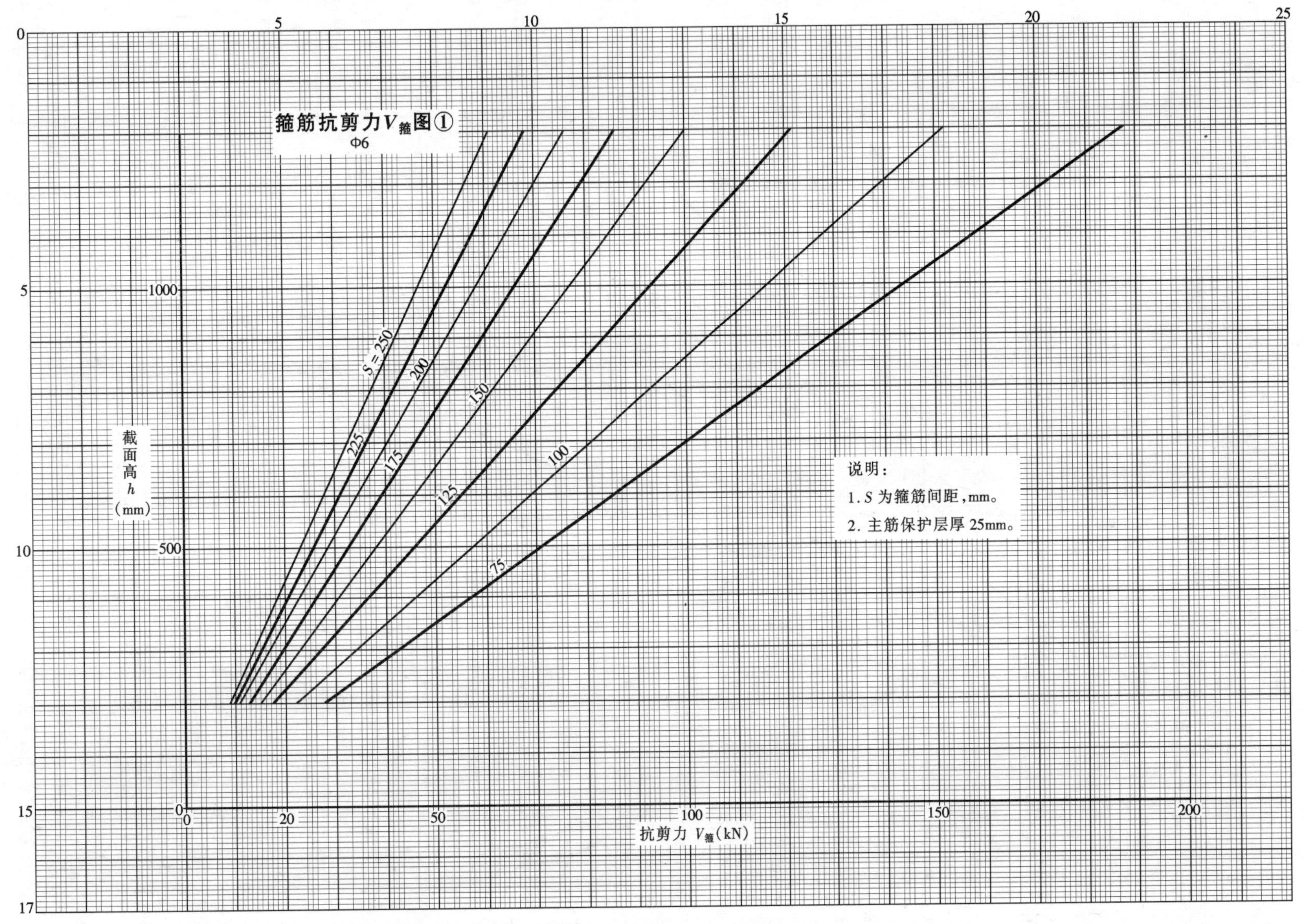
箍筋抗剪力V箍图①
Φ6
S=250
225
200
175
150
125
100
75
截面高h(mm)
抗剪力 V箍(kN)
说明:
1. S为箍筋间距,mm。
2. 主筋保护层厚25mm。
0
500
1000
20
50
100
150
200

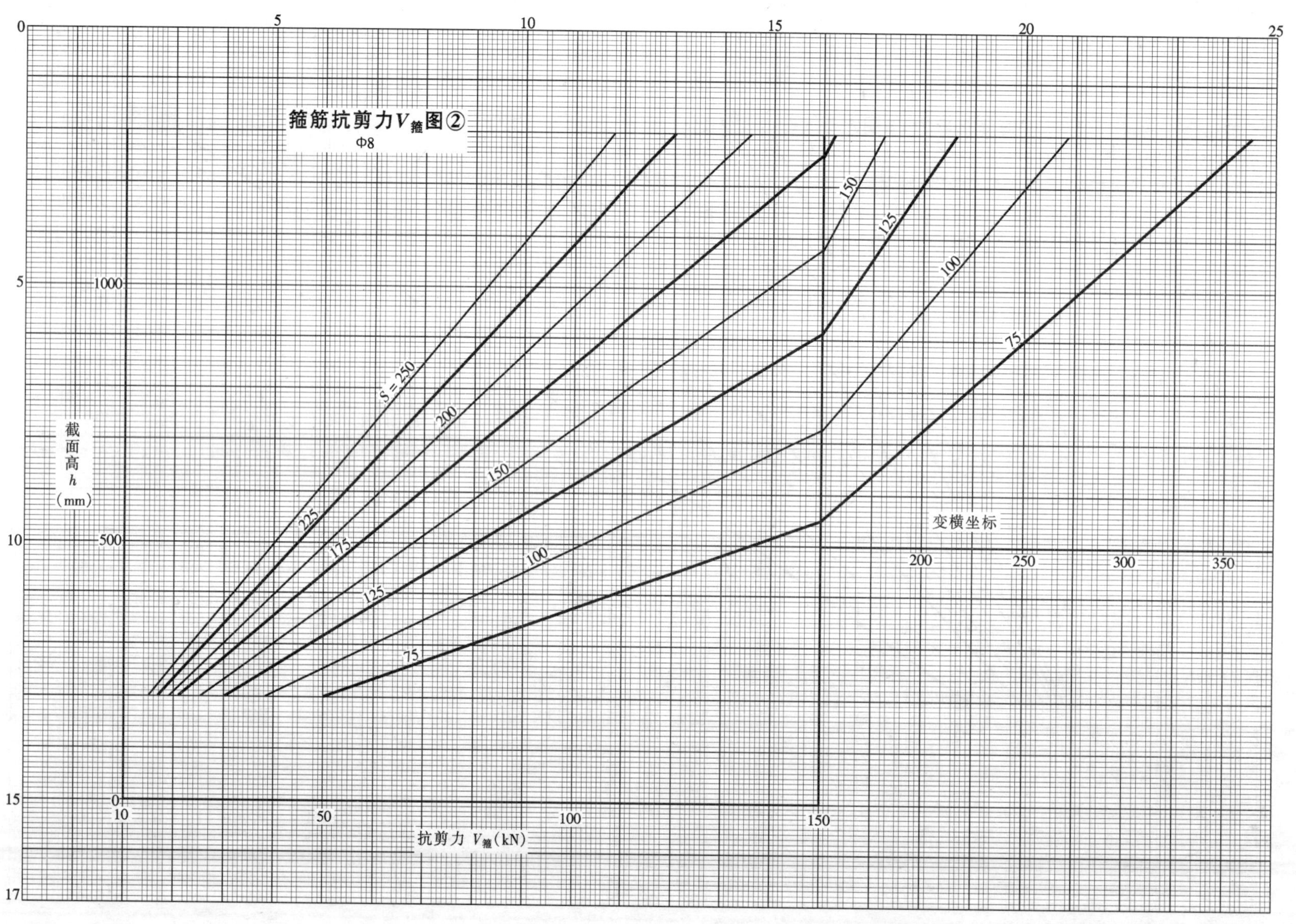

箍筋抗剪力$V_{箍}$图②
Φ8
截面高h（mm）
抗剪力 $V_{箍}$(kN)
变横坐标
S = 250
225
200
175
150
125
100
75
1000
500
0
10
50
100
150
200
250
300
350

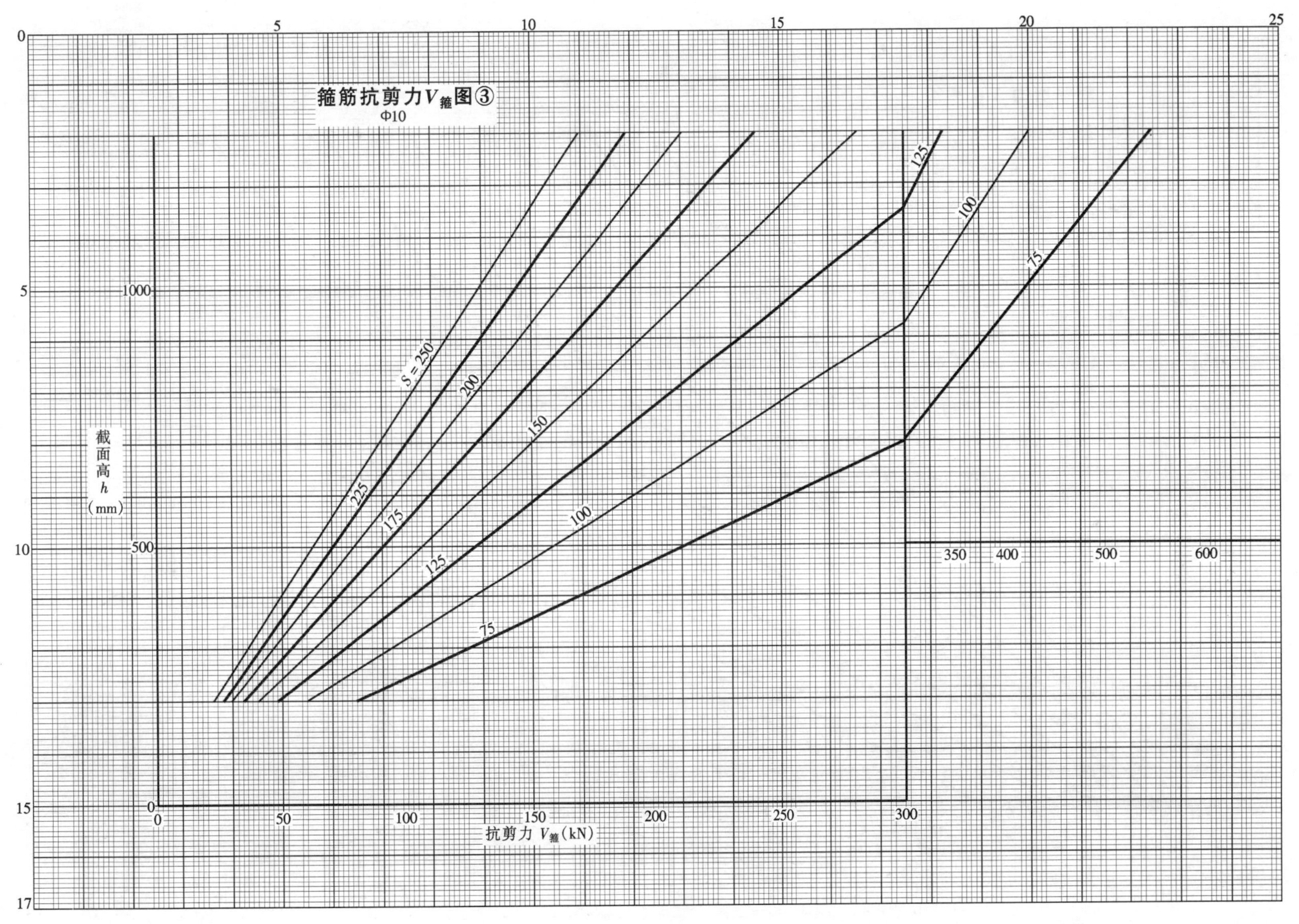
箍筋抗剪力$V_{箍}$图③
Φ10
截面高 h（mm）
抗剪力 $V_{箍}$（kN）
S = 250
225
200
175
150
125
100
75
125
100
75
350
400
500
600
1000
500
0
0
50
100
150
200
250
300
0
5
10
15
17
5
10
15
20
25

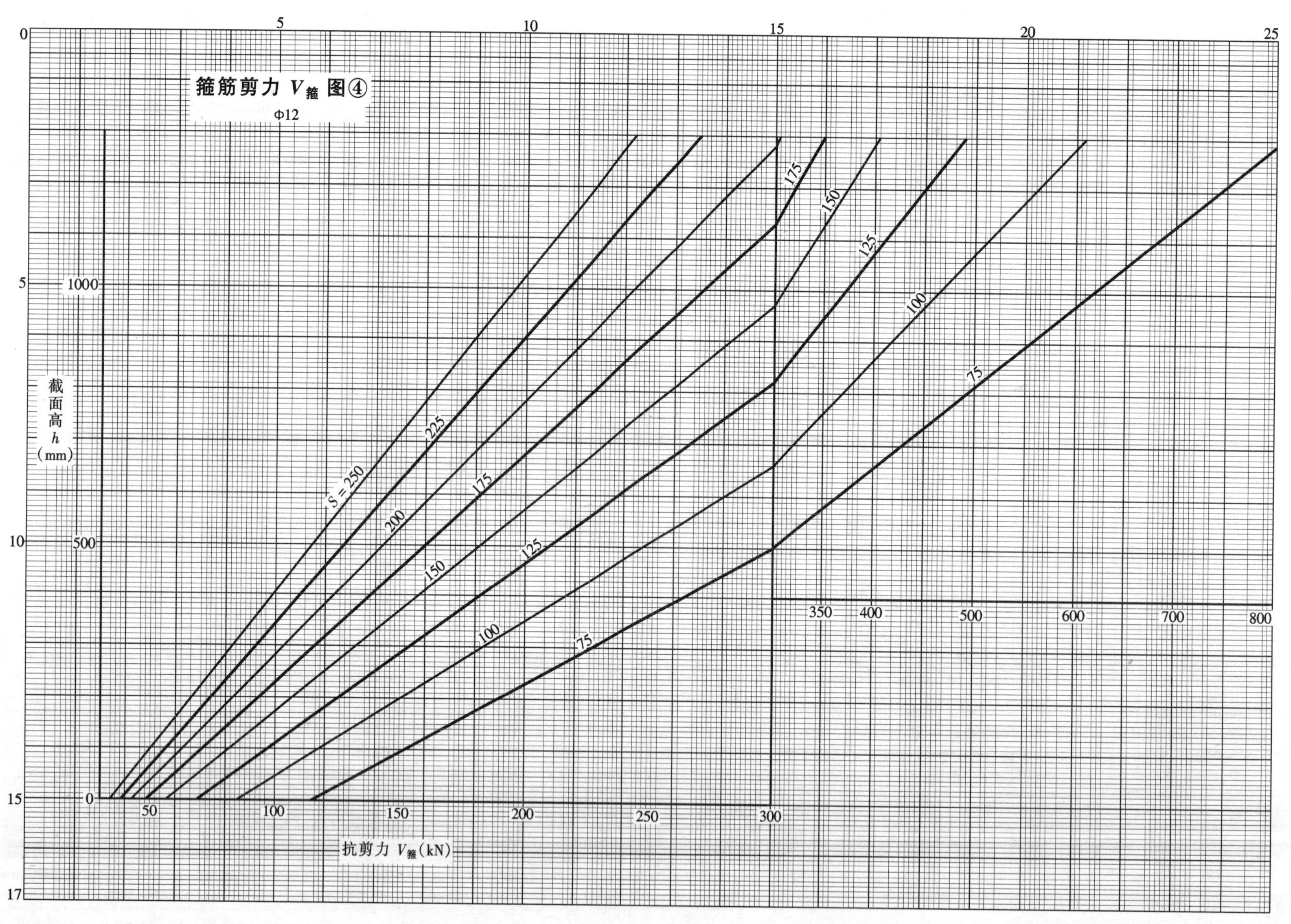
箍筋剪力 $V_{箍}$ 图④
Φ12
截面高 h（mm）
抗剪力 $V_{箍}$（kN）
S=250
225
200
175
150
125
100
75
0
5
10
15
20
25
17
1000
500
50
100
150
200
250
300
350
400
500
600
700
800

钢筋抗剪、抗扭力图制图说明

混凝土 C20 主筋 HRB335 箍筋 HPB235 主筋保护层厚 25mm

箍筋抗剪力 $V_{箍}$、钢筋抗扭力 $T_{筋}$ 来自 GB 50010—2002 的 7.6.8-4 及 7.6.8-3 二式的第二部分。

1. 箍筋抗剪力 $V_{箍}$

$$V \leqslant (1.5-\beta_t)\left(\frac{1.75}{\lambda+1}f_t b h_0 + 0.05NP_0\right) + f_{yv}\frac{A_{sv}}{s}h_0 \tag{7.6.8-4}$$

$$V_{箍} = f_{yv}\frac{A_{sv}}{s}h_0 \tag{1}$$

式中 $f_{yv}=210\text{N/mm}^2$；

A_{sv}——箍筋双肢截面积，mm^2。

在钢筋混凝土构件抗剪中，只有箍起抗剪作用，故其 h_0 从箍筋中心起算。

制图前计算步骤：(1) 求 ϕ6、8、10、12 之 $f_{yv}\cdot A_{sv}$值

(2) 求不同箍筋间距 $s=75\sim250\text{mm}$ 之$\dfrac{f_{yv}A_{sv}}{s}$值。

(3) 按不同截面高 h，求得 $V_{箍}=f_{yv}=\dfrac{A_{sv}}{s}h_0$

2. 钢筋抗扭力 $T_{筋}$

$$T \leqslant \beta_t\left(0.35f_t + 0.05\frac{NP_0}{A_0}\right)w_t + 1.2\sqrt{\zeta}f_{yv}\frac{A_{svI}A_{cor}}{s} \tag{7.6.8-3}$$

$$T_{筋} = 1.2\sqrt{\zeta}f_{yv}\frac{A_{stI}A_{cor}}{s} \tag{2}$$

公式 (2) 与 GB10—89 的公式相同，只是纵筋的抗拉强度设计值 f_{yv}由 310N/mm^2 降为 300N/mm^2，即降至 0.97。其 $\sqrt{0.97}=0.98$，影响较小，本手册的 $T_{筋}$ 系按老规范规定绘制的，在查相关图时，凡涉及主筋配量 A_s 值时，均应 ×1.03。

新规范规定 $\zeta=0.6\sim1.7$，即当 $\zeta>1.7$，取 $\zeta=1.7$，当 $\zeta<0.6$ 时取 $\zeta=0.6$。

(2) 式表明，在钢筋抗扭中，箍筋起主导作用。纵筋只在 ζ 中起作用，且在$\sqrt{\ }$之中。热力管道支架柱（肢）一般都是强纵筋，其 ζ 大都大于 1.7。由 (2) 式可知，即使纵筋再强，也不会增加其抗扭力 $T_{筋}$ 值。

纵筋与箍筋强度比 $\zeta=\dfrac{f_y A_{stL}S}{f_{yv}A_{stI}\mu_{cor}}$

(2) 式中纵筋与箍筋的抗扭作用相互交织在一起，无法进行剥离，为此本手册采取以下办法解决。

(1) 求 $\zeta>1.7$ 时的最大抗扭力，$T_{筋\max}=1.565f_{yv}\dfrac{A_{stI}A_{cor}}{s}$ (3)

再按不同箍筋、不同间距，绘出 $\phi6\sim12$、$s=75\sim250\text{mm}$ 下的 8 个钢筋最大抗扭力图。这样就解了固定支架的强纵筋情况下的支架抗扭计算，使用极为方便。

(2) 计算在常用截面、箍筋情况下，纵筋配置为 4ϕ12、4ϕ16、6ϕ20 的 $T_{筋}$ 图，以适应小扭矩支架之抗扭计算的需要，但在实际支架配筋上也很难与上述三种情况相吻合，为此本手册又有改正系数 β 公式，进行精确抗扭力的计算。

$$\beta = \sqrt{A_{s标}/A_{s实}} \tag{4}$$

注意：在 $T_{筋}$ 图中的曲线段，即 $0.6<\zeta<1.7$，此时由图中查

得 $T_{筋}$ 值要×0.98。

$T_{筋}$ 相关图数量多，现仅将 $T_{筋max}$图中的箍筋为 ϕ8、主筋保护层厚 25mm 的钢筋最大抗扭力计算成果要点列表如下，以与相关图相对照。

$T_{筋max}$计算要点表（单位：kN·m）**箍筋 ϕ、主筋保护层厚 25mm**

A_{cor}（cm^2） \ s（cm）	10	15	20	25
100	1.65	1.10	0.83	0.66
300	4.96	3.31	2.48	1.98
500	8.26	5.51	4.13	3.31
1000	16.53	11.02	8.26	6.61
1600	26.44	16.64	13.22	10.58
2000	33.05	22.03	16.53	13.22

箍筋抗剪力 $V_{箍}$ 仅列出箍筋为 ϕ8，主筋保护层厚 25mm 的 $V_{箍}$ 计算成果要点表如下：

箍筋抗剪力 $V_{箍}$计算成果要点表（钢筋 ϕ8、主筋保护层厚 25mm）

h（cm） \ s（cm）	7.5	10	12.5	15	17.5	20	22.5	25
20	50.90	38.18	30.55	25.45	21.82	19.10	16.97	15.26
30	79.18	59.39	47.52	39.59	33.94	29.71	26.40	23.74
50	135.74	101.81	81.46	67.87	58.18	50.93	45.26	40.70
70	192.30	144.23	115.40	96.15	82.42	72.15	64.12	57.66
100	277.14	207.86	166.31	138.57	118.78	103.98	92.41	83.10
130	361.98	271.49	217.22	180.99	155.14	135.81	120.70	108.54

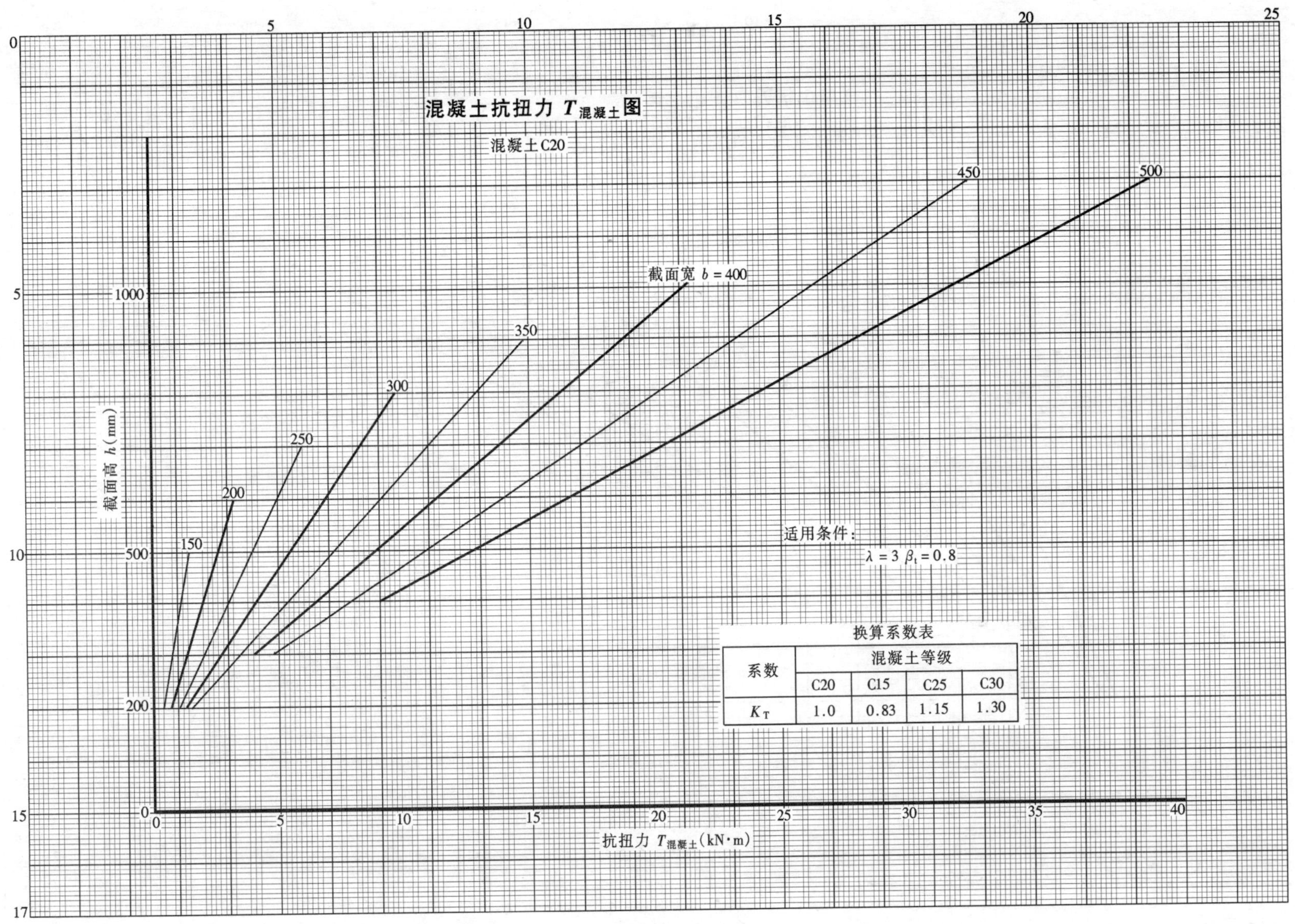

系数	混凝土等级			
	C20	C15	C25	C30
K_T	1.0	0.83	1.15	1.30

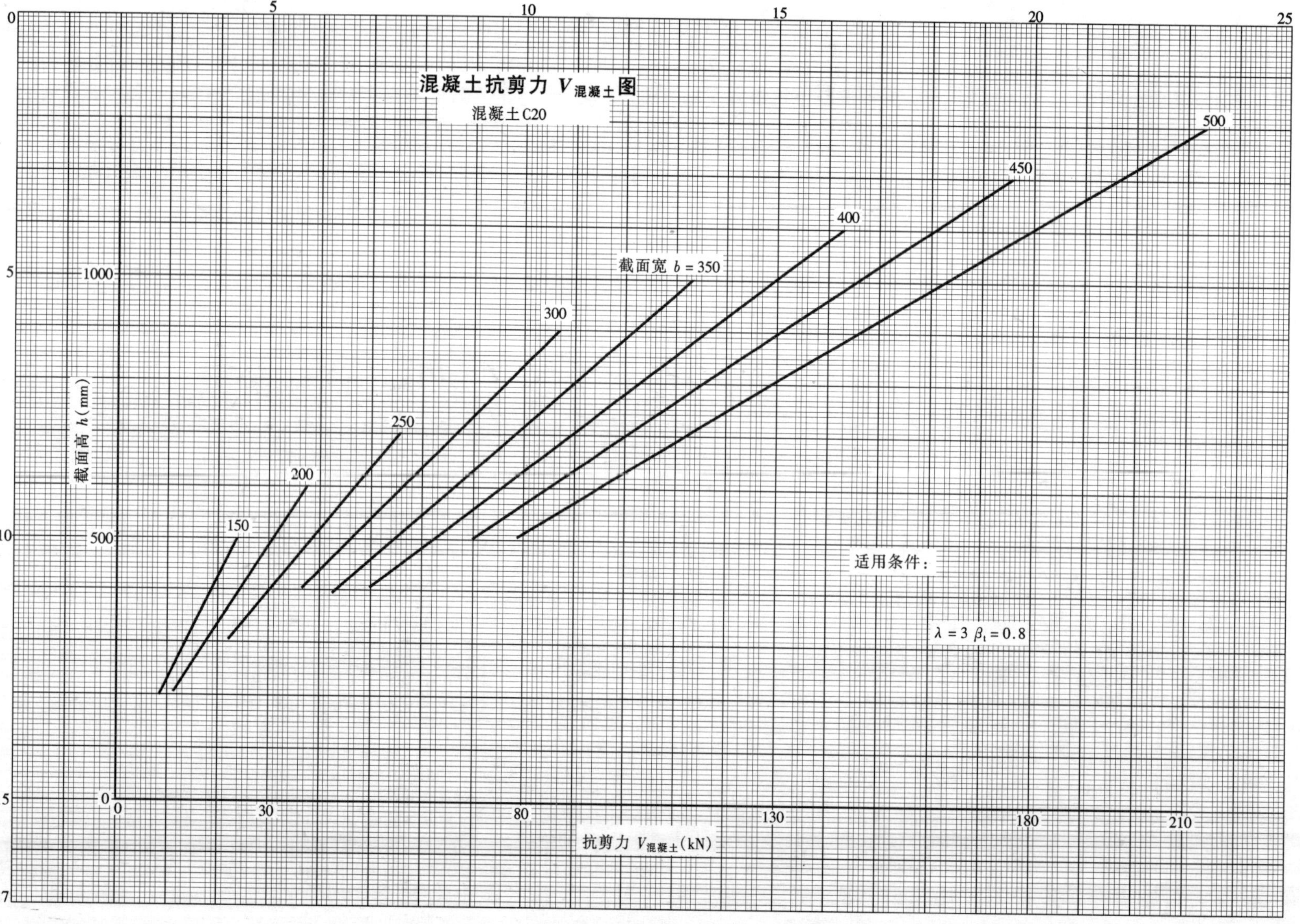
混凝土抗剪力 $V_{混凝土}$ 图
混凝土C20
截面宽 $b=350$
150
200
250
300
400
450
500
截面高 h(mm)
1000
500
0
0
30
80
130
180
210
抗剪力 $V_{混凝土}$(kN)
适用条件:
$\lambda=3$ $\beta_t=0.8$
0
5
10
15
17
5
10
15
20
25

混凝土抗剪、抗扭力计算图制图说明

本手册的混凝土抗剪力 $V_{混凝土}$、混凝土抗扭力 $T_{混凝土}$来源于《混凝土结构设计规范》(GB 50010—2002)的7.6节集中荷载作用下的独立剪扭构件的计算公式：

(1) 受剪承载力

$$V \leqslant (1.5-\beta_t)\left(\frac{1.75}{\lambda+1}f_t b h_0 + 0.05NP_0\right) + f_{yv}\frac{A_{sv}}{s}h_0 \tag{7.6.8-4}$$

(2) 受扭承载力

$$T \leqslant \beta_t\left(0.35f_t + 0.05\frac{NP_0}{A_0}\right)W_t + 1.2\sqrt{\zeta}f_{yv}\frac{A_{svl}A_{cor}}{s} \tag{7.6.8-3}$$

上面二式中的第一部分即混凝土的抗剪力 $V_{混凝土}$、混凝土的抗扭力 $T_{混凝土}$。

1. 混凝土抗剪力 $V_{混凝土}$

不计公式中的 NP_0，β_t 取规范规定 $\beta_t=0.5\sim1.0$ 的均值，即 $\beta_t=0.8$，λ 取3.0，则混凝土抗剪力公式变为

$$V_{混凝土} = (1.5-0.8)\left(\frac{1.75}{3+1}f_t b h_0\right) = 0.30625f_t b h_0$$

本手册采用混凝土C 20，$f_t=1.1\text{N/mm}^2=110\text{N/cm}^2$，将 f_t 值代入上式后，

$$V_{混凝土} = 33.6875\text{N/cm}^2 bh_0 = 336.875\text{kN/m}^2 bh_0$$

(5) 单位：kN。

2. 混凝土抗扭力 $T_{混凝土}$

不计 NP_0，混凝土受扭塑性抵抗矩 W_t 按矩形断面。

$$W_t = \frac{b^2}{6}(3h-b) \tag{7.6.3-1}$$

$\beta_t=0.8$，则 $T_{混凝土}=0.8\,(0.35f_t)\,W_t$　代入 $f_t=110\text{N/cm}^2$，公式变为：

$T_{混凝土}=30.8W_t$ 单位：N·cm

$=308W_t$ 单位：kN·m　　(6)

制图前先计算出不同截面 b、h 的 W_t 值，然后再求不同 b、h 下的 $T_{混凝土}$值。

本手册以相关图为主，不列计算表，现仅将计算成果要点列表如下，以便与相关图来对照。

混凝土抗剪力 $V_{混凝土}$计算成果要点表

混凝土 C20 主筋保护层厚 25mm　　单位：kN

h (cm) \ b(cm)	15	20	25	30	35	40	45	50
20	8.42	11.12						
30	13.48	17.85	22.23					
40	18.53	24.59	30.99	37.06	43.12			
50		31.33	39.08	47.16	54.91	62.66		
60			47.50	57.27	66.70	76.13	85.57	95.34
80				77.48	90.28	103.08	115.89	129.02
100						130.03	146.20	162.71
120							176.52	196.40

混凝土抗扭力 $T_{混凝土}$ 计算成果要点表

混凝土 C20 主筋保护层厚 25mm 单位：kN·m

b(cm) / h (cm)	15	20	25	30	35	40	45	50
20	0.52	0.82	1.12	1.39	1.57			
40	1.21	2.05	3.05	4.16	5.35	6.57	7.80	8.97
60		3.29	4.97	6.93	9.12	11.50	14.03	16.68
80				9.70	12.89	16.43	20.27	24.38
100						21.35	26.51	32.08
120								39.78

5. 支墩计算用图

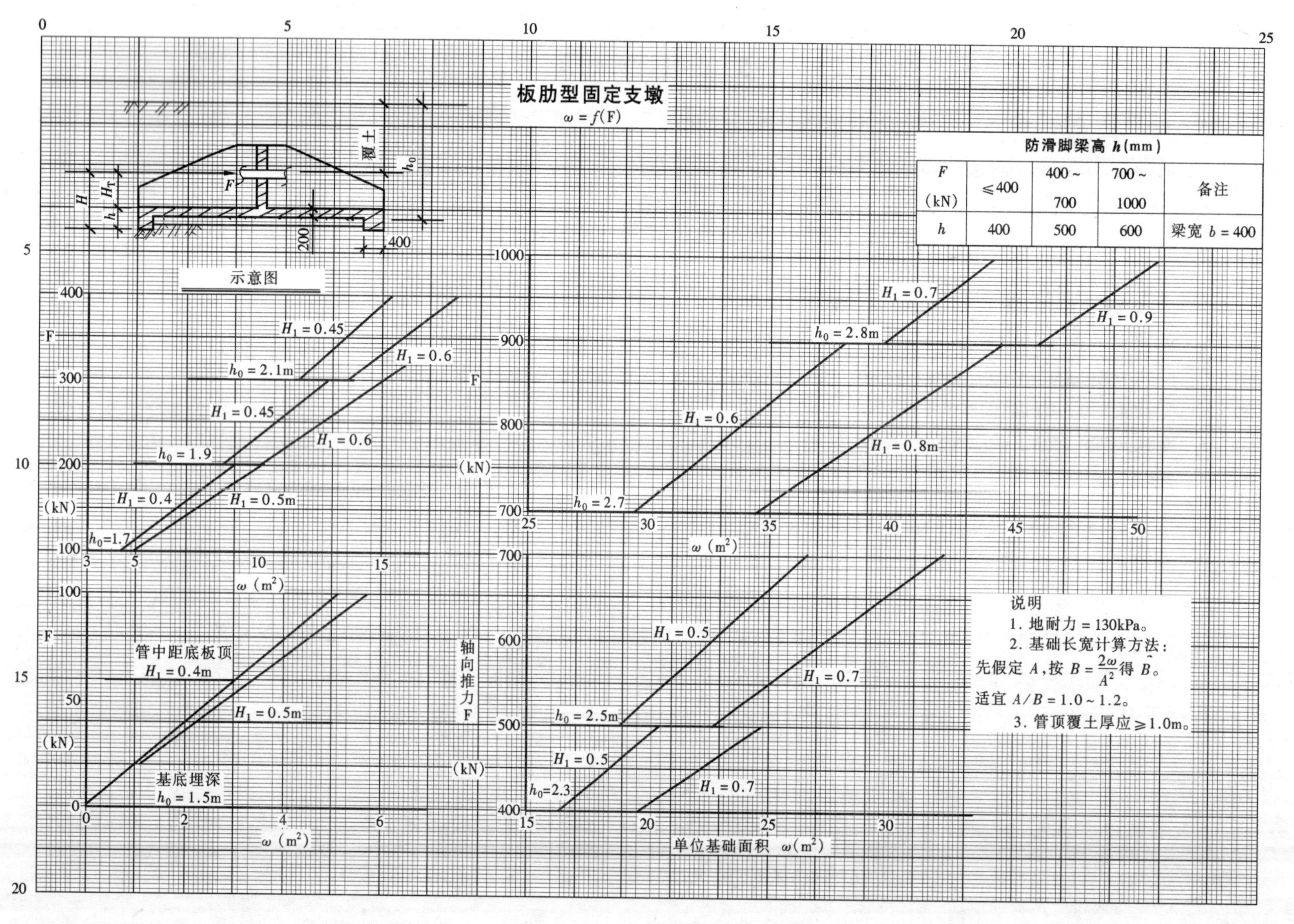
板肋型固定支墩
ω = f(F)
防滑脚梁高 h(mm)
F (kN) | ≤400 | 400~700 | 700~1000 | 备注
h | 400 | 500 | 600 | 梁宽 b = 400
覆土
h0
H
H1
h
F
200
400
示意图
H1 = 0.45
h0 = 2.1m
H1 = 0.6
H1 = 0.45
H1 = 0.6
h0 = 1.9
H1 = 0.4
H1 = 0.5m
h0=1.7
ω (m²)
H1 = 0.7
h0 = 2.8m
H1 = 0.9
H1 = 0.6
H1 = 0.8m
h0 = 2.7
ω (m²)
管中距底板顶
H1 = 0.4m
H1 = 0.5m
基底埋深
h0 = 1.5m
ω (m²)
轴向推力 F
(kN)
H1 = 0.5
H1 = 0.7
h0 = 2.5m
H1 = 0.5
h0=2.3
H1 = 0.7
单位基础面积 ω(m²)
说明
1. 地耐力 = 130kPa。
2. 基础长宽计算方法：先假定 A，按 B = 2ω/A² 得 B。适宜 A/B = 1.0 ~ 1.2。
3. 管顶覆土厚应≥1.0m。

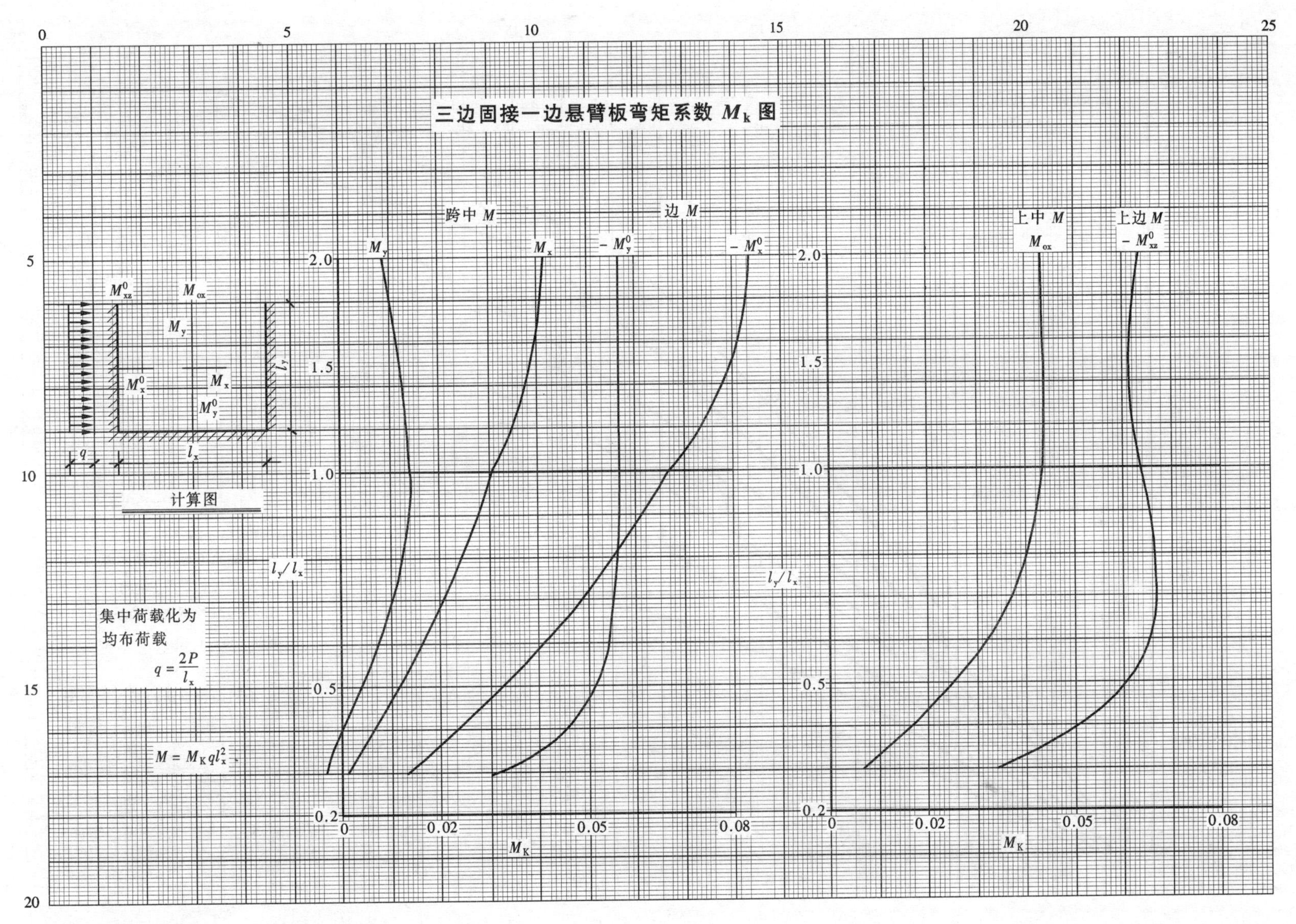
三边固接一边悬臂板弯矩系数 M_k 图
跨中 M
边 M
M_y
M_x
$-M_y^0$
$-M_x^0$
上中 M
M_{ox}
上边 M
$-M_{xz}^0$
M_{xz}^0
M_{ox}
M_y
M_x^0
M_x
M_y^0
l_y
q
l_x
计算图
l_y/l_x
集中荷载化为
均布荷载
$q=\frac{2P}{l_x}$
$M=M_K q l_x^2$
M_K
2.0
1.5
1.0
0.5
0.2
0
0.02
0.05
0.08

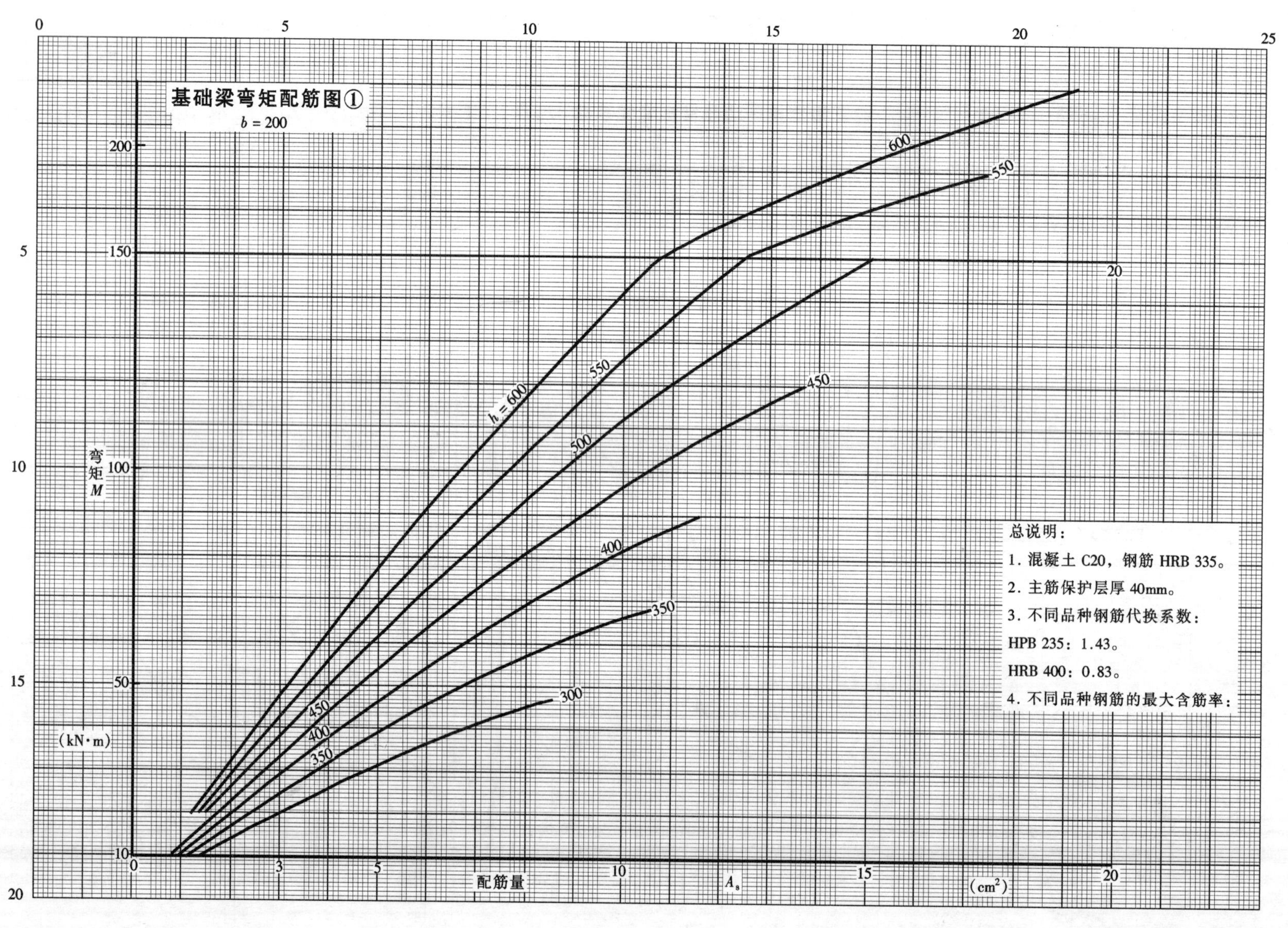

基础梁弯矩配筋图①
b = 200
弯矩 M
(kN·m)
配筋量
A_s
(cm²)
h = 600
550
500
450
400
350
300
总说明：
1. 混凝土 C20，钢筋 HRB 335。
2. 主筋保护层厚 40mm。
3. 不同品种钢筋代换系数：
HPB 235：1.43。
HRB 400：0.83。
4. 不同品种钢筋的最大含筋率：

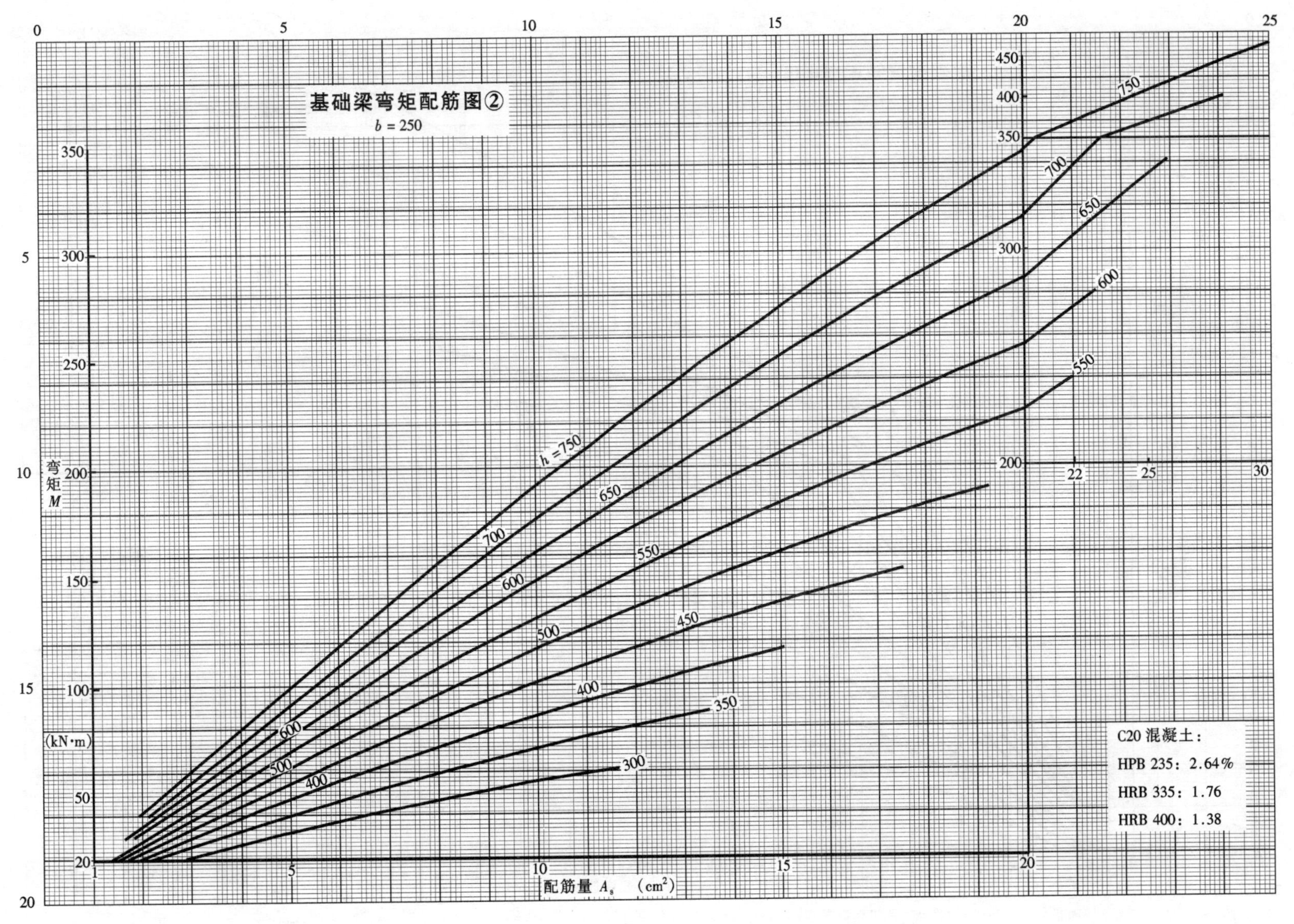

基础梁弯矩配筋图②
b = 250
弯矩 M (kN·m)
配筋量 A_s (cm²)
h = 750
700
650
600
550
500
450
400
350
300
C20 混凝土：
HPB 235：2.64%
HRB 335：1.76
HRB 400：1.38

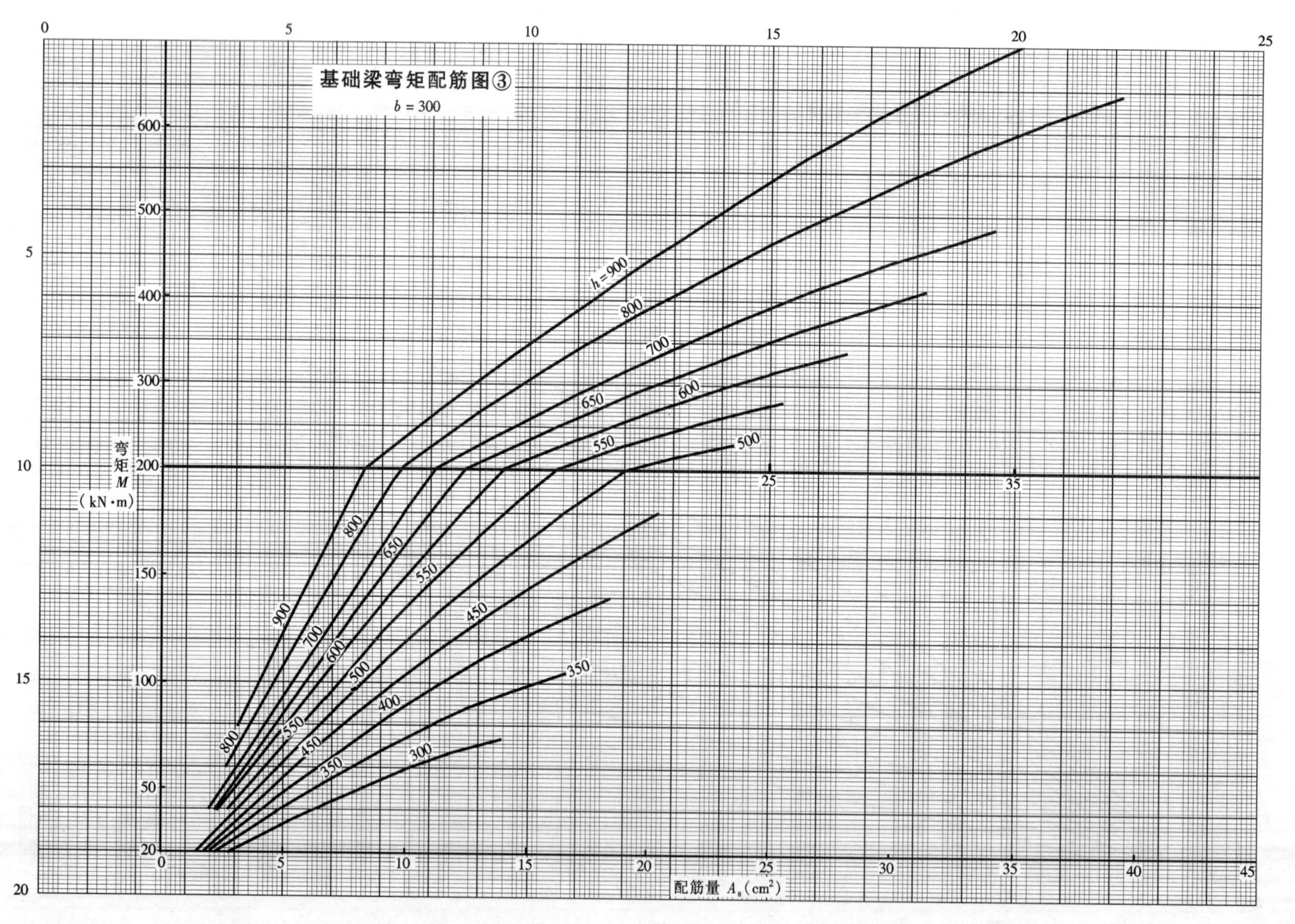
基础梁弯矩配筋图③
$b=300$
弯矩 M (kN·m)
配筋量 A_s (cm²)
h=900
800
700
650
600
550
500
450
400
350
300

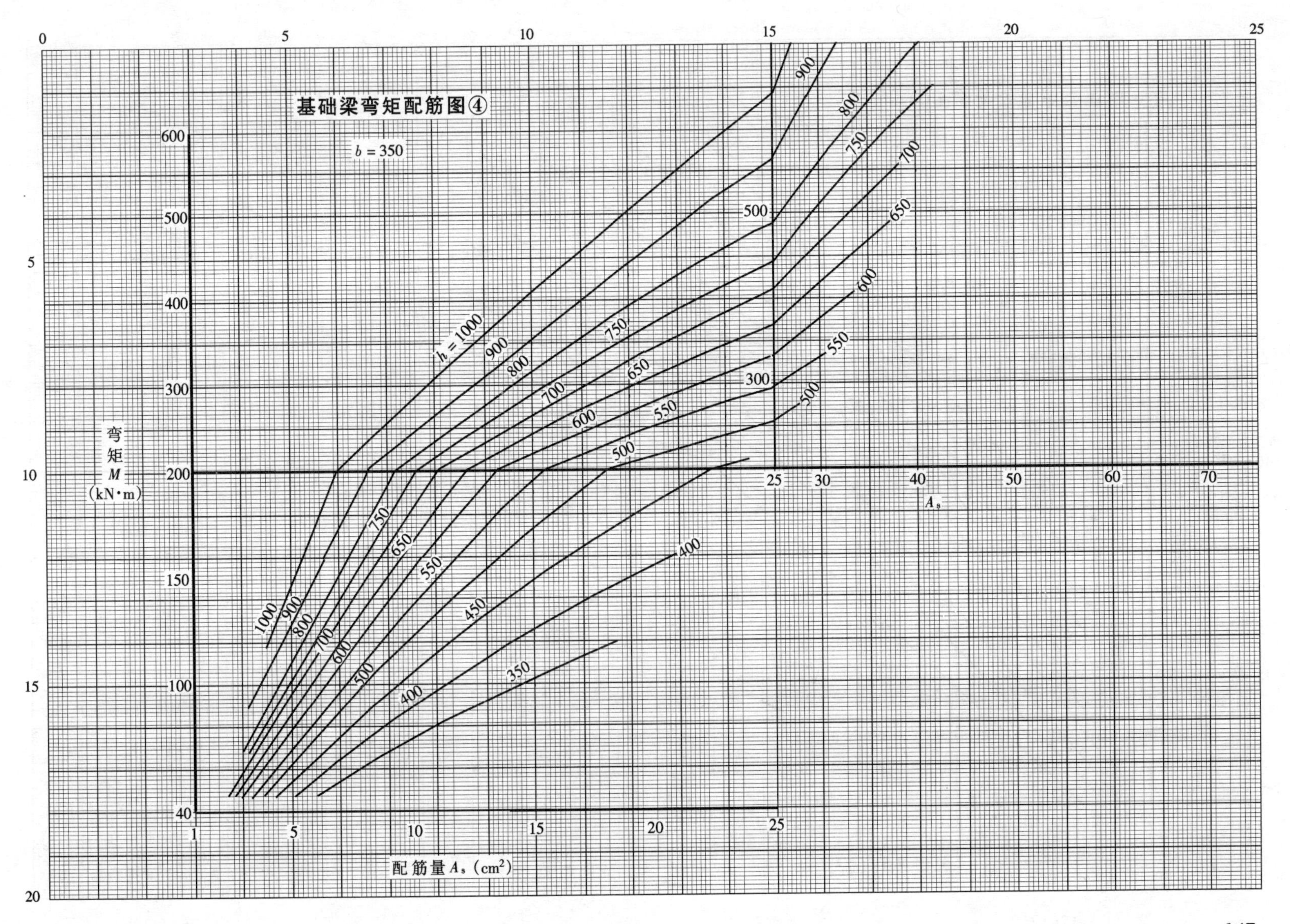
基础梁弯矩配筋图④
b = 350
弯矩 M（kN·m）
配筋量 A_s（cm^2）
A_s
h = 1000
900
800
750
700
650
600
550
500
450
400
350
300
0
5
10
15
20
25
40
100
150
200
300
400
500
600
30
50
60
70
1

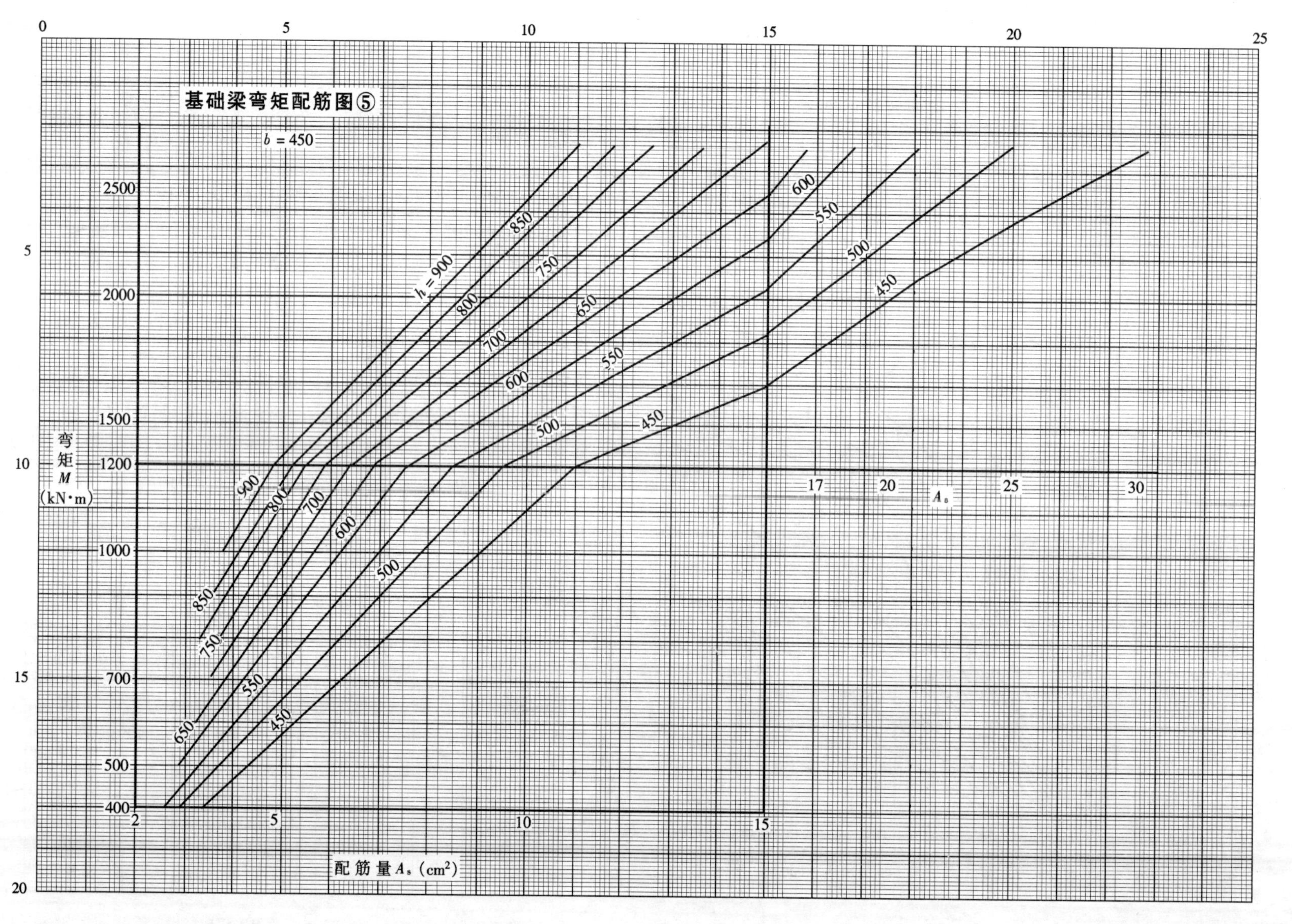
基础梁弯矩配筋图⑤
b = 450
h = 900
850
800
750
700
650
600
550
500
450
2500
2000
1500
1200
1000
700
500
400
弯
矩
M
(kN·m)
配筋量 A_s (cm²)
A_s
0
5
10
15
20
25
17
30
2

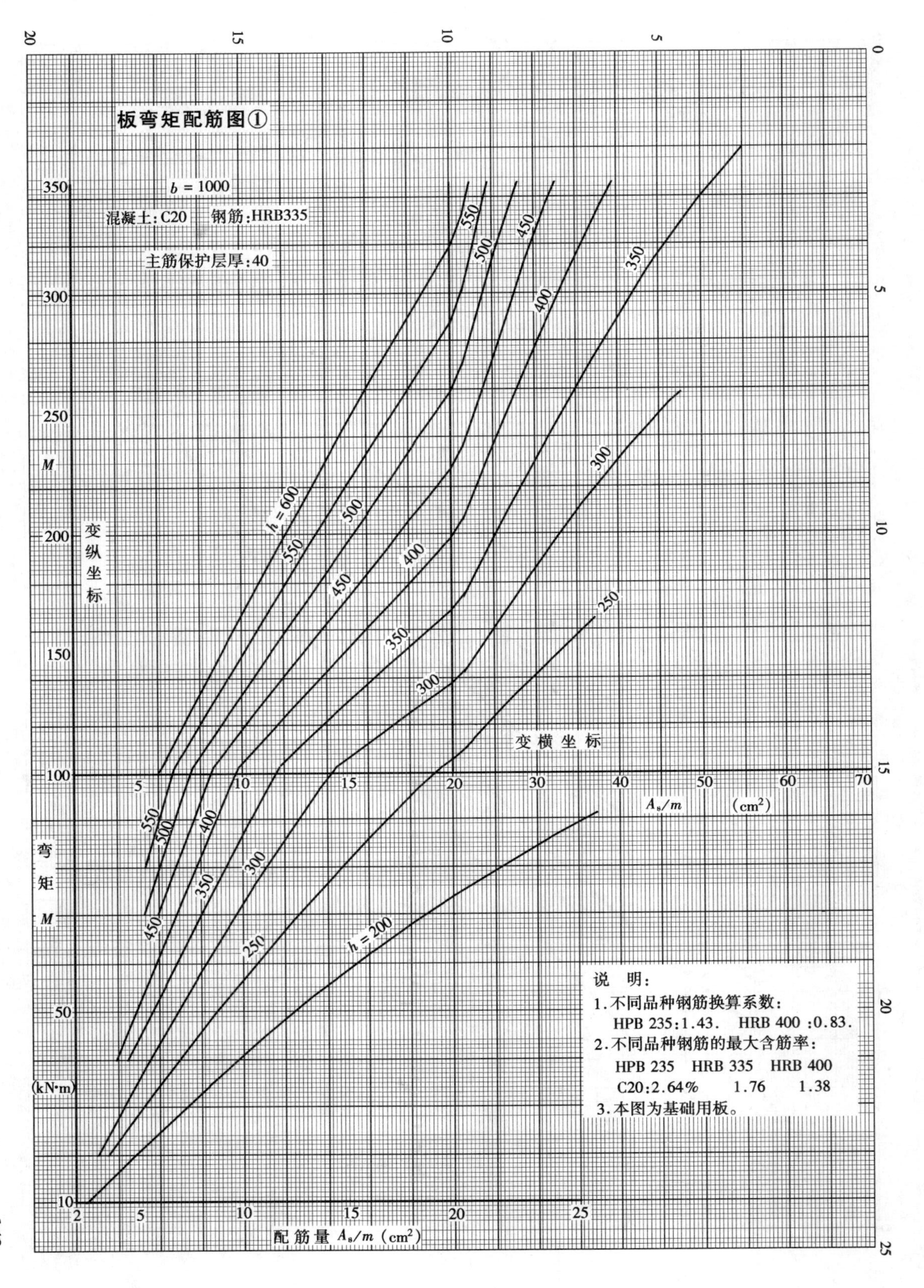
板弯矩配筋图①
b = 1000
混凝土:C20　钢筋:HRB335
主筋保护层厚:40
变纵坐标
弯矩 M
(kN·m)
变横坐标
A_s/m (cm²)
配筋量 A_s/m (cm²)
h = 600
h = 200
说　明:
1. 不同品种钢筋换算系数:
HPB 235:1.43.　HRB 400 :0.83.
2. 不同品种钢筋的最大含筋率:
HPB 235　HRB 335　HRB 400
C20:2.64%　1.76　1.38
3. 本图为基础用板。

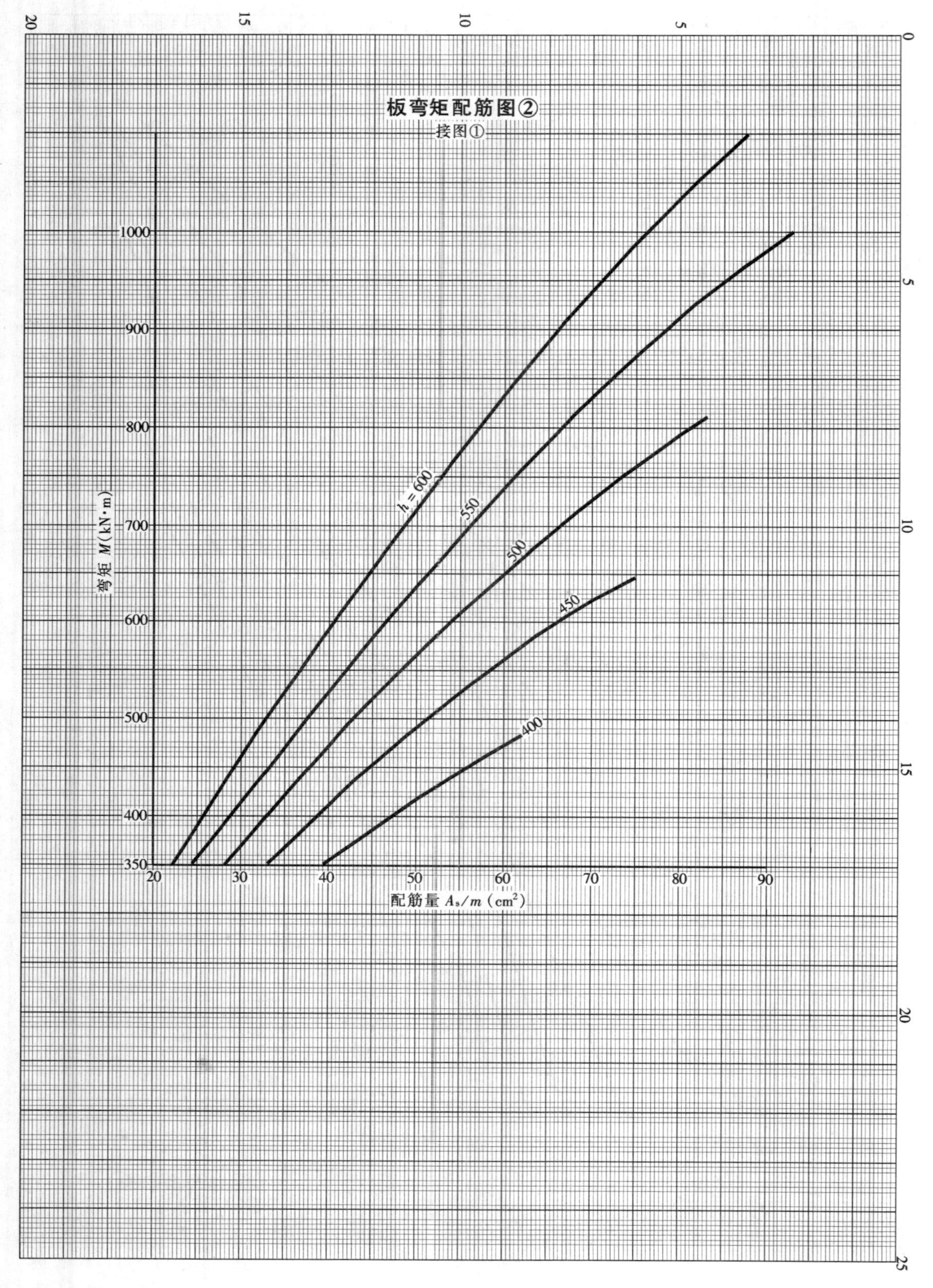

板弯矩配筋图②
接图①
弯矩 M(kN·m)
配筋量 A_s/m（cm^2）
h = 600
550
500
450
400
1000
900
800
700
600
500
400
350
20
30
40
50
60
70
80
90

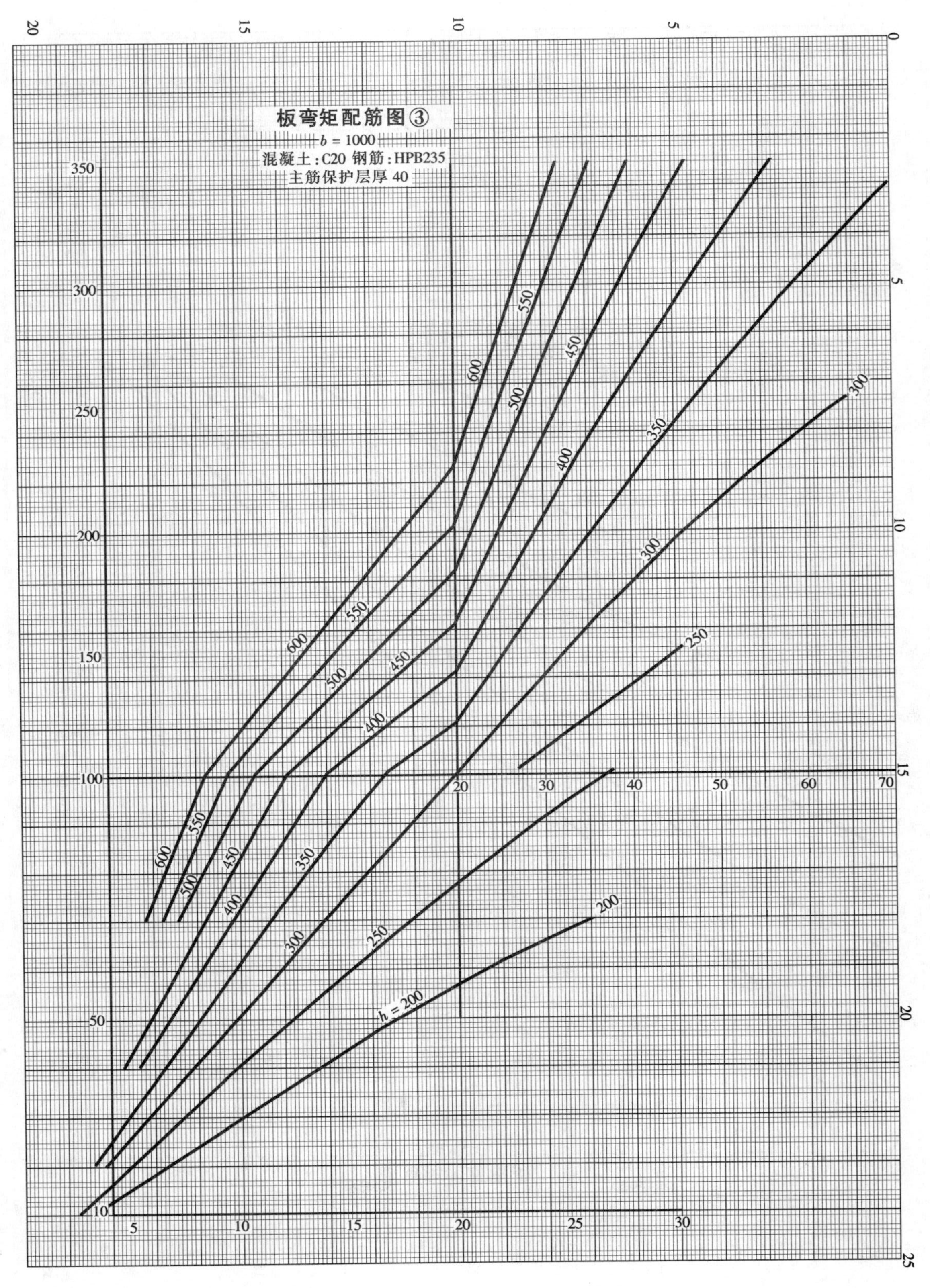
板弯矩配筋图③
b = 1000
混凝土:C20 钢筋:HPB235
主筋保护层厚 40
h = 200

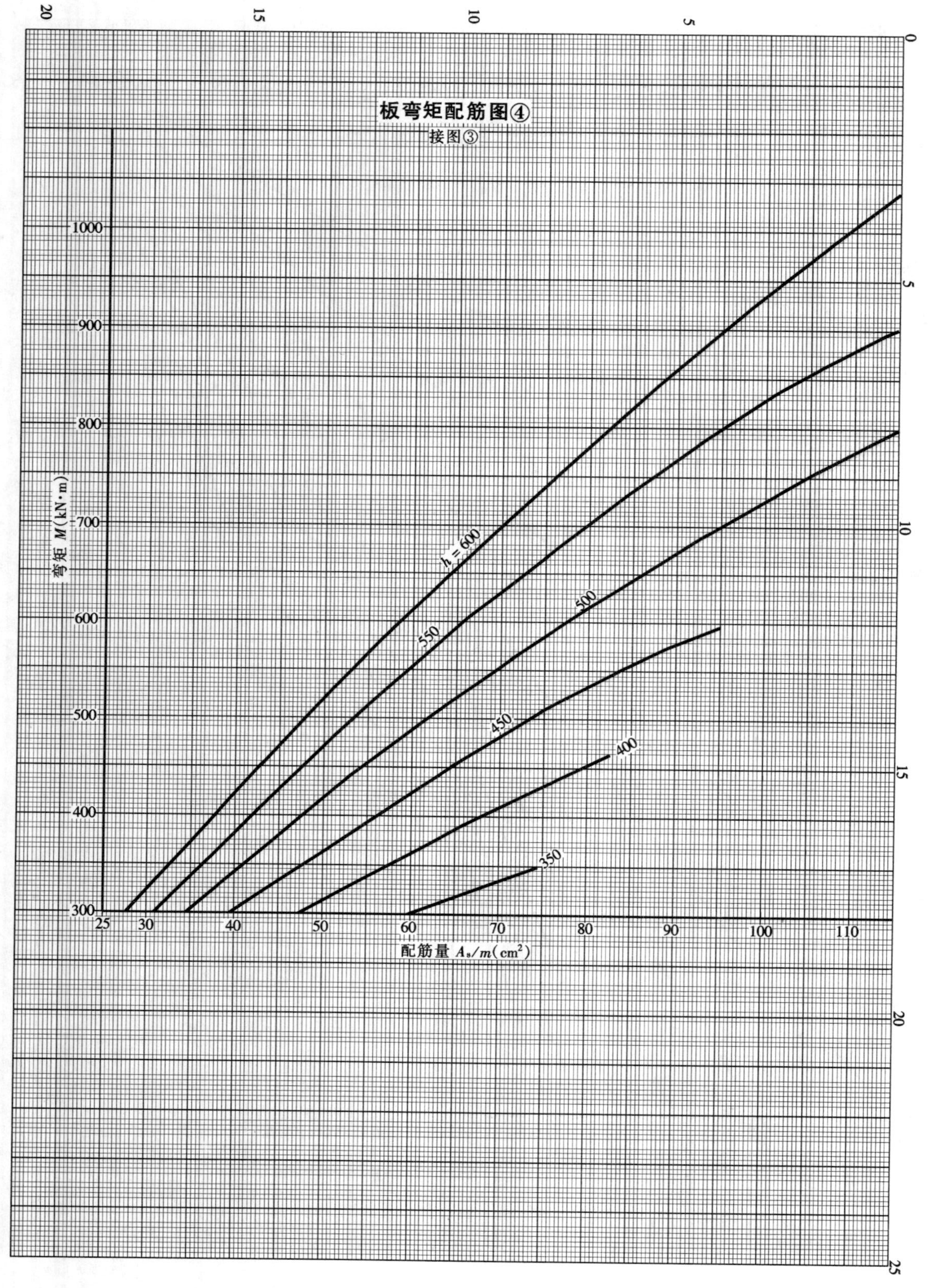

板弯矩配筋图④
接图③
弯矩 M(kN·m)
1000
900
800
700
600
500
400
300
h=600
550
500
450
400
350
25
30
40
50
60
70
80
90
100
110
配筋量 A_s/m(cm²)

6. 桁基配筋表

桁基配筋表

1. 纵梁配筋表

梁截面 b×h (mm)	基础边长(m)		桁架长度 l(mm)			
	A	B	1500	2000	2500	3000
① 300×450	3.3	3.0	上筋 ①4Φ14 ②5Φ14 ③4Φ16	下筋 ①4Φ20 ②3Φ20+1Φ18 ③3Φ20+1Φ16		
	3.6	3.3				
	3.9	3.5				
② 300×550	4.2	3.8	上筋 ①4Φ20 ②5Φ18 ③4Φ22		①	
	4.5	4.1		下筋 ①6Φ22 ②5Φ22+1Φ16 ③5Φ22+1Φ14		
	4.8	4.3				
③ 350×700	5.1	4.6	上筋 ①4Φ22+1Φ18 ②5Φ22 ③5Φ22+1Φ14		②	
	5.4	4.9		下筋 ①6Φ25+1Φ20 ②6Φ25+1Φ14 ③6Φ25		
	5.7	5.1				
④ 450×800	6.0	5.4	上筋 ①4Φ25+1Φ20 ②5Φ25 ③5Φ25+1Φ14		③	
	6.3	5.7		下筋 ①8Φ25 ②7Φ25 ③7Φ25		
⑤ 450×1000	6.6	5.9	上筋 ①5Φ25 ②5Φ25+1Φ14 ③5Φ25+1Φ18		④	
	6.9	6.2		下筋 ①8Φ25+1Φ16 ②8Φ25 ③7Φ25+1Φ18		
					⑤	

2. 桁基:横梁配筋表

梁截面 b×h (mm)	基础宽 B (mm)	桁架长度 b(mm)					
		1500	2000	2500	3000	3500	4000
① 300×450	2800	上筋 3Φ14	下筋 3Φ16				
	3200						
② 300×550	3600						
	4000				①		
③ 300×650	4400	上筋 3Φ18		上筋 3Φ16			
	4800		下筋 3Φ22+1Φ14 3Φ22 3Φ20+1Φ14		下筋 3Φ18		
④ 300×750	5200					②	
	5600						
⑤ 400×850	6000	上筋 3Φ25 4Φ20 4Φ25+1Φ18		上筋 3Φ20+1Φ14 3Φ22 3Φ22+1Φ14			
	6400		下筋 6Φ25 5Φ25+1Φ22 5Φ25+1Φ16		下筋 4Φ25 3Φ25+1Φ22 3Φ25+1Φ18		
				⑤		④	③

3. 桁基:脚梁配筋表

梁截面 $b\times h$ (mm)	基础宽 B (mm)	桁架宽 b (mm) 1500	2000	2500	3000	3500	4000
① 400×400	2800	上筋	下筋				
	3200	3Φ16	3Φ18				
② 400×400	3600						
	4000				①		
③ 400×450	4400	上筋		上筋			
	4800	4Φ18	下筋	3Φ18	下筋		
④ 400×500	5200		4Φ22		3Φ20	②	
	5600						
⑤ 400×600	6000	上筋 4Φ20+1Φ14		上筋 4Φ18			
	6400	4Φ20+1Φ16 4Φ20+1Φ18	下筋 6Φ25+1Φ14	4Φ20 4Φ22	下筋 5Φ25		③
	6700		6Φ25 5Φ25+1Φ22	⑤	4Φ25+1Φ22 4Φ25+1Φ20	④	

注:1. 脚梁主筋保护层30。 2. 脚梁为地模浇筑。

4. 桁基:底板配筋表

板厚 δ (mm)	基础宽 B (mm)	桁架长度 b (mm) 1500	2000	2500	3000	3500	4000
① 200	2800	上筋Φ12 ①@220	下筋Φ12 ①@130				
	3200	②@210 ③@200	②@140 ③@150				
② 250	3600						
	4000				①		
③ 300	4400	上筋Φ14 ①@150		上筋Φ14 ①@220			
	4800	②@140 ③@130	下筋Φ18 ①@140	②@120 ③@130	下筋Φ14 ①@110		
④ 350	5200		②@150 ③@160		②@120 ③@130	②	
	5600						
⑤ 400	6000	上筋Φ18 ①@160		上筋Φ16 ①@160			
	6400	②@150 ③@140	下筋Φ20 ①@100	②@150 ③@140	下筋Φ20 ①@130		③
			②@110 ③@120	⑤	②@140 ③@150	④	

注:1. 底板主筋垂直于纵梁,保护层厚40。 2. 上、下层分布钢筋为ϕ8@200。

总说明

1. 基础混凝土为C20,钢筋:主筋Φ为HRB335,箍筋ϕ为HPB235,梁的主筋保护层厚度为40,底板钢筋保护层厚度为40。

   箍筋间距:当梁高$h<550$mm时,ϕ6@200。

   当梁高$h\geqslant550$mm时,ϕ8@200。

   基础诸梁均不设纵向构造钢筋。

2. 基础适宜长宽比为1.0~1.2,本桁架基础$B=0.9A$。

3. 表中基底埋深值为:①$h_0=2300$mm,②$h_0=2500$mm,③$h_0=2700$mm,设计之h_0值要与上述规定相符,否则基础配筋要重新计算。

4. 混凝土垫层为C10,厚度为100mm,四边伸出底板外缘50mm。

二、通　用　图

RJT—01　支架通用图（一）柱架 Z_1、Z_2
RJT—02　支架通用图（一）柱架 Z_3
RJT—03　支架通用图（二）门架模板图
RJT—04　支架通用图（二）门架配筋、预埋件图
RJT—05　支架通用图（三）桁架模板图
RJT—06　支架通用图（三）桁架配筋图
RJT—07　基础通用图（一）杯基 J_1、J_2
RJT—08　基础通用图（一）杯基 J_3
RJT—09　基础通用图（二）筏基图（一）
RJT—10　基础通用图（二）筏基图（二）
RJT—11　钢支架详图
RJT—12　钢支架选用表及说明
RJT—13　钢支架构件图及材料表
RJT—14　双层桁架设计图（一）基础平面、剖面图
RJT—15　双层桁架设计图（二）基础配筋图
RJT—16　双层桁架设计图（三）桁架图
RJT—17　双层桁架设计图（四）桁架配筋图及材料表

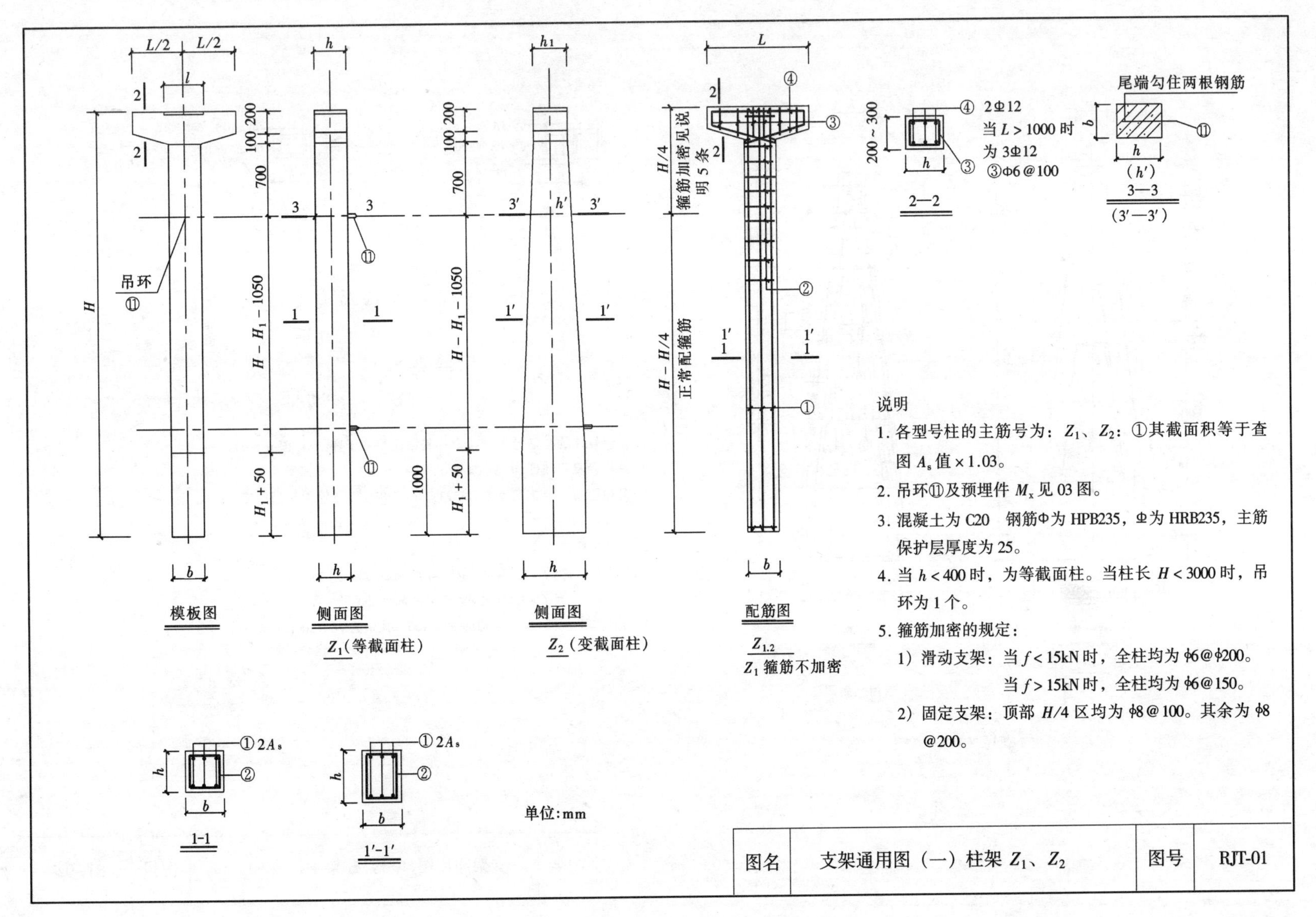

模板图
侧面图
Z_1（等截面柱）
侧面图
Z_2（变截面柱）
配筋图
$Z_{1.2}$
Z_1 箍筋不加密
吊环 ⑪
箍筋加密见说明 5 条
正常配箍筋
④ 2Φ12
当 $L > 1000$ 时为 3Φ12
③Φ6@100
2—2
尾端勾住两根钢筋
3—3
(3′—3′)
① 2A_s
1-1
1′-1′
单位:mm
说明
1. 各型号柱的主筋号为：Z_1、Z_2：①其截面积等于查图 A_s 值 × 1.03。
2. 吊环⑪及预埋件 M_x 见 03 图。
3. 混凝土为 C20 钢筋Φ为 HPB235，Φ为 HRB235，主筋保护层厚度为 25。
4. 当 $h < 400$ 时，为等截面柱。当柱长 $H < 3000$ 时，吊环为 1 个。
5. 箍筋加密的规定：
1）滑动支架：当 $f < 15$kN 时，全柱均为 ϕ6@ϕ200。
当 $f > 15$kN 时，全柱均为 ϕ6@150。
2）固定支架：顶部 $H/4$ 区均为 ϕ8@100。其余为 ϕ8@200。
图名
支架通用图（一）柱架 Z_1、Z_2
图号
RJT-01

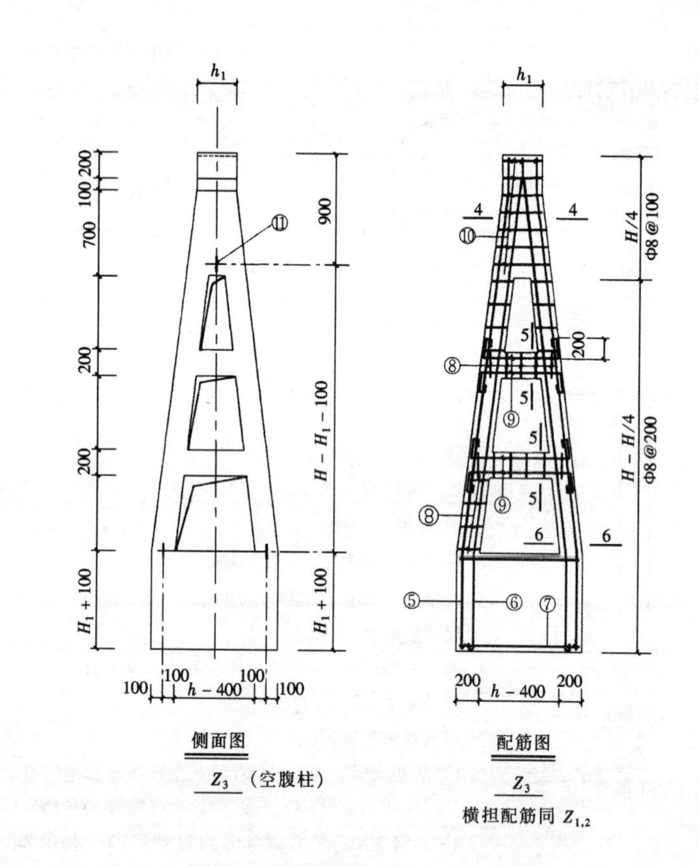

Z_3 （空腹柱）

Z_3

横担配筋同 $Z_{1,2}$

单位：mm

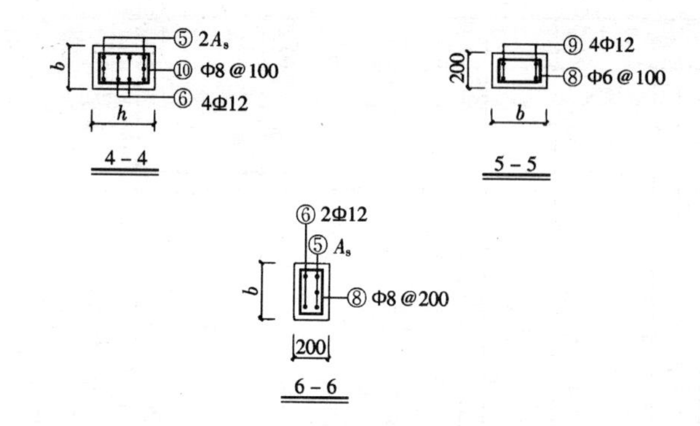

说明

1. 本型号柱的主筋号为：Z_3：⑤—其截面积等于查图 A_s 值 × 1.03。
2. 吊环⑪及预埋件 M_x 见 04 图。
3. 混凝土为 C20 钢筋 Φ 为 HPB235，Φ 为 HRB335，主筋保护层厚度为 25。
4. 当 $h<400$ 时，为等截面柱。当柱长 $H<3000$ 时，吊环为 1 个。
5. 箍筋加密的规定：

1）滑动支架：当 $f<15$kN 时，全柱均为 $\phi6@200$。

当 $f>15$kN 时，全柱均为 $\phi6@150$。

2）固定支架：顶部 $H/4$ 区均为 $\phi8@100$。其余为 $\phi8@200$。

图名	支架通用图（一）柱架 Z_3	图号	RJT-02

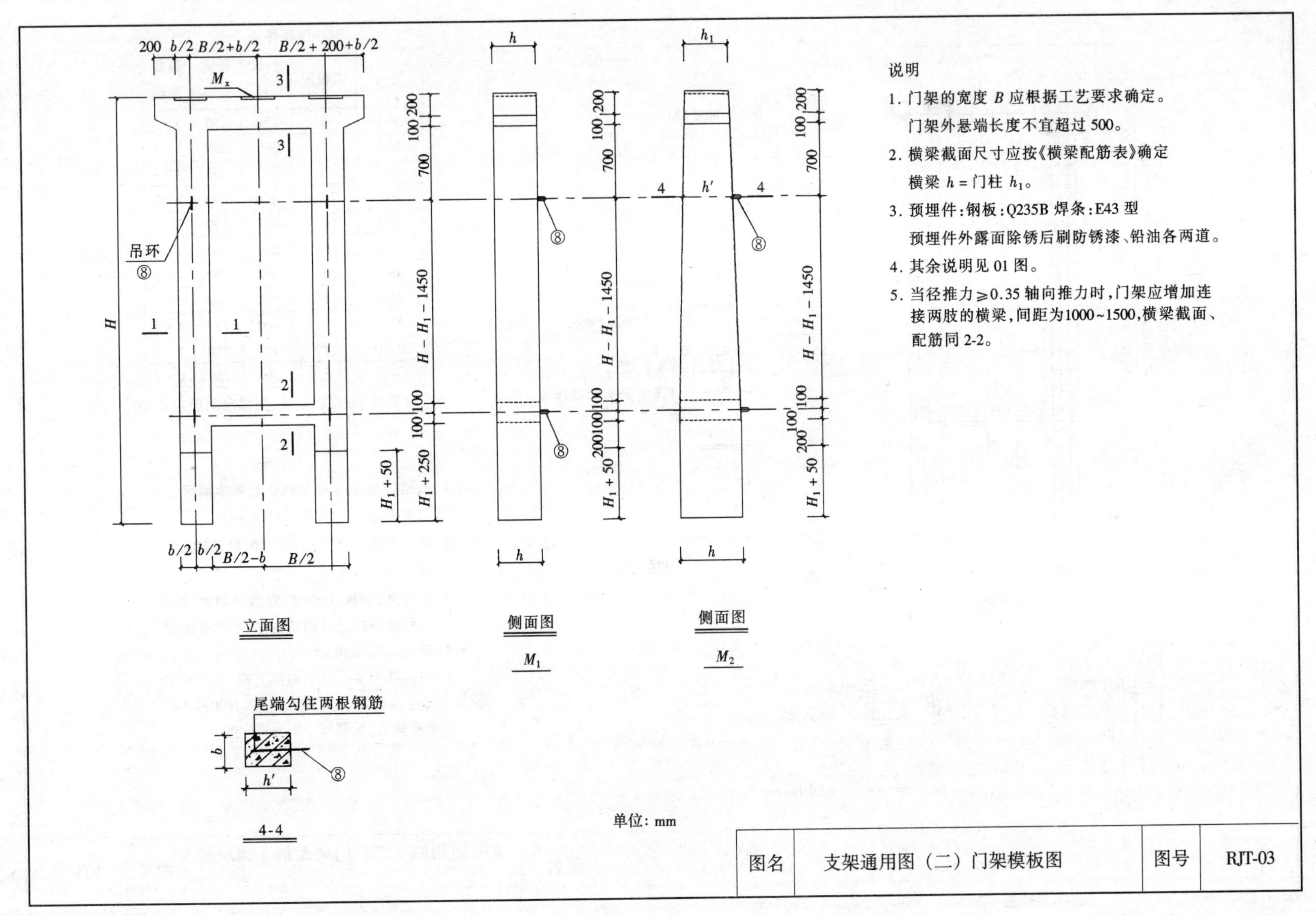
200 b/2 B/2+b/2 B/2+200+b/2
M_x
吊环
⑧
H
b/2 b/2 B/2−b B/2
$H-H_1-1450$
H_1+50
H_1+250
h
h_1
h′
立面图
侧面图
M_1
侧面图
M_2
尾端勾住两根钢筋
4-4
说明
1. 门架的宽度 B 应根据工艺要求确定。门架外悬端长度不宜超过 500。
2. 横梁截面尺寸应按《横梁配筋表》确定
横梁 h = 门柱 h_1。
3. 预埋件:钢板:Q235B 焊条:E43 型
预埋件外露面除锈后刷防锈漆、铅油各两道。
4. 其余说明见 01 图。
5. 当径推力≥0.35 轴向推力时,门架应增加连接两肢的横梁,间距为1000~1500,横梁截面、配筋同 2-2。
单位: mm
图名 支架通用图(二)门架模板图
图号 RJT-03

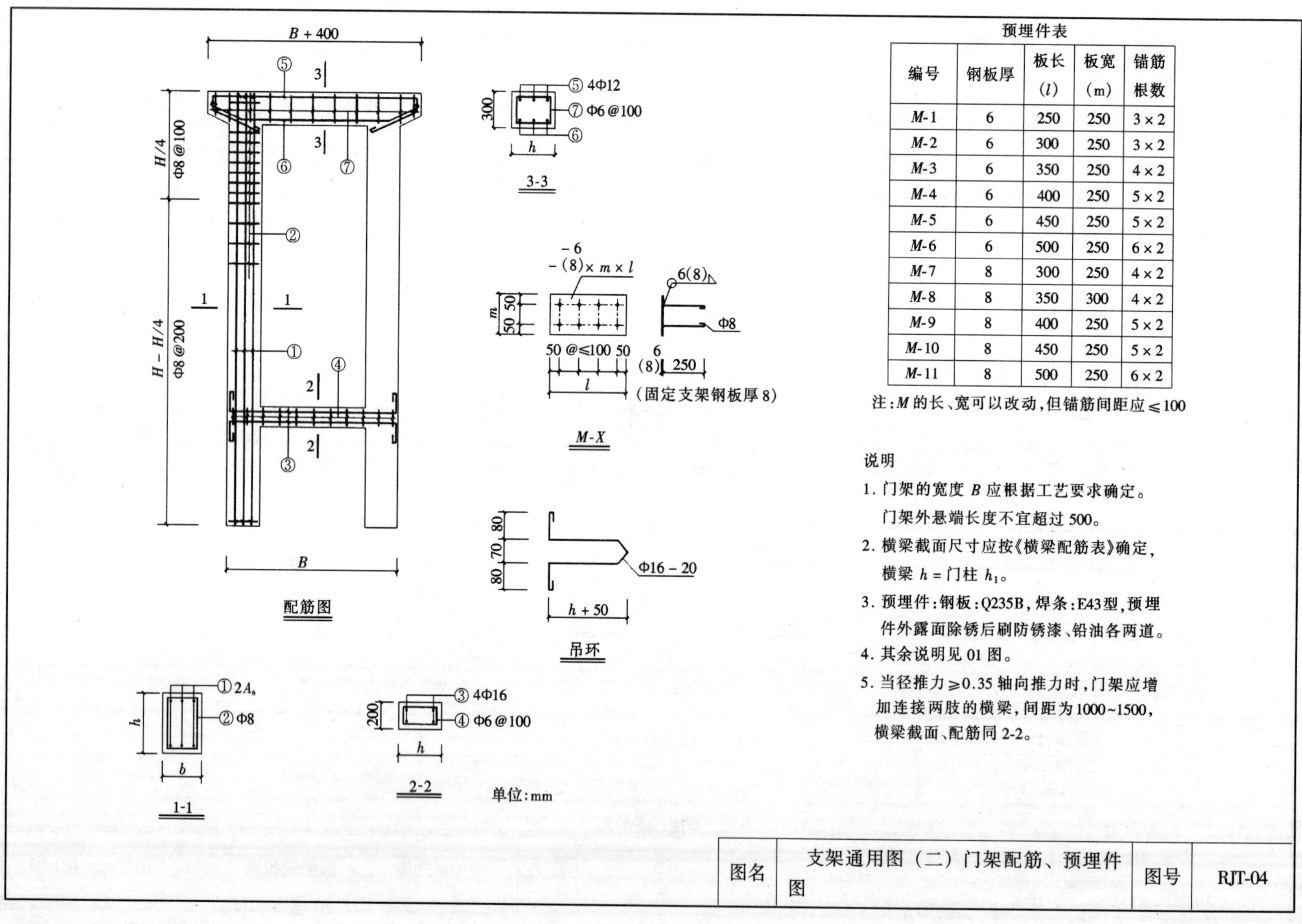

预埋件表

编号	钢板厚	板长 (l)	板宽 (m)	锚筋根数
M-1	6	250	250	3×2
M-2	6	300	250	3×2
M-3	6	350	250	4×2
M-4	6	400	250	5×2
M-5	6	450	250	5×2
M-6	6	500	250	6×2
M-7	8	300	250	4×2
M-8	8	350	300	4×2
M-9	8	400	250	5×2
M-10	8	450	250	5×2
M-11	8	500	250	6×2

注:*M* 的长、宽可以改动,但锚筋间距应 ≤100

说明

1. 门架的宽度 *B* 应根据工艺要求确定。门架外悬端长度不宜超过 500。
2. 横梁截面尺寸应按《横梁配筋表》确定,横梁 h = 门柱 h_1。
3. 预埋件:钢板:Q235B,焊条:E43型,预埋件外露面除锈后刷防锈漆、铅油各两道。
4. 其余说明见 01 图。
5. 当径推力 ≥0.35 轴向推力时,门架应增加连接两肢的横梁,间距为 1000~1500,横梁截面、配筋同 2-2。

图名	支架通用图(二)门架配筋、预埋件图	图号	RJT-04

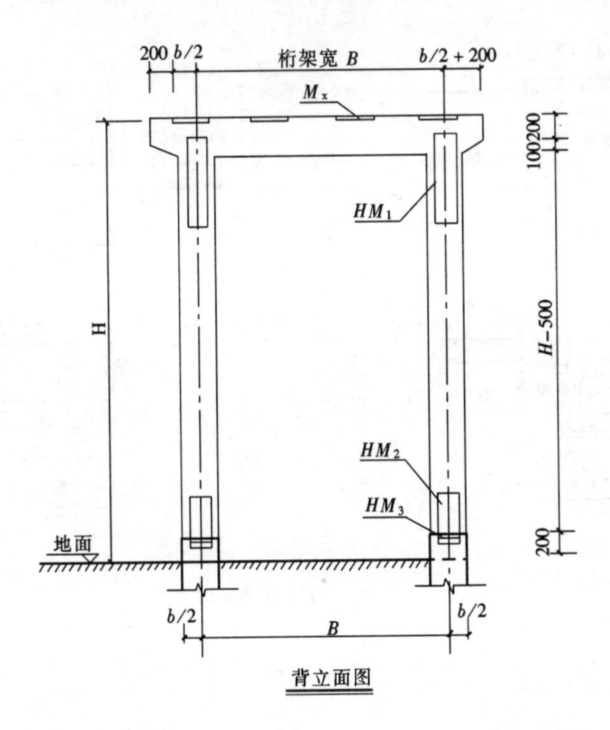

背立面图

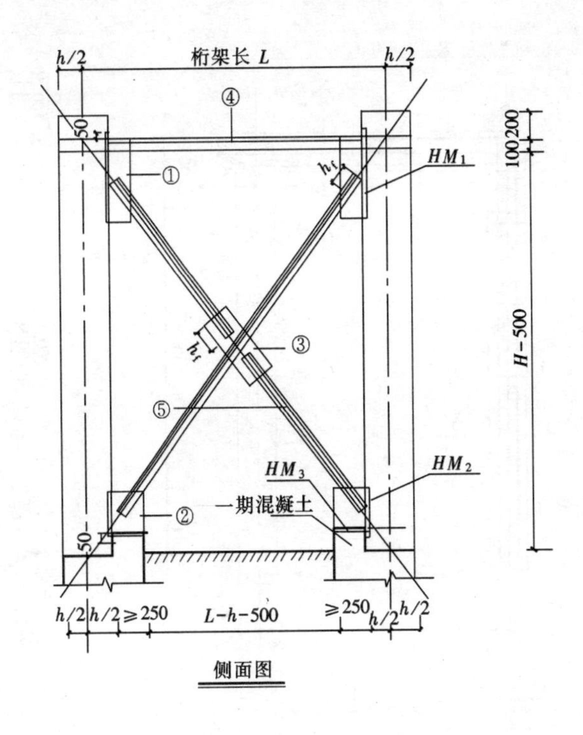

侧面图

说明

1. 门架：它是二期浇筑的混凝土，或预制构件(两肢下端应增构造连接梁)。

   混凝土为 C20，钢筋 ϕ 为 HPB235，Φ为HRB335，主筋保护层厚度为 25，主筋为：①③④按查图值 × 1.03。

2. 预埋件及剪刀撑：

   1)钢板：Q235B、焊条：E43 型、焊缝：满焊、h_f：焊缝长度。

   2)④为顶梁、⑤为剪刀撑，其角钢规格、长度按计算值。

   3)①②③为连接钢板，其厚度均为 8mm。连接钢板的大小是由 h_f 决定的。

   除图中注明的尺寸外，其余 X_n 值均按计算确定。

   4)预埋件外露面除锈后刷防锈漆、铅油各两道。

   5)桁架受力过大时，可加大钢板厚度，提高焊缝厚度，减小焊缝长度。

   6)当 $H \geqslant 2500$ 时，桁架下端应增加一个构造横梁，将两肢连在一起。

图名	支架通用图（三）桁架模板图	图号	RJT-05

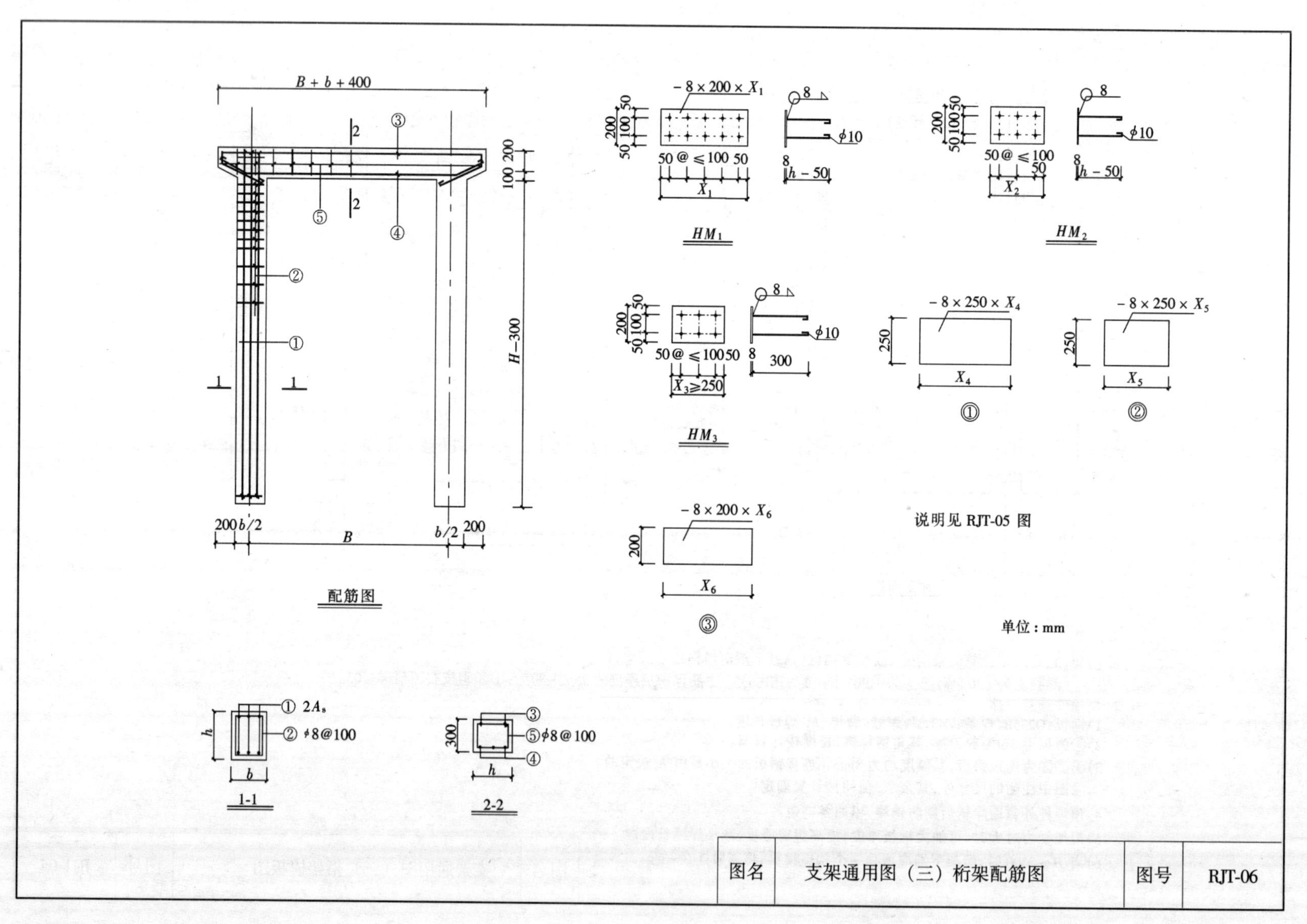
B + b + 400
H−300
200 b/2 B b/2 200
配筋图
−8 × 200 × X_1
50 @ ≤100 50
X_1
h − 50
ϕ10
HM_1
X_2
HM_2
X_3≥250
300
HM_3
−8 × 250 × X_4
X_4
①
−8 × 250 × X_5
X_5
②
−8 × 200 × X_6
X_6
③
说明见 RJT-05 图
单位：mm
① 2A_s
② ϕ8@100
1-1
③
⑤ϕ8@100
④
2-2
图名
支架通用图（三）桁架配筋图
图号
RJT-06

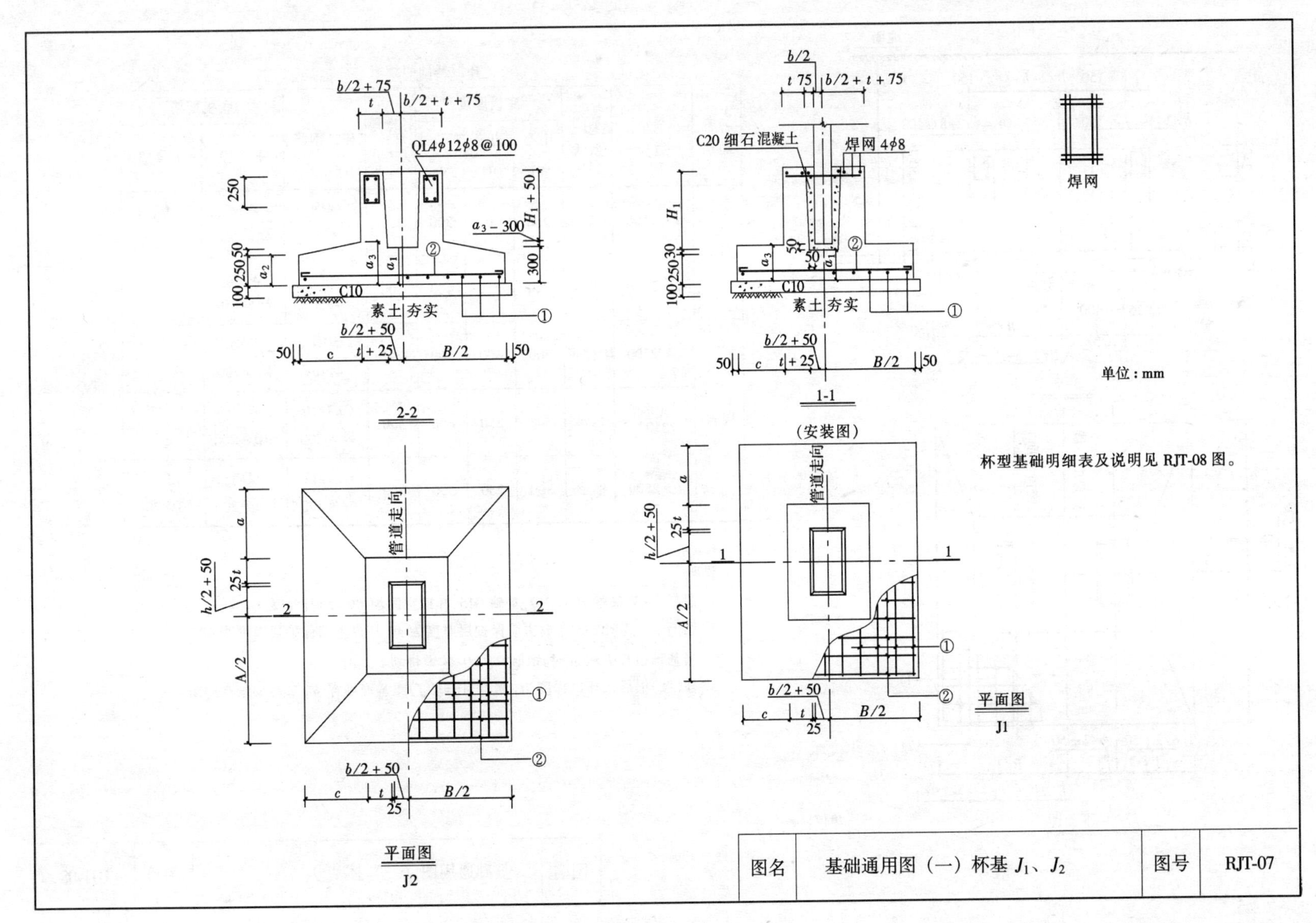
b/2 + 75
t
b/2 + t + 75
QL4φ12φ8@100
250
H1 + 50
a3 - 300
300
a3
a1
a2
100 250 50
C10
素土夯实
b/2 + 50
50
c
t + 25
B/2
2-2
b/2
t 75
b/2 + t + 75
C20 细石混凝土
焊网 4φ8
H1
50
100 250 30
1-1
(安装图)
焊网
单位：mm
杯型基础明细表及说明见 RJT-08 图。
管道走向
a
25t
h/2 + 50
A/2
2
1
①
②
25
平面图
J2
平面图
J1
图名
基础通用图（一）杯基 J1、J2
图号
RJT-07

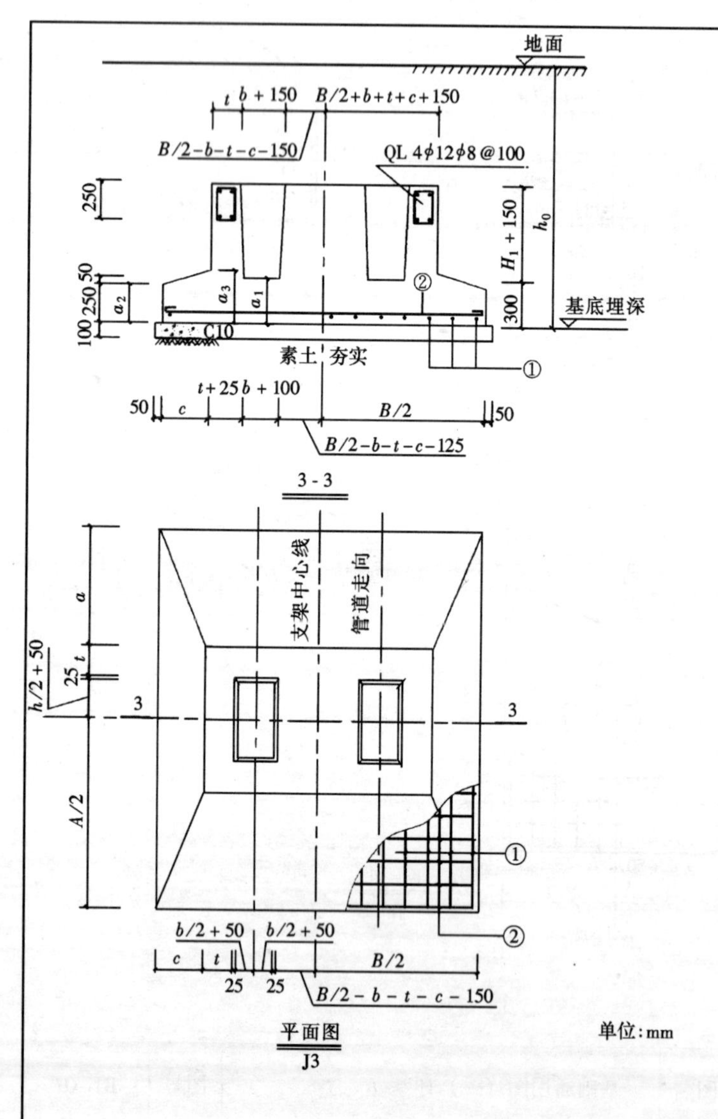

单位:mm

杯形基础明细表

支架类别	基础边长	基础型式	底板厚度			杯壁厚 t	杯口钢筋	底板配筋	
			中心 a_1	边缘 a_2	变阶处 a_3			下 层	上 层
滑动	$l<2500$	阶梯形	250	300	300	250	焊网 4ϕ8	双向 ϕ8@200	
	$l>2500$	锥形	250	250	400	300	焊网 4ϕ10	双向 ϕ8@150	
固定	$l<2500$	阶梯形	300	300	300	275	焊网 4ϕ10	双向 ϕ8@200	
	$2500<l<3500$	锥形	300	250	400	300	QL4ϕ10 ϕ8@200	双向 ϕ10@200	
	$l>2500$	锥形	300	250	500	350	QL4ϕ12 ϕ8@200	双向 ϕ12@200	双向 ϕ8@200

说明

1. 混凝土:垫层厚100,C10,基础C15,杯口空隙填C20细石混凝土。
2. 钢筋ϕ为HPB235底板主筋保护层厚度为40杯口主筋保护层厚度为30。
   当基础边长 $l>3$m时,钢筋长0.9L交错排列。
3. 柱(肢)根插入杯口深度 H_1 来自 $A_s=f(f)$ 图基底埋深 h_0 来自 $w=f(F)$ 图。

图名	基础通用图(一)杯基 J_3	图号	RJT-08

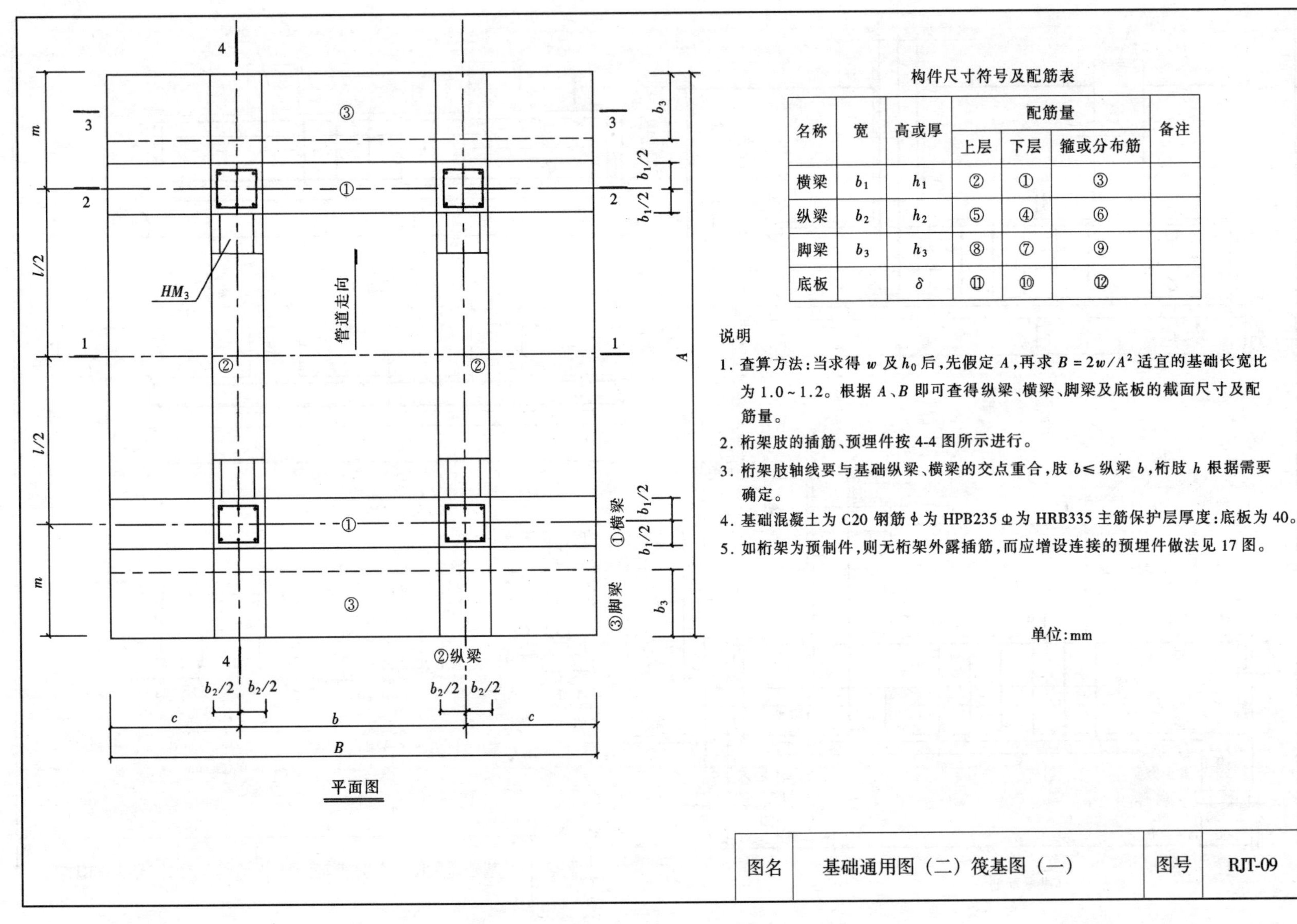

平面图

构件尺寸符号及配筋表

名称	宽	高或厚	配筋量			备注
			上层	下层	箍或分布筋	
横梁	b_1	h_1	②	①	③	
纵梁	b_2	h_2	⑤	④	⑥	
脚梁	b_3	h_3	⑧	⑦	⑨	
底板		δ	⑪	⑩	⑫	

说明

1. 查算方法：当求得 w 及 h_0 后，先假定 A，再求 $B=2w/A^2$ 适宜的基础长宽比为 1.0～1.2。根据 A、B 即可查得纵梁、横梁、脚梁及底板的截面尺寸及配筋量。
2. 桁架肢的插筋、预埋件按 4-4 图所示进行。
3. 桁架肢轴线要与基础纵梁、横梁的交点重合，肢 $b \leqslant$ 纵梁 b，桁肢 h 根据需要确定。
4. 基础混凝土为 C20 钢筋 ϕ 为 HPB235 Φ 为 HRB335 主筋保护层厚度：底板为 40。
5. 如桁架为预制件，则无桁架外露插筋，而应增设连接的预埋件做法见 17 图。

单位：mm

图名	基础通用图（二）筏基图（一）	图号	RJT-09

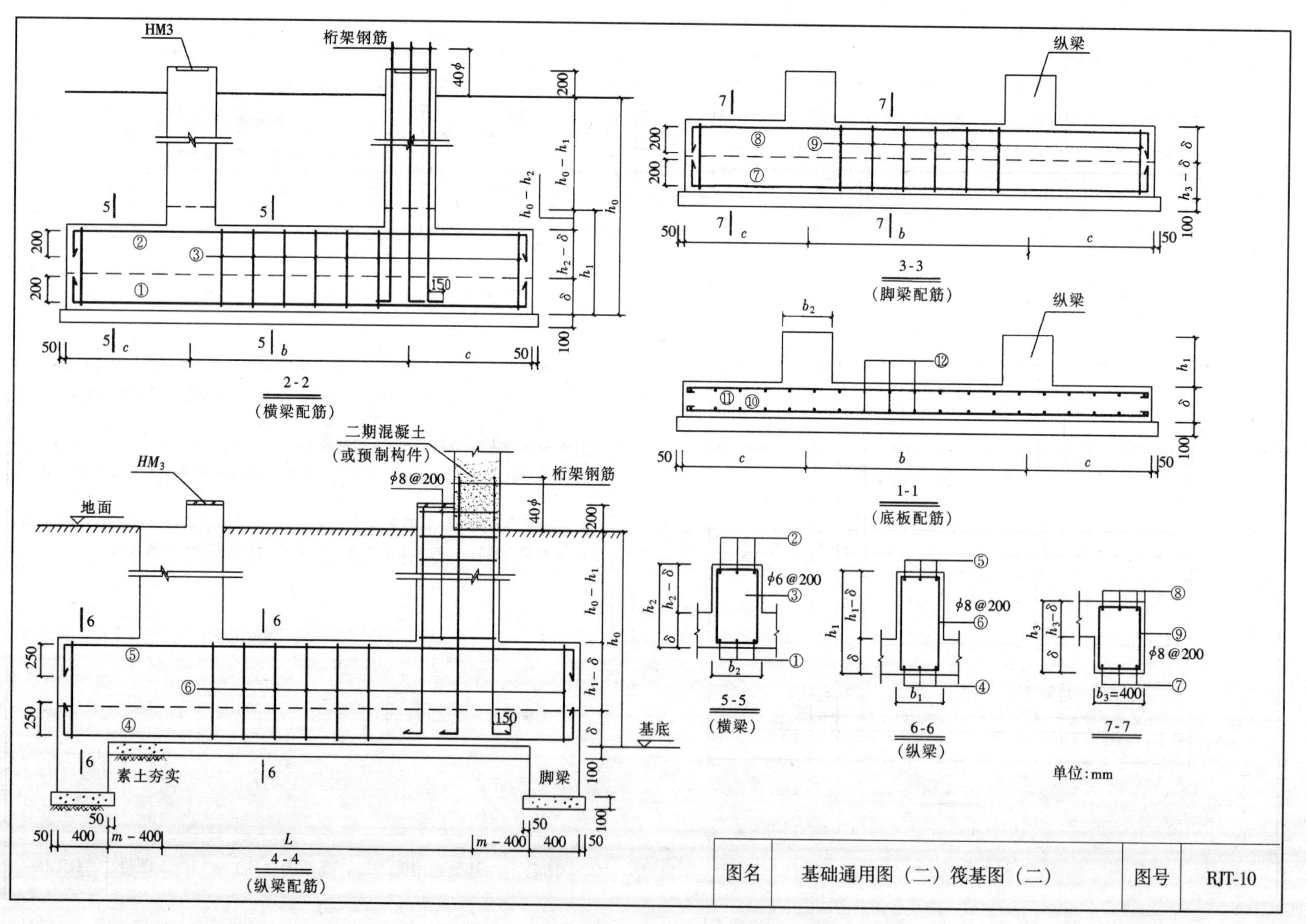

HM3
桁架钢筋
40φ
200
h_0-h_1
h_0-h_2
h_0
$h_2-\delta$
h_1
δ
100
150
5
50
c
b
2-2
（横梁配筋）
纵梁
7
$h_3-\delta$
3-3
（脚梁配筋）
b_2
1-1
（底板配筋）
二期混凝土
（或预制构件）
HM_3
φ8@200
地面
250
$h_1-\delta$
基底
6
素土夯实
脚梁
400
$m-400$
L
4-4
（纵梁配筋）
φ6@200
b_1
h_3
$b_3=400$
5-5
（横梁）
6-6
（纵梁）
7-7
单位：mm
图名
基础通用图（二）筏基图（二）
图号
RJT-10

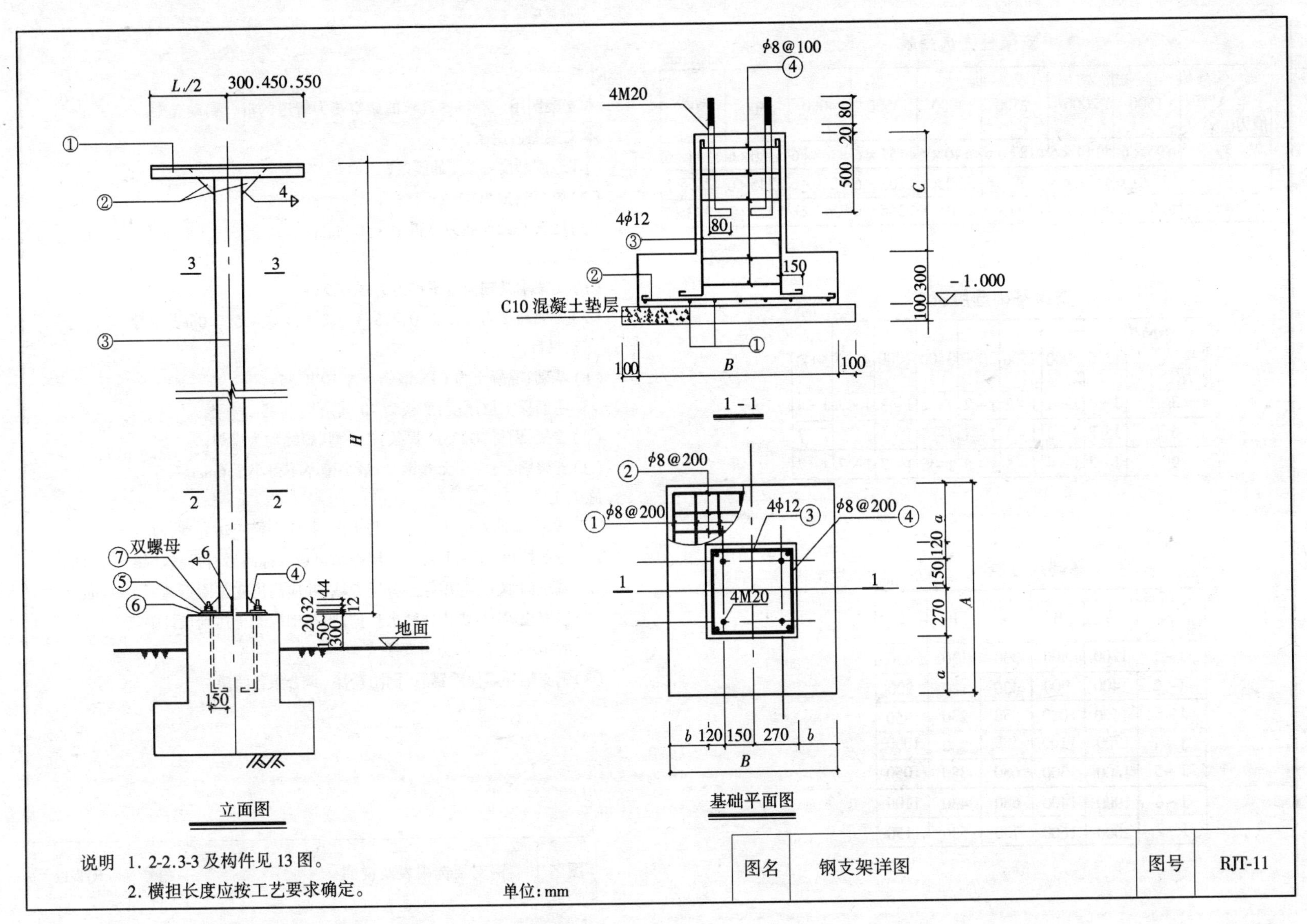

说明 1. 2-2.3-3 及构件见 13 图。

2. 横担长度应按工艺要求确定。

单位：mm

图名	钢支架详图	图号	RJT-11

支架柱③选用表

单位:mm

水平推力(kN) \ 支架高H(mm)	1500	2000	2500	3000	3500	4000	4500	5000
3	Φ95×6	Φ114×6	Φ127×6	Φ140×6	Φ152×6	Φ168×6	Φ180×6	Φ194×6
6	Φ127×6	Φ152×6	Φ168×6	Φ180×6	Φ203×6	Φ219×6	Φ245×6	Φ245×6
9	Φ152×6	Φ180×6	Φ203×6	Φ219×6	Φ245×6	Φ245×6	Φ273×7	Φ273×7

支架基础选用表

单位:mm

水平推力(kN) \ 支架高H(mm)	1500	2000	2500	3000	3500	4000	4500	5000
3	J-1	J-1	J-2	J-2	J-2	J-3	J-3	J-4
6	J-2	J-3	J-3	J-4	J-5	J-5	J-6	J-7
9	J-3	J-4	J-5	J-5	J-6	J-7	J-7	J-7

基础尺寸表

单位:mm

编号 \ 项目	A	B	a	b	c
J-1	1200	800	330	130	850
J-2	1400	900	430	180	900
J-3	1600	1000	530	230	950
J-4	1700	1100	580	280	1000
J-5	1800	1300	630	380	1050
J-6	1900	1400	680	430	1100
J-7	2000	1600	730	530	1150

说明

1. 本支架图用于有特殊要求的架空热力管道的滑(活)动支架。
2. 本支架图适用于:
   (1)地震烈度≤7度的震区;
   (2)风荷载按300N/m^{2}计;
   (3)地基基础承载力不得小于100kPa。
3. 支架分级:
   (1)支架承受轴向水平推力为3、6、9kN。
   (2)支架高度为:1.5、2.0、2.5、3.0、3.5、4.0、4.5、5.0m共8种。
4. 支架材料:
   (1)基础:混凝土为C15 钢筋Φ为HPB235
   主筋保护层厚度:底板为70 其余均为25。
   (2)支架:钢材:Q235B、焊条:E43型、焊缝均为满焊。
   (3)支架钢管:应用无缝钢管,最小壁厚不得小于6mm。
5. 施工要求:
   (1)基础:应座在老土层上。若土质坏,应用换土法处理,即将坏土全部挖出,用三七灰土分层夯填至设计标高后,再浇筑混凝土基础。
   基坑回填土:应用好土分层夯填,并应高出支架附近地面150mm。
   (2)混凝土养护:要认真洒水养护,当基础混凝土达到设计强度的70%以上时,方可安装支架。
   (3)钢支架外露面除锈后,刷防锈漆、调合漆各两道。

图名	钢支架选用表及说明	图号	RJT-12

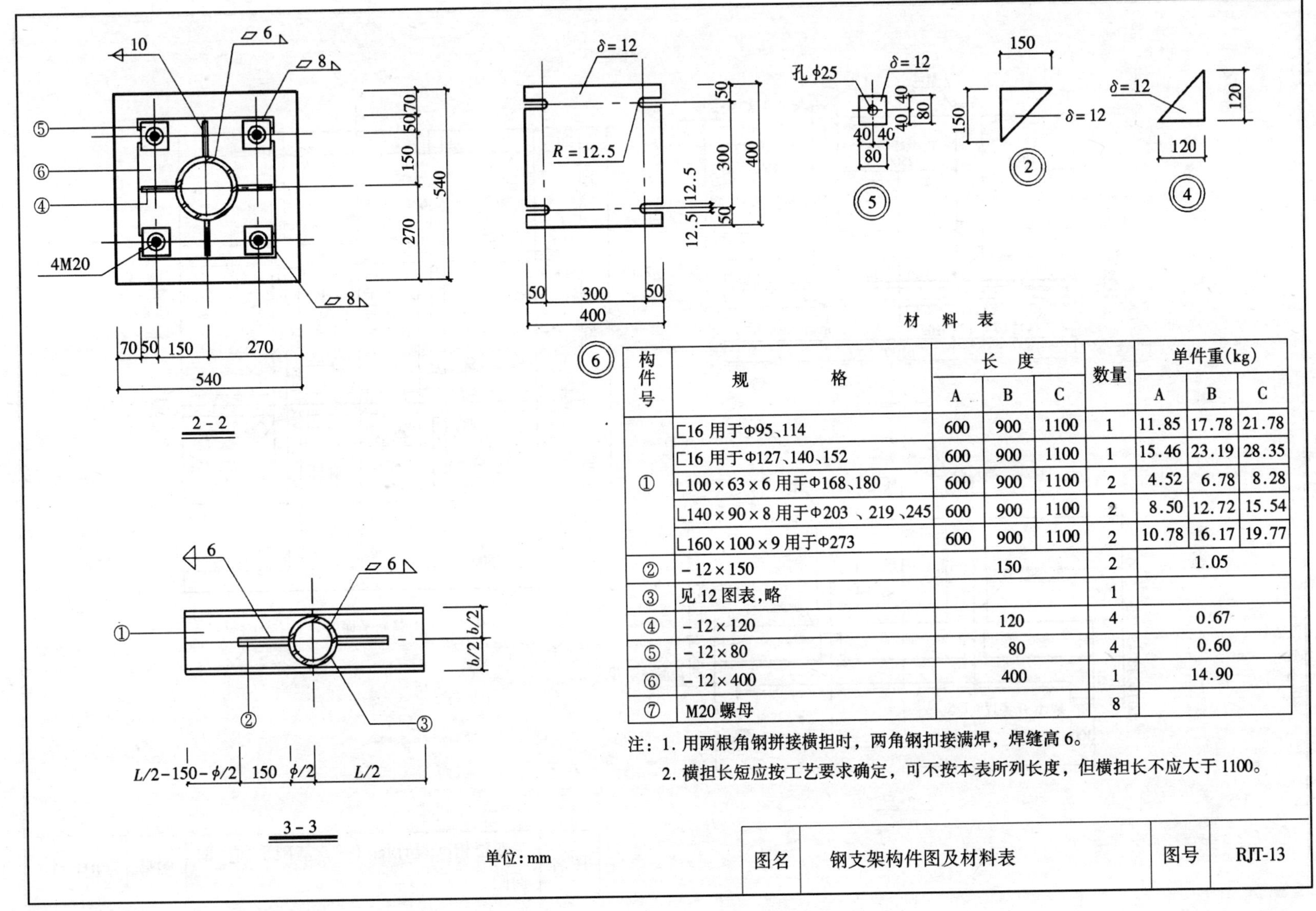

材 料 表

构件号	规格	长度 A	长度 B	长度 C	数量	单件重(kg) A	单件重(kg) B	单件重(kg) C
①	⊏16 用于Φ95、114	600	900	1100	1	11.85	17.78	21.78
	⊏16 用于Φ127、140、152	600	900	1100	1	15.46	23.19	28.35
	∟100×63×6 用于Φ168、180	600	900	1100	2	4.52	6.78	8.28
	∟140×90×8 用于Φ203 、219 、245	600	900	1100	2	8.50	12.72	15.54
	∟160×100×9 用于Φ273	600	900	1100	2	10.78	16.17	19.77
②	-12×150	150			2	1.05		
③	见12图表,略				1			
④	-12×120	120			4	0.67		
⑤	-12×80	80			4	0.60		
⑥	-12×400	400			1	14.90		
⑦	M20 螺母				8			

注：1. 用两根角钢拼接横担时，两角钢扣接满焊，焊缝高6。

2. 横担长短应按工艺要求确定，可不按本表所列长度，但横担长不应大于1100。

单位:mm

图名	钢支架构件图及材料表	图号	RJT-13

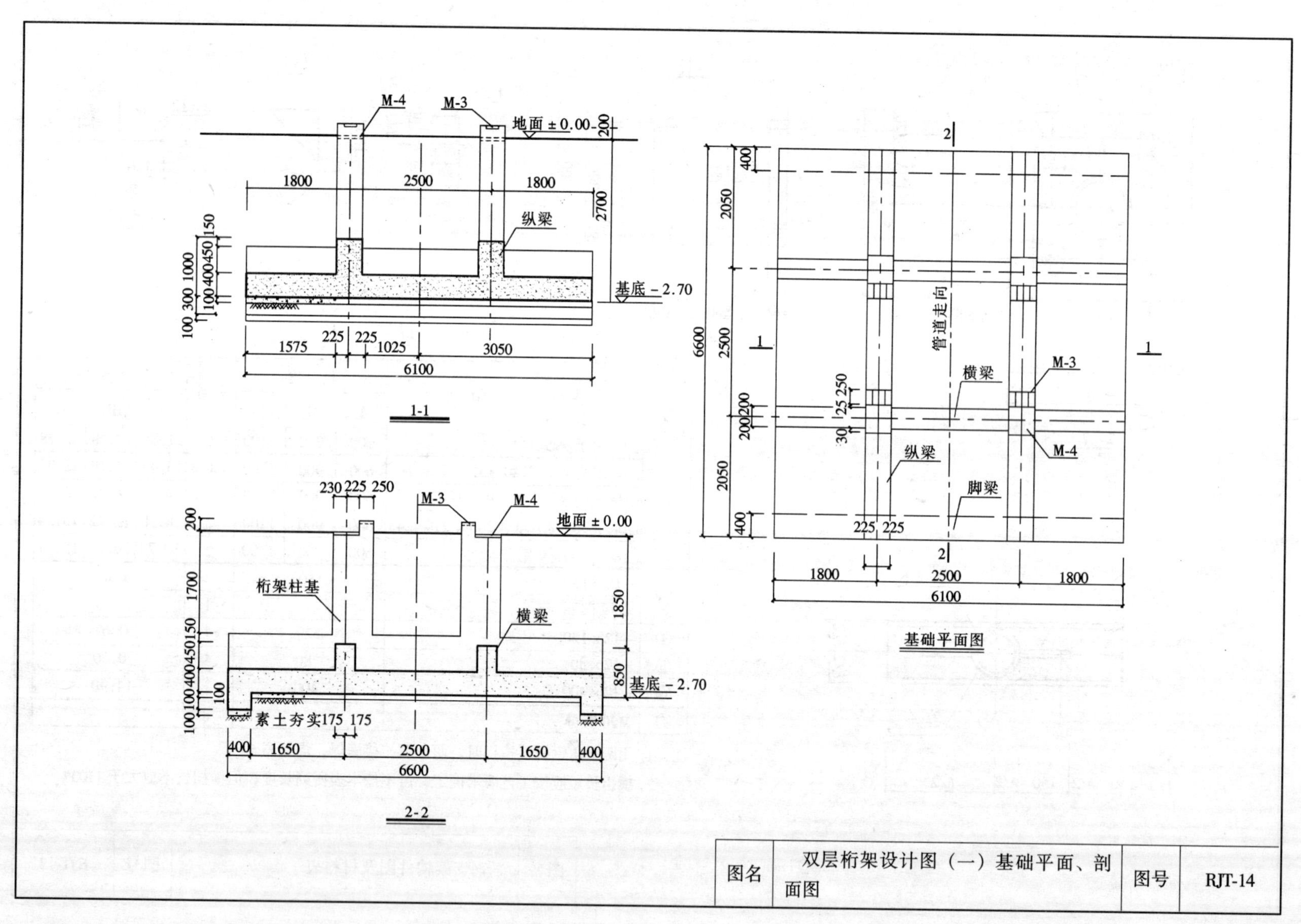

图名	双层桁架设计图（一）基础平面、剖面图	图号	RJT-14

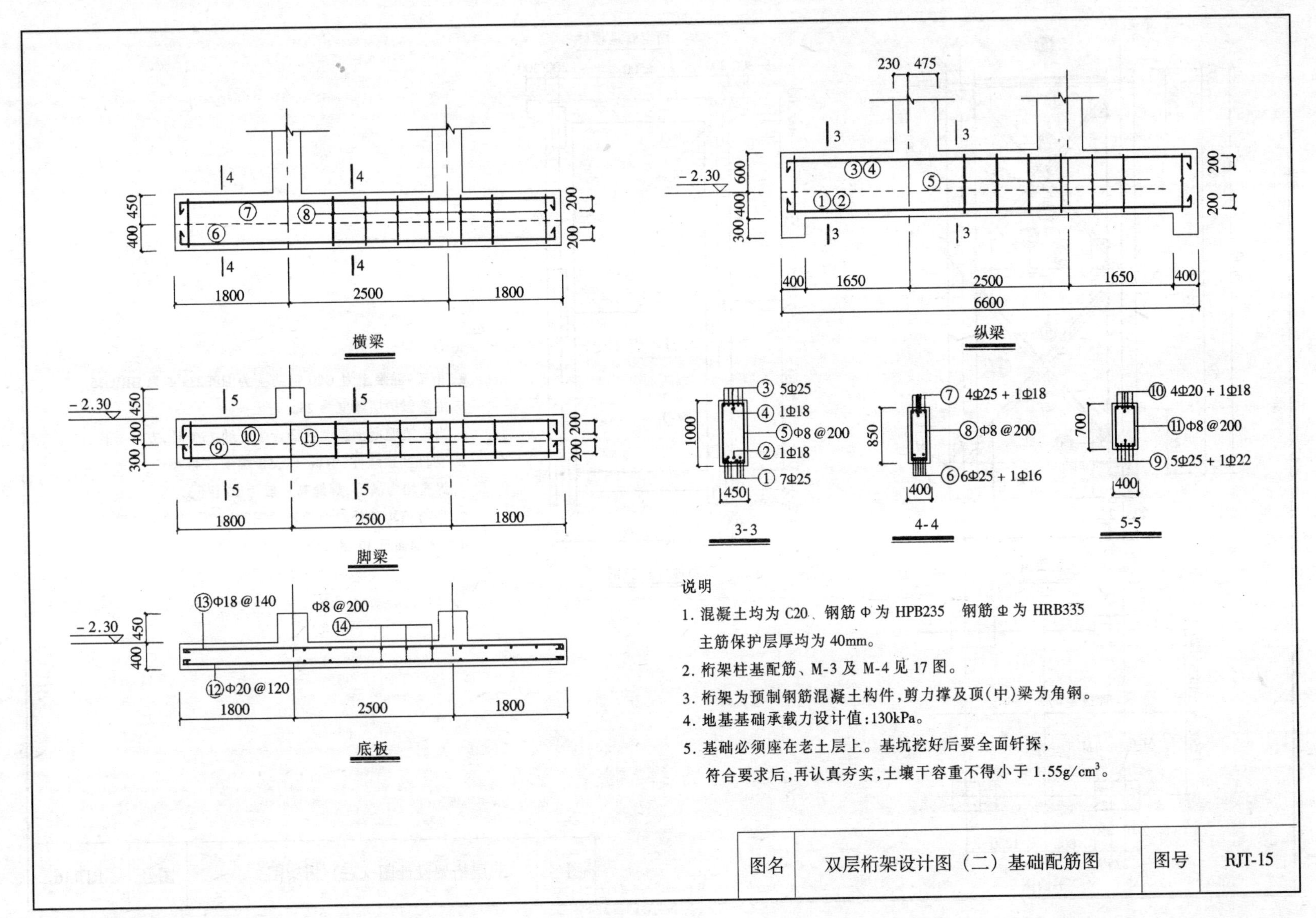
横梁
纵梁
脚梁
底板
-2.30
230 475
1800 2500 1800
400 1650 2500 1650 400
6600
③ 5Φ25
④ 1Φ18
⑤ Φ8 @200
② 1Φ18
① 7Φ25
⑦ 4Φ25 + 1Φ18
⑧ Φ8 @200
⑥ 6Φ25 + 1Φ16
⑩ 4Φ20 + 1Φ18
⑪ Φ8 @200
⑨ 5Φ25 + 1Φ22
⑬ Φ18 @140
Φ8 @200
⑭
⑫ Φ20 @120
3-3
4-4
5-5
说明
1. 混凝土均为 C20、钢筋 Φ 为 HPB235 钢筋 Φ 为 HRB335
主筋保护层厚均为 40mm。
2. 桁架柱基配筋、M-3 及 M-4 见 17 图。
3. 桁架为预制钢筋混凝土构件，剪力撑及顶（中）梁为角钢。
4. 地基基础承载力设计值：130kPa。
5. 基础必须座在老土层上。基坑挖好后要全面钎探，
符合要求后，再认真夯实，土壤干容重不得小于 1.55g/cm³。
图名
双层桁架设计图（二）基础配筋图
图号
RJT-15

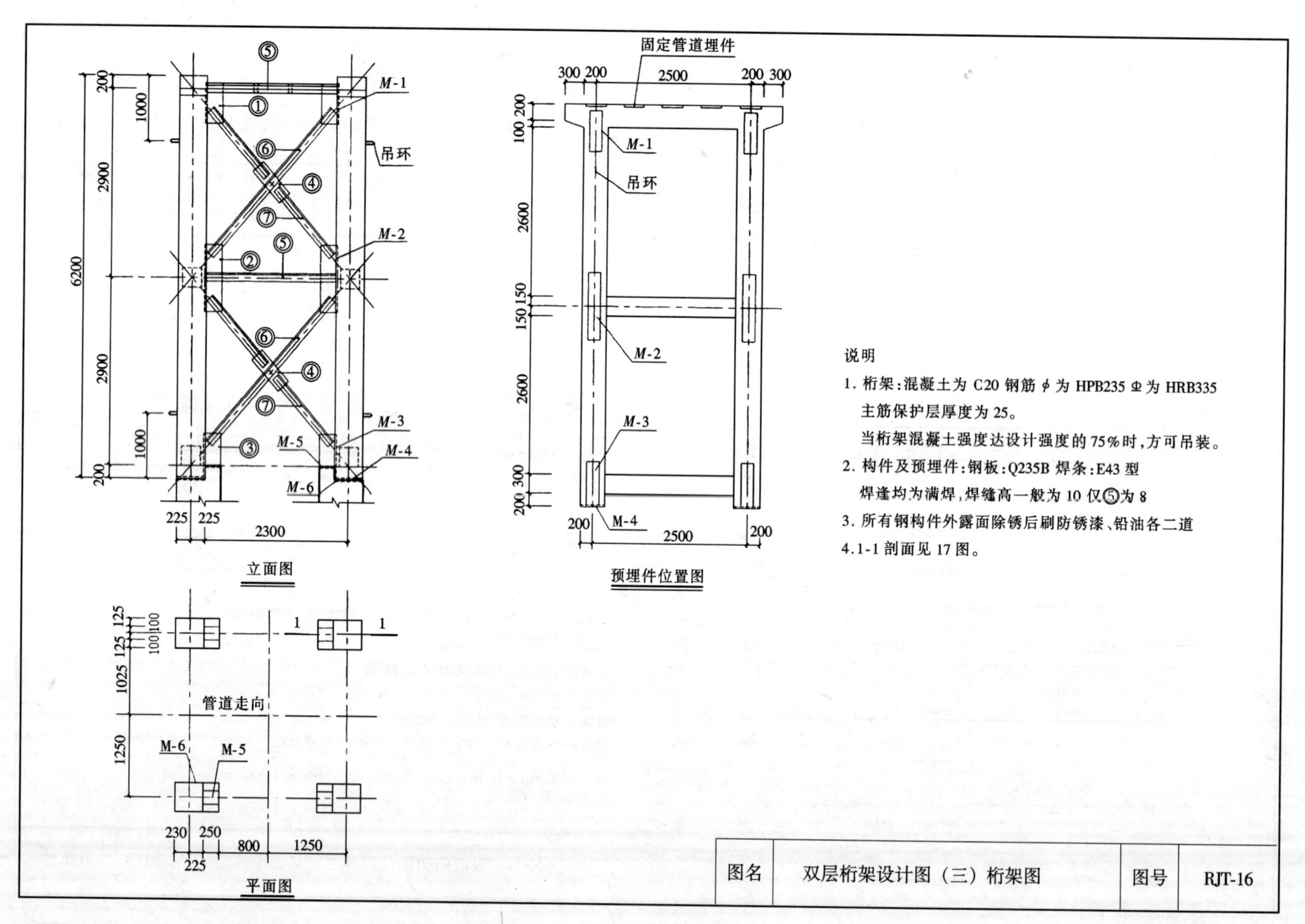

说明

1. 桁架：混凝土为C20 钢筋 ϕ 为 HPB235 Φ为 HRB335

 主筋保护层厚度为 25。

 当桁架混凝土强度达设计强度的75%时，方可吊装。

2. 构件及预埋件：钢板：Q235B 焊条：E43 型

 焊逢均为满焊，焊缝高一般为 10 仅⑤为 8

3. 所有钢构件外露面除锈后刷防锈漆、铅油各二道

4. 1-1 剖面见 17 图。

图名	双层桁架设计图（三）桁架图	图号	RJT-16

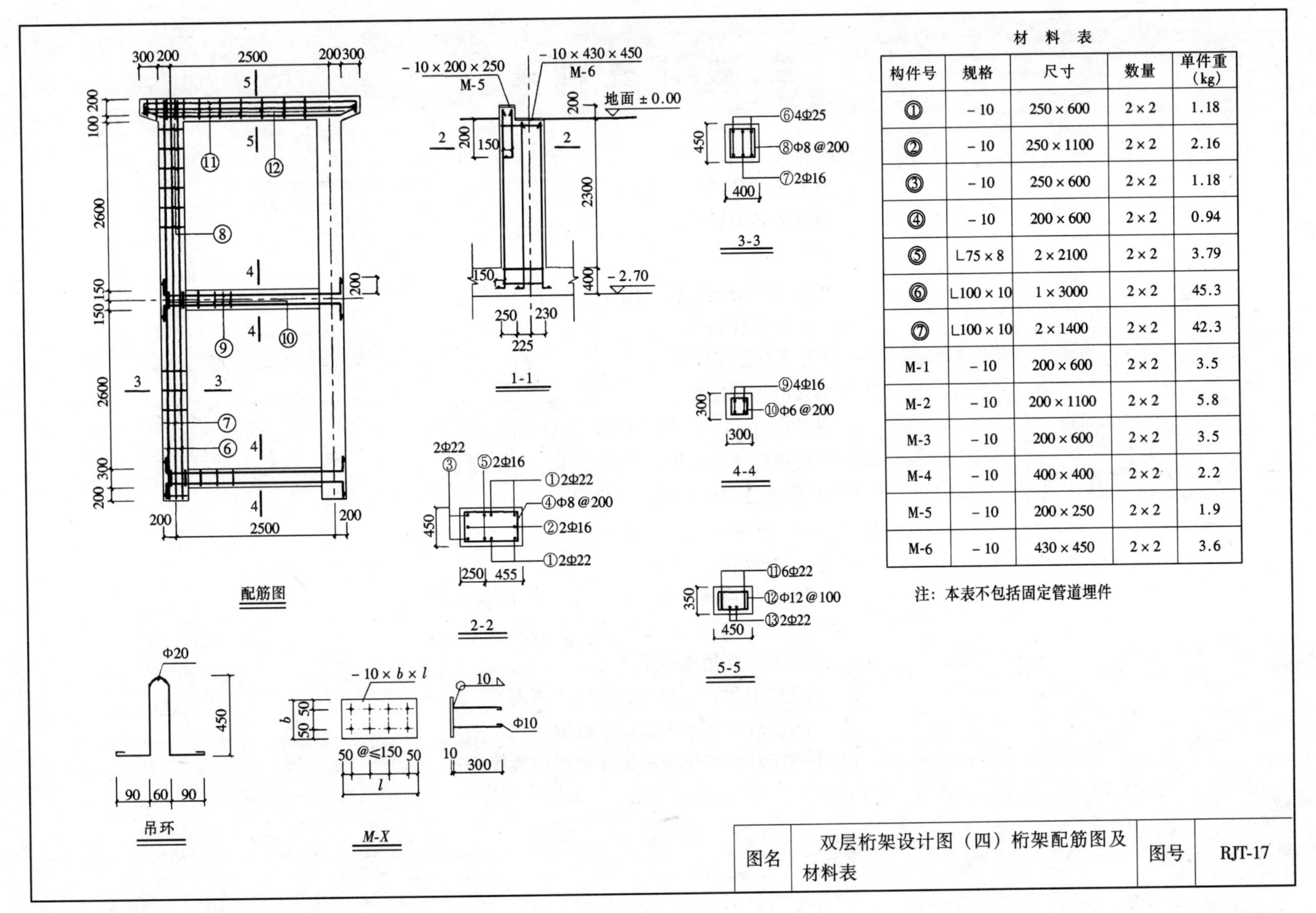

材 料 表

构件号	规格	尺寸	数量	单件重（kg）
①	-10	250×600	2×2	1.18
②	-10	250×1100	2×2	2.16
③	-10	250×600	2×2	1.18
④	-10	200×600	2×2	0.94
⑤	∟75×8	2×2100	2×2	3.79
⑥	∟100×10	1×3000	2×2	45.3
⑦	∟100×10	2×1400	2×2	42.3
M-1	-10	200×600	2×2	3.5
M-2	-10	200×1100	2×2	5.8
M-3	-10	200×600	2×2	3.5
M-4	-10	400×400	2×2	2.2
M-5	-10	200×250	2×2	1.9
M-6	-10	430×450	2×2	3.6

注：本表不包括固定管道埋件

图名	双层桁架设计图（四）桁架配筋图及材料表	图号	RJT-17

三、设计资料表

表内容

混凝土强度标准值、设计值（N/mm²）及弹性、疲劳变形模量（×10⁴N/mm²） **表1**

强度与模量种类		符号	混凝土强度等级													
			C15	C20	C25	C30	C35	C40	C45	C50	C55	C60	C65	C70	C75	C80
强度标准值	轴心抗压	f_{ck}	10.0	13.4	16.7	20.1	23.4	26.8	29.6	32.4	35.5	38.5	41.5	44.5	47.4	50.2
	轴心抗拉	f_{tk}	1.27	1.54	1.78	2.01	2.20	2.39	2.51	2.64	2.74	2.85	2.93	2.99	3.05	3.11
强度设计值	轴心抗压	f_c	7.2	9.6	11.9	14.3	16.7	19.1	21.1	23.1	25.3	27.5	29.7	31.8	33.8	35.9
	轴心抗拉	f_t	0.91	1.10	1.27	1.43	1.57	1.71	1.80	1.89	1.96	2.04	2.09	2.14	2.18	2.22
弹性模量		E_c	2.20	2.55	2.80	3.00	3.15	3.25	3.35	3.45	3.55	3.60	3.65	3.70	3.75	3.80
疲劳变形模量		E_c^f		1.1	1.2	1.3	1.4	1.5	1.55	1.6	1.65	1.7	1.75	1.8	1.85	1.9

注：1. 计算现浇钢筋混凝土轴心受压及偏心受压构件时，如截面的长边或直径小于300mm，则表中混凝土的强度设计值应乘以系数0.8；当构件质量（如混凝土成型、截面和轴线尺寸等）确有保证时，可不受此限制；

2. 离心混凝土的强度设计值应按有关专门标准取用。

普通钢筋的强度标准值、设计值（N/mm²）及弹性模量（×10⁵N/mm²） **表2**

钢筋种类		符号	d (mm)	强度设计值		强度标准值	弹性模量 E_s
				抗拉 f_y	抗压 f'_y	f_{yk}	
热轧钢筋	HPB235（Q235）	Φ	8～20	210	210	235	2.1
	HRB335（20MnSi）	Φ	6～50	300	300	335	2.0
	HRB400（20MnSiV、20MnSiNb、20MnTi）	Φ	6～50	360	360	400	
	RRB400（K20MnSi）	Φ^{R}	8～40				

注：1. 在钢筋混凝土结构中，轴心受拉和小偏心受拉的钢筋抗拉强度设计值大于300N/mm²时，仍应按300N/mm²取用；

2. 构件中配有不同种类的钢筋时，每种钢筋应采用各自的强度设计值；

3. 当采用直径大于40mm的钢筋时，应有可靠的工程经验。

钢筋截面积表（mm^2）　　表3

直径 d (mm)	周边长度 (cm)	截面积 A_s 及钢筋排列成一行时梁的最小宽度 b（cm）（mm^2）												理论重量 (kg/m)	直径 d (mm)	弯钩增加长度			搭接长度	
		一根	二根	三根		四根		五根		六根	七根	八根	九根			6.5ϕ	10ϕ	12.5ϕ	20ϕ	30ϕ
		A_s	A_s	A_s	b	A_s	b	A_s	b	A_s	A_s	A_s	A_s			cm				
2.5	0.79	4.9	9.8	14.7		19.6		24.5		29.5	34.4	39.3	44.2	0.039	2.5	3	3	5	5	8
3	0.94	7.1	14.1	21.2		28.3		35.3		42.4	49.5	56.5	63.6	0.055	3	3	3	5	6	9
4	1.26	12.6	25.1	37.7		50.3		62.8		75.4	87.9	101	113	0.099	4	3	4	5	8	12
5	1.57	19.6	39.3	58.9		78.5		98.2		118	137	157	177	0.154	5	4	5	7	10	15
6	1.89	28.3	56.5	84.8		113		141		170	198	256	255	0.222	6	4	6	8	12	18
6.5	2.04	33.2	66.0	100.0		133		166		199	232	265	299	0.26	6.5	5	7	9	13	20
8	2.51	50.3	101	151		201		251		302	352	402	452	0.395	8	6	8	10	16	24
8.2	2.58	52.8	106	158		211		264		317	370	423	475	0.432	8.2	6	9	11	17	25
9	2.83	63.6	127	191		254		318		382	445	509	573	0.499	9	6	9	12	18	27
10	3.14	78.5	157	236		314		393		471	550	628	707	0.617	10	7	10	13	20	30
12	3.77	113.1	226	339	15	452	20/18	565	25/22	679	792	905	1018	0.888	12	8	12	15	24	36
14	4.40	153.9	308	462	15	615	20/18	770	25/22	924	1078	1232	1385	1.208	14	9	14	18	28	42
16	5.03	201.1	402	603	18/15	804	20	1005	25	1206	1408	1608	1810	1.578	16	11	16	20	32	48
18	5.65	254.5	509	763	18/15	1018	22/20	1272	30/25	1527	1781	2036	2290	1.998	18	12	18	23	36	54
20	6.28	314.2	628	942	18	1256	22	1570	30/25	1885	2199	2513	2827	2.466	20	13	20	25	40	60
22	6.91	380.1	760	1140	18	1520	25/22	1900	30	2281	2661	3041	3421	2.984	22	14	22	28	44	66
25	7.54	490.9	982	1473	20/18	1964	25	2454	30	2945	3436	3927	4418	3.85	25	17	25	31	50	75
28	8.80	615.8	1232	1847	20	2643	25	3079	35/40	3695	4310	4926	5542	4.83	28	18	28	35	56	84
30	9.43	706.9	1414	2121	20	2827	25	3534	35/40	4241	4948	5655	6362	5.55	30	20	30	38	60	90
32	10.10	804.2	1609	2413	22	3217	30	4021	35	4826	5630	6434	7238	6.31	32	21	32	40	64	96
36	11.3	1017.9	2036	3054		4072		5089		6107	7125	8143	9161	7.99	36	24	36	45	72	108
40	12.6	1256.6	2513	3770		5027		6283		7540	8796	10053	11310	9.86	40	26	40	50	80	120
45	14.1	1590	3180	4771		6360		7950		9540	11130	12720	14310	12.49	45	30	45	57	90	135
48	15.1	1810	3619	5429		7240		9050		10860	12670	14470	16280	14.21	48	31	48	60	96	144
50	15.7	1960	3927	5891		7850		9820		11780	13740	15700	17670	15.41	50	33	50	63	100	150

注：表中梁宽 b 中，斜线上数字为钢筋在梁顶时所需宽度，下数为在梁底时 b。

板每米宽的钢筋截面积表（cm^2） **表 4**

钢筋间距（cm）	钢筋直径（mm）														
	3	4	5	6	6/8	8	8/10	10	10/12	12	12/14	14	16	18	20
7	1.01	1.79	2.81	4.04	5.61	7.19	9.20	11.21	13.69	16.16	19.07	21.99	28.71	36.36	44.89
7.5	0.943	1.67	2.62	3.77	5.24	6.71	8.59	10.47	12.77	15.08	17.80	20.52	26.80	33.93	41.89
8	0.884	1.57	2.45	3.54	4.91	6.29	8.05	9.81	11.98	14.14	16.69	19.24	25.12	31.81	39.28
8.5	0.832	1.48	2.31	3.33	4.62	5.92	7.58	9.24	11.27	13.31	15.71	18.11	23.65	29.94	36.96
9	0.785	1.40	2.18	3.14	4.37	5.59	7.16	8.72	10.64	12.57	14.83	17.10	22.35	28.28	34.91
9.5	0.745	1.32	2.07	2.98	4.14	5.29	6.78	8.26	10.08	11.90	14.05	16.20	21.17	26.79	33.07
10	0.706	1.26	1.96	2.83	3.93	5.03	6.44	7.85	9.58	11.31	13.35	15.39	20.11	25.45	31.42
11	0.642	1.14	1.78	2.57	3.57	4.57	5.85	7.14	8.71	10.28	12.14	13.99	18.28	23.14	28.56
12	0.589	1.05	1.63	2.36	3.27	4.19	5.37	6.54	7.98	9.42	11.13	12.83	16.77	21.21	26.18
12.5	0.565	1.00	1.57	2.26	3.14	4.02	5.15	6.28	7.66	9.05	10.68	12.31	16.09	20.36	25.14
13	0.544	0.966	1.51	2.18	3.02	3.87	4.95	6.04	7.37	8.70	10.27	11.84	15.47	19.58	24.17
14	0.505	0.897	1.40	2.02	2.81	3.59	4.60	5.61	6.84	8.08	9.54	10.99	14.36	18.18	22.44
15	0.471	0.838	1.31	1.89	2.62	3.35	4.29	5.23	6.39	7.54	8.90	10.26	13.41	16.97	20.95
16	0.441	0.785	1.23	1.77	2.46	3.14	4.03	4.91	5.99	7.07	8.34	9.62	12.57	15.91	19.64
17	0.415	0.739	1.15	1.66	2.31	2.96	3.79	4.62	5.64	6.65	7.85	9.05	11.83	14.97	18.48
18	0.392	0.698	1.09	1.57	2.18	2.76	3.58	4.36	5.32	6.28	7.42	8.55	11.17	14.14	17.46
19	0.372	0.661	1.03	1.49	2.07	2.65	3.39	4.13	5.04	5.95	7.03	8.10	10.58	13.39	16.54
20	0.353	0.628	0.982	1.41	1.96	2.51	3.22	3.93	4.79	5.65	6.68	7.70	10.05	12.73	15.71
22	0.321	0.571	0.893	1.29	1.79	2.29	2.93	3.57	4.35	5.14	6.07	7.00	9.14	11.57	14.28
24	0.294	0.524	0.819	1.18	1.64	2.10	2.68	3.27	3.99	4.71	5.65	6.41	8.34	10.60	13.09
25	0.283	0.502	0.785	1.13	1.57	2.01	2.58	3.14	3.83	4.52	5.34	6.16	8.05	10.18	12.57
26	0.272	0.483	0.755	1.09	1.51	1.93	2.48	3.02	3.69	4.35	5.13	5.92	7.73	9.79	12.08
28	0.252	0.449	0.701	1.01	1.40	1.80	2.30	2.80	3.42	4.02	4.77	5.50	7.18	9.09	11.22
30	0.236	0.419	0.655	0.942	1.31	1.68	2.15	2.62	3.19	3.77	4.45	5.13	6.71	8.48	10.47
32	0.221	0.392	0.614	0.884	1.23	1.57	2.01	2.45	2.99	3.53	4.17	4.81	6.28	7.95	9.82

注：1. 表内有分式者，为两种不同直径钢筋相间放置

钢筋间距（cm）	3	4	5	6	6/8	8	8/10	10	10/12	12	12/14	14	16	18	20
17.5	0.406	0.702	1.12	1.62	2.25	2.87	3.68	4.49	5.47	6.46	7.63	8.79	11.49	14.54	17.95
22.5	0.316	0.560	0.871	1.26	1.75	2.24	2.86	3.49	4.26	5.03	5.93	6.84	8.94	11.31	13.96
27.5	0.258	0.458	0.731	1.03	1.43	1.83	2.34	2.85	3.48	4.11	4.85	5.60	7.31	9.25	11.43

2. 补算之每米板宽钢筋截面积，是依据 GB 50010—2002 钢筋截面积及公称质量表数据计算而得。

钢材的设计强度 表 5

钢材			抗拉、抗压和抗弯强度 f（N/mm²）	抗剪强度 f_r（N/mm²）	端面承压（刨平顶紧）f_{ce}（N/mm²）
钢号	组别	厚度或直径（mm）			
3 号钢	第 1 组	见表 6	215	125	320
	第 2 组		200	115	320
	第 3 组		190	110	320
16Mn 钢		≤16	315	185	445
		17～25	300	175	425
15MnV 钢		≤16	350	205	450
		17～25	335	195	435

3 号钢材分组尺寸 表 6

组别	圆钢、方钢和扁钢直径或厚度（mm）	角钢、工字钢和槽钢的厚度（mm）	钢板的厚度（mm）
第 1 组	≤40	≤15	≤20
第 2 组	＞40～100	＞15～20	＞20～40
第 3 组		＞20	＞40～50

钢材的物理性能 表 7

弹性模量 E（N/mm²）	剪变模量 G（N/mm²）	线胀系数 α_t［m/（m·℃）］	密度 ρ（kg/m³）
206×10^3	79×10^3	12×10^{-5}	7850

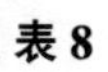

单角钢对 y_0 轴的轴心承载力（kN）　（3号钢）　　**表 8**

序号	型钢号	容许拉力	容许压力 计算长度(m) 1.5	2.1	2.7	3.0
1	∠45×3	48.6	12.5			
2	4	63.7	16.1			
3	5	78.4	19.5			
4	6	92.8	23.1			
5	∠50×3	54.3	16.2			
6	4	71.2	21.0			
7	5	87.8	25.5			
8	6	103.9	30.2			
9	∠56×3	61.1	21.5	13.4		
10	4	80.2	27.6	17.2		
11	5	99.0	33.7	20.9		
12	8	152.9	51.4	31.8		
13	∠63×4	91.0	36.8	23.4		
14	5	112.3	45.0	28.5		
15	6	133.2	52.9	33.5		
16	8	173.9	68.3	43.2		
17	10	213.0	82.9	52.3		
18	∠70×4	101.8	46.5	30.4	21.2	
19	5	125.6	56.9	37.2	25.8	
20	6	149.1	67.0	43.7	30.4	
21	7	172.2	77.4	50.4	35.1	
22	8	194.9	86.9	56.5	39.3	
23	∠75×5	135.5	66.3	44.5	31.2	
24	6	160.8	78.2	52.3	36.6	

序号	型钢号	容许拉力	容许压力 计算长度(m) 1.5	2.1	2.7	3.0
25	7	185.7	89.7	59.9	41.9	
26	8	210.2	100.9	67.2	47.0	
27	10	258.2	123.1	81.7	57.1	
28	∠80×5	144.6	75.1	51.8	36.5	31.3
29	6	171.7	88.7	61.0	43.0	36.9
30	7	198.5	102.0	69.9	49.2	42.2
31	8	224.8	114.9	78.5	55.3	47.4
32	10	276.4	140.4	95.7	67.3	57.7
33	∠90×6	194.4	110.4	80.6	58.1	50.0
34	7	224.8	126.7	92.0	66.1	56.9
35	8	254.8	143.6	104.3	74.9	64.5
36	10	313.7	175.5	126.6	90.8	78.1
37	12	371.7	206.7	148.7	106.6	91.7
38	∠100/6	218.1	131.6	101.7	75.2	65.1
39	7	252.1	151.8	116.9	86.4	74.8
40	8	285.8	171.6	131.9	97.3	84.2
41	10	352.0	210.2	160.7	118.2	102.2
42	12	416.7	248.2	189.1	138.9	120.1
43	∠100×14	479.8	285.0	216.6	158.9	137.3
44	16	503.7	299.2	227.4	166.8	144.2
45	∠110×7	277.7	174.7	142.0	108.3	94.5
46	8	315.0	197.9	160.4	122.1	106.6
47	10	388.5	243.2	196.2	148.9	129.8
48	12	460.5	287.2	230.6	174.5	152.0

序号	型钢号	容许拉力	容许压力 计算长度(m) 1.5	2.1	2.7	3.0
49	14	531.0	330.5	264.7	200.0	174.1
50	∠125×8	360.9	236.5	203.9	163.3	144.7
51	10	445.4	291.3	250.2	199.8	176.8
52	12	528.4	344.8	295.2	234.9	207.6
53	14	609.8	397.4	339.7	269.9	238.4
54	∠140×10	500.2	335.7	300.8	251.8	226.6
55	12	594.2	398.2	355.9	297.1	267.0
56	14	686.5	459.8	410.5	342.1	307.3
57	16	723.2	484.0	431.6	359.1	322.4
58	∠160×10	575.7	395.1	367.3	324.2	299.0
59	12	684.2	469.2	435.6	383.7	353.4
60	14	791.2	542.1	502.6	441.7	406.5
61	16	834.1	571.0	528.6	463.6	426.1
62	∠180×12	772.0	536.4	508.8	464.6	436.7
63	14	893.6	620.6	588.1	536.2	503.6
64	16	942.9	654.7	620.2	565.0	530.4
65	18	1053.2	730.5	690.7	627.3	587.9
66	∠200×14	998.6	700.1	673.0	629.6	601.1
67	16	1054.2	738.8	709.8	663.4	633.0
68	18	1178.1	852.3	792.5	739.9	705.5
69	20	1300.6	911.0	874.5	816.0	777.8
70	24	1464.2	1024.9	983.1	915.9	872.1

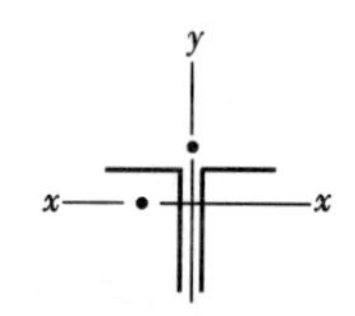

双角钢对 x 轴的轴心承载力（kN）　（3号钢） **表9**

序号	型钢号	容许拉力	容许压力				序号	型钢号	容许拉力	容许压力				序号	型钢号	容许拉力	容许压力			
			计算长度(m)							计算长度（m）							计算长度（m）			
			1.5	2.1	2.7	3.0				1.5	2.1	2.7	3.0				1.5	2.1	2.7	3.0
1	2×∠45×3	114.3	58.3	35.2	22.7		25	7	436.9	340.2	267.5	196.9	168.4	49	14	1249.4	1096.3	986.7	848.7	773.0
2	4	149.9	75.0	45.0	29.0		26	8	495.9	384.5	301.0	220.8	188.6	50	2×∠125×8	849.3	767.7	710.8	639.7	598.9
3	5	184.6	91.5	54.8	35.3		27	10	607.4	469.0	365.4	267.0	227.9	51	10	1048.0	946.1	875.1	786.1	735.0
4	6	218.3	107.2	64.0	41.2		28	2×∠90×6	340.2	273.8	223.5	170.0	146.9	52	12	1243.2	1121.3	1036.3	929.7	868.6
5	2×∠50×3	127.8	73.6	46.4	30.4	25.2	29	7	404.1	324.6	264.5	200.8	173.4	53	14	1434.8	1192.4	1292.9	1068.1	996.6
6	4	167.6	95.8	60.2	39.5	32.7	30	8	467.0	374.6	304.6	230.8	199.2	54	2×∠140×10	1177.0	1082.2	1016.5	936.3	889.9
7	5	206.5	117.2	73.5	48.1	39.8	31	10	529.0	422.9	342.6	258.7	223.0	55	12	1398.0	1284.2	1205.2	1108.7	1052.9
8	6	244.6	137.8	86.1	56.3	46.6	32	12	650.4	518.2	418.1	314.5	270.8	56	14	1615.4	1482.2	1390.1	1277.2	1211.9
9	2×∠56×3	143.7	93.4	62.8	42.2	35.2	33	2×∠90×6	457.4	383.6	328.5	263.5	232.2	57	16	1701.6	1560.4	1462.5	1342.6	1273.2
10	4	188.8	121.4	81.1	54.4	45.3	34	7	528.9	443.1	379.0	303.5	267.3	58	2×∠160×10	1354.6	1267.3	1205.6	1133.2	1091.8
11	5	232.8	149.0	99.2	66.4	55.3	35	8	599.6	501.2	427.5	341.2	300.2	59	12	1610.0	1505.1	1431.2	1344.2	1294.5
12	8	359.8	225.2	148.0	98.5	82.0	36	2×∠90×10	738.2	615.6	523.7	416.7	366.0	60	14	1861.7	1739.3	1653.0	1551.4	1493.3
13	2×∠63×4	214.1	152.0	109.2	75.7	63.7	37	12	873.2	725.6	614.8	486.7	426.7	61	16	1962.7	1832.3	1740.5	1632.3	1570.4
14	5	264.1	186.3	133.0	91.9	77.2	38	2×∠100×6	513.1	443.1	392.1	328.7	295.5	62	2×∠180×12	1816.4	1720.1	1649.5	1569.3	1524.3
15	6	313.4	220.2	156.7	108.2	90.9	39	7	593.2	511.9	452.6	378.9	340.5	63	14	2102.5	1990.1	1907.8	1814.1	1761.5
16	8	409.1	284.2	200.4	137.7	115.5	40	8	672.4	579.8	512.1	428.2	384.5	64	16	2218.7	2099.3	2012.0	1912.5	1856.7
17	10	501.3	345.4	242.0	165.8	139.0	41	10	828.2	712.3	627.5	522.6	468.4	65	18	2478.2	2343.1	2244.7	2132.3	2069.2
18	2×∠70×4	239.5	181.5	138.7	99.9	84.9	42	12	980.4	841.7	740.2	614.8	550.4	66	2×∠200×14	2349.6	2246.3	2166.4	2077.8	2029.0
19	5	295.6	222.9	169.4	121.6	103.2	43	14	1129.0	966.8	847.7	701.2	626.6	67	16	2480.5	2370.8	2286.1	2192.1	2140.4
20	6	350.9	263.9	200.0	143.3	121.6	44	16	1185.1	1013.0	886.4	731.3	652.5	68	18	2772.0	2648.3	2553.0	2447.3	2389.0
21	7	405.2	304.0	229.8	164.4	139.4	45	2×∠110×7	653.4	576.6	522.0	452.9	414.7	69	20	3060.2	2922.3	2816.5	2698.9	2634.1
22	8	458.7	342.3	257.4	183.4	155.4	46	8	741.2	653.7	591.4	512.6	469.2	70	24	3445.1	3287.5	3167.2	3033.2	2959.1
23	2×∠75×5	318.7	249.2	196.9	145.4	124.5	47	10	914.2	805.3	727.6	629.5	575.5							
24	6	378.3	295.2	232.6	171.6	146.8	48	12	1083.6	952.7	859.1	741.0	676.3							

热轧等边角钢截面、重量表

表 10

型号	截面积	重量	表面积	型号	截面积	重量	表面积	型号	截面积	重量	表面积
	cm²	kg/m	m²/m		cm²	kg/m	m²/m		cm²	kg/m	m²/m
∠20×3	1.132	0.889	0.078	10	11.657	9.151	0.246	∠110×7	15.196	11.928	0.433
4	1.459	1.145	0.077	∠70×4	5.570	4.372	0.275	8	17.238	13.532	0.433
∠25×3	1.432	1.124	0.098	5	6.875	5.397	0.275	10	21.261	16.690	0.432
4	1.859	1.459	0.097	6	8.160	6.406	0.275	12	25.200	19.782	0.431
∠30×3	1.749	1.373	0.117	7	9.424	7.398	0.275	14	29.056	22.809	0.431
4	2.276	1.786	0.117	8	10.667	8.373	0.274	∠125×8	19.750	15.504	0.492
∠36×3	2.109	1.656	0.141	∠75×5	7.412	5.818	0.295	10	24.373	19.133	0.491
4	2.756	2.163	0.141	6	8.797	6.905	0.294	12	28.912	22.696	0.491
5	3.382	2.654	0.141	7	10.160	7.976	0.294	14	33.367	26.193	0.490
∠40×3	2.359	1.852	0.157	8	11.503	9.030	0.294	∠140×10	27.373	21.488	0.551
4	3.086	2.422	0.157	10	14.126	11.089	0.293	12	32.151	25.522	0.551
5	3.791	2.976	0.156	∠80×5	7.912	6.211	0.315	14	37.567	29.490	0.550
∠45×3	2.659	2.088	0.177	6	9.397	7.376	0.314	16	42.539	33.393	0.549
4	3.486	2.736	0.177	7	10.860	8.525	0.314	∠160×10	31.502	24.729	0.630
5	4.292	3.369	0.176	∠80×8	12.303	9.658	0.314	12	37.441	29.391	0.630
6	5.076	3.985	0.176	×10	15.126	11.874	0.313	14	43.296	33.987	0.629
∠50×3	2.971	2.332	0.197	∠90×6	10.637	8.350	0.354	16	49.067	38.518	0.629
4	3.897	3.059	0.197	7	12.301	9.656	0.354	∠180×			
5	4.803	3.770	0.196	8	13.944	10.946	0.353	∠180×12	42.241	33.159	0.710
6	5.688	4.465	0.196	10	17.167	13.476	0.353	14	48.896	38.383	0.709
∠56×3	3.343	2.624	0.221	12	20.306	15.940	0.352	16	55.467	43.542	0.709
4	4.390	3.446	0.220	∠100×6	11.392	9.366	0.393	∠180×18	61.955	48.634	0.708
5	5.415	4.251	0.220	7	13.796	10.830	0.393	∠200×14	54.642	42.894	0.788
8	8.367	6.568	0.219	8	15.638	12.276	0.393	16	62.013	48.680	0.788
∠63×4	4.978	3.907	0.248	10	19.261	15.120	0.392	18	69.301	54.401	0.787
5	6.143	4.822	0.248	12	22.800	17.898	0.391	20	76.505	60.056	0.787
6	7.288	5.721	0.247	14	26.256	20.611	0.391	24	90.661	71.168	0.785
8	9.515	7.469	0.247	16	29.627	23.275	0.393				

每 m^2 钢板理论重量表 **表 11**

厚 度 (mm)	重 量 (kg)	厚 度 (mm)	重 量 (kg)	厚 度 (mm)	重 量 (kg)
1	7.85	21	164.85	41	321.85
2	15.70	22	172.7	42	329.7
3	23.55	23	180.55	43	337.55
4	31.4	24	188.4	44	345.4
5	39.25	25	196.25	45	353.25
6	47.1	26	204.1	46	361.1
7	54.95	27	211.95	47	368.95
8	62.8	28	219.8	48	376.8
9	70.65	29	277.65	49	384.65
10	78.5	30	235.5	50	392.5
11	86.35	31	243.35	51	400.35
12	94.2	32	251.2	52	408.2
13	102.05	33	259.05	53	416.05
14	109.9	34	266.9	54	423.9
15	117.75	35	274.75	55	431.75
16	125.6	36	282.6	56	439.6
17	133.45	37	290.45	57	447.45
18	141.3	38	298.3	58	455.3
19	149.15	39	306.15	59	463.15
20	157	40	314	60	471

管 道 系 数 表 **表 12**

公称直径 *DN* (mm)	外径×壁厚 *D*×*S* (mm)	管道的常用系数						
		按规格厚度计算		有效截面积 *f* (cm^2)	表面积 *A* (cm^2/cm)	管壁截面积 *F* (cm^2)	管子内径 *d* (mm)	回转半径 *i* (cm)
		J (cm^4)	*W* (cm^3)					
15	21.25×2.75	0.70	0.66	1.95	6.68	1.60	17.75	0.66
	18×3	0.41	0.46	1.13	5.56	1.41	12.0	0.44
20	26.75×2.75	1.51	1.13	3.55	8.40	2.07	21.25	0.85
	25×3	1.28	1.02	2.84	7.85	2.07	19.0	0.79
25	33.5×3.25	3.57	2.13	5.73	10.52	3.09	27	1.07
	32×3	2.90	1.82	5.31	10.05	2.73	26	1.03
	32×3.5	3.32	2.02	4.91	10.05	3.13	25	1.01
32	42.25×3.25	7.63	3.61	10.04	13.27	3.98	35.75	1.39
	38×3	5.09	2.68	8.04	11.94	3.30	32	1.24
	38×3.5	5.70	3.00	7.55	11.94	3.79	31	1.23
40	48×3.5	12.19	5.08	13.20	15.08	4.98	41	1.58
	44.5×3	8.47	3.81	11.64	13.98	3.91	38.5	1.47
	44.5×3.5	9.54	4.29	11.05	13.98	4.51	37.5	1.45
50	60×3.5	24.90	8.30	22.06	18.85	6.21	53	2.0
	57×3	18.60	6.53	20.43	17.91	5.09	51	1.91
	58×3.5	21.1	7.42	19.64	17.91	5.88	50	1.89
65	3×4	51.8	14.19	33.18	20.42	8.67	65	2.44
70	75.5×3.75	54.6	14.45	36.32	23.72	8.45	68	2.54
	76×3	45.9	12.08	38.48	23.88	6.88	70	2.58
	76×4	58.8	15.48	36.32	23.88	9.05	68	2.55
	76×6	81.4	21.43	32.17	23.88	13.19	64	2.48
80	88.5×4	95.0	21.5	50.9	27.8	10.62	80.5	2.99
	89×6	96.7	21.7	51.5	28.0	10.68	81	3.0
	89×4	135.5	30.4	46.6	28.0	15.65	77	2.94

续表

公称直径 DN (mm)	外径×壁厚 D×S (mm)	管道的常用系数						
		按规格厚度计算		有效截面积 f	表面积 A	管壁截面积 F	管子内径 d	回转半径 i
		J (cm^4)	W (cm^3)	(cm^2)	(cm^2/cm)	(cm^2)	(mm)	(cm)
100	114×4	209.4	36.7	88.2	35.8	13.82	106	3.89
	108×4	177.0	32.8	78.5	33.9	13.07	100	3.68
	108×6	251.0	46.5	72.4	33.9	19.23	96	3.62
125	140×4.5	440.2	62.9	134.8	44.0	19.16	131	4.8
	133×4	337.6	50.8	122.7	41.8	16.21	125	4.57
	133×6	483.8	72.8	115.0	41.8	23.94	121	4.49
150	165×4.5	731.4	88.7	191.1	51.8	22.69	156	5.67
	159×4.5	652.4	82.1	176.7	50.0	21.84	150	5.46
	159×6	845.4	106.3	169.7	50.0	28.84	147	5.41
200	219×6	2279	208.2	336.5	68.8	40.15	207	7.53
	219×7	2623	239.5	330.1	68.8	46.62	205	7.5
	219×8	2956	270.0	323.7	68.8	53.03	203	7.47
250	273×6	4488	328.3	535.0	85.8	50.33	261	9.45
	273×7	5179	379.4	526.9	85.8	58.5	259	9.41
	273×8	5853	428.8	518.7	85.8	66.6	257	9.37
300	325×6	7653	471.0	769.4	102.1	60.13	313	11.3
	325×7	8846	544.4	759.6	102.1	69.93	311	11.2
	325×8	10016	616.4	749.9	102.1	79.67	309	11.2
350	377×6	12038	639	1046.3	118.4	69.93	365	13.2
	×7	13933	747	1034.9	118.4	81.37	363	13.1
	×8	15796	838	1023.5	118.4	92.74	361	13.1
	×10	19431	1031	1001.0	118.4	115.3	357	13.0
400	426×6	17465	820	1346.1	133.8	79.17	414	14.9
	×7	20232	950	1333.2	133.8	92.14	412	14.9
	×8	22959	1078	1320.3	133.8	105.06	410	14.8
	×9	25646	1204	1307.4	133.8	117.9	408	14.7

续表

公称直径 DN (mm)	外径×壁厚 D×S (mm)	管道的常用系数						
		按规格厚度计算		有效截面积 f	表面积 A	管壁截面积 F	管子内径 d	回转半径 i
		J (cm^4)	W (cm^3)	(cm^2)	(cm^2/cm)	(cm^2)	(mm)	(cm)
500	529×6	33720	1275	2099.3	166.2	98.58	517	18.5
	7	39116	1479	2083.1	166.2	114.79	515	18.5
	8	44451	1681	2066.9	166.2	130.94	513	18.4
	9	49732	1880	2050.8	166.2	147.03	511	18.4
600	630×6	57269	1818	2999.6	197.9	117.62	618	22.1
	7	66495	2111	2980.2	197.9	137.01	616	22.1
	8	75632	2401	2960.9	197.9	156.33	614	22.0
	9	84680	2688	2941.7	197.9	175.58	612	21.9
800	820×6	127122	3101	5127.6	257.6	153.44	808	28.8
	7	147776	3604	5102.2	257.6	178.79	806	28.8
	8	168256	4104	5077.0	257.6	204.08	804	28.7
	9	188595	4600	5057.7	257.6	229.31	802	28.7
1000	1020×6	245726	4818	7980.2	320.4	191.13	1008	35.8
	7	285837	5605	7948.5	320.4	222.77	1006	35.8
	8	325709	6386	7917.0	320.4	254.34	1004	35.8
	9	365344	7164	7885.4	320.4	285.85	1002	35.7
1200	1220×6	421686	6913	11641.0	383.3	228.83	1208	42.9
	7	490757	8045	11423.1	383.3	266.75	1206	42.9
	8	559485	9172	11385.2	383.3	304.61	1204	42.9
	9	695917	11408	11309.8	383.3	380.13	1200	42.8
1400	1420×6	775723	10926	15526.1	446.1	310.74	1406	49.9
	7	884663	12460	15481.9	446.1	354.88	1404	49.9
	8	1101161	15509	15393.8	446.1	442.97	1400	49.8
	9	1208741	17024	15349.9	446.1	486.92	1398	49.8
1600	1620×8	1316338	16251	20206.9	508.9	405.14	1604	56.9
	10	1639328	20239	20106.2	508.9	505.8	1600	56.9

注：表中 $J=\frac{\pi}{64}(D^4-d^4)$ $W=\frac{\pi}{32}\cdot\frac{D^4-d^4}{D}$ $f=\frac{\pi d^2}{4}$

$F=\pi(D-S)S$ $A=\pi\cdot D$ $i=\sqrt{\frac{J}{F}}$

并取：$\pi=3.1416$ $\frac{\pi}{64}=0.0491$ $\frac{\pi}{32}=0.082$ $\frac{\pi}{4}=0.7854$

支吊架荷载及水平推力（单管和同径双管）

表 13-1

公称直径 DN(mm)			15	20	25	32	40	50	65	80	100	125	150	200	250	300
管外径×壁厚 $D\times\delta$(mm)			22×3	28×3	32×3.5	38×3.5	45×3.5	57×3.5	73×3.5	89×3.5	108×4	133×4	159×4.5	219×6	273×7	325×8
计算间距（m）		保温	1.5	2	2	2	3	3	3	3	3	6	6	6	6	6
		不保温	3	3	3	3	3	6	6	6	6	6	6	6	6	6
垂直荷重×9.8N	单管	保温	23.9	38.1	45.2	53.6	85.95	103.8	127.6	145.05	180.51	437.04	643.5	938.34	1251.8	1624.2
		不保温	4.83	6.6	9.09	11.94	14.7	40.98	57.78	75.18	108.66	150	208.92	337.02	596.52	825.18
	双管	保温	47.8	76.2	90.4	107.2	171.9	207.6	254.52	290.1	361.02	874.08	1287	1876.68	2053.6	3248.4
		不保温	9.66	13.38	18.18	23.88	29.4	81.96	115.56	150.36	217.32	300	417.84	674.04	1193.04	1650.36
计算最大水平推力×0.9N	单管	保温	44.35	53.59	64.25	76.76	83.56	103.5	130.5	153.7	199.83	251.98	371.57	614.25	866.5	1153.44
		不保温	4.4	6.34	8.78	11.77	15.1	22.06	32.86	45.04	68.94	99.62	147.86	229.1	538.08	817.71
	双管	保温	88.7	107.18	128.5	153.52	167.12	207	261	307.4	399.66	503.96	743.14	1288.5	1733	2306.88
		不保温	8.8	12.68	17.56	23.54	30.2	44.12	65.72	90.08	137.88	199.24	295.72	458.2	1076.16	1635.42

支吊架荷载及水平推力（异径双管）

表 13-2

公称直径	$DN1$	100	100	100	125	125	125	150	150	150	200	200	200	250	250	250	300	300	300
	$DN2$	50	65	80	65	80	100	80	100	125	100	125	150	100	125	150	125	150	200
管外径×壁厚	$D_1\times\delta_1$	108×4	108×4	108×4	133×4	133×4	133×4	159×4.5	159×4.5	159×4.5	219×6	219×6	219×6	273×7	273×7	273×7	325×8	325×8	325×8
	$D_2\times\delta_2$	57×35	73×3.5	89×3.5	73×3.5	89×3.5	108×4	89×3.5	108×4	133×4	108×4	133×4	159×4.5	108×4	133×4	159×4.5	133×4	159×4.5	219×6
计算间距（m）	保温	3	3	3	3	3	3	3	3	6	3	6	6	3	6	6	6	6	6
	不保温	6	6	6	6	6	6	6	6	6	6	6	6	6	6	6	6	6	6
垂直荷重×9.8N	保温	284.3	307.8	325.6	345.8	363.6	399	466.8	502.3	1080.5	649.7	1375.4	1581.8	806.4	1688.8	1895.3	2061.2	2267.7	2562.5
	不保温	149.6	166.4	183.8	207.8	225.2	258.7	284.1	317.6	358.9	445.7	487	545.9	705.2	746.5	805.4	975.2	1034.1	1162.2
计算最大水平推力×9.8N	保温	303.4	330.3	353.5	382.5	405.7	451.8	525.3	571.4	623.5	814.1	866.2	985.8	1066.4	1118.5	1238.1	1405.4	1525	1767.7
	不保温	91	101.8	114	132.5	144.7	168.6	192.9	216.8	247.5	368	398.7	447	607	637.1	685.9	917.3	965.6	1116.8

注：1. 支加荷重按充满水计，保温层容重按 500kg/m³ 计。管内介质按 250℃计。

2. 保温管道按方形补偿器，管内介质温度 250℃，固定支架间距按 60m（补偿器居中）；不保温管道按“L”型自然补偿（长臂为 30m、短壁为 10m）。管内介质温度按 100℃考虑。

常用管道支吊架间距表 ρ（km/m^3） **表 14**

外径×厚度（mm）	保温管道				不保温管道
	水泥珍珠岩 $\rho=350$	微孔硅酸钙 250	岩棉管壳 150	岩棉毡 100	
D25×2	2	2.5	3	3	3.5
D32×2.5	2	2.5	3	3	4
D38×2.5	2.5	3	3.5	3.5	5
D45×2.5	3	3.5	4	4	6
D57×3.5	3.5	4	4.5	4.5	7
D73×3.5	4	4.5	5.5	5.5	8.5
D89×3.5	4.5	5.5	6	6	9.5
D108×4	5.5	6.5	7	7	10
D133×4	6	7	8	8	11
D159×4.5	7	8.5	9	9	12
D219×6	10	11	12	12	14
D273×7	11	12	13	13	14
D325×8	13	14	15.5	15.5	16
D377×9	15	16	17	17.5	18
D426×9	16	17.5	18.5	18.5	20

热力管道固定支架最大允许距离表（m） **表 15**

补偿器种类 \ 管道公称直径 *DN*		25	32	40	50	65	80	100	125	150	200	250	300	350	400	450	500	600
方补	地沟或架空	30	35	45	50	55	60	65	70	80	90	100	115	130	145	160	180	200
	无地沟敷设			45	50	55	60	65	70	70	90	90	110	110	110	125	125	125
套管式	地沟或架空								50	55	60	70	80	90	100	120	120	140
	无地沟敷设								30	35	50	60	65	65	70	80	80	85
波形补偿器（有四个圈）									15	15	15	15	20	20	20	20	25	25

一架多管水平推力改正系数表 **表 16**

管道根数	单双管	三管	≥四管
管道牵制系数 ζ	1.0	0.6	0.4

注：支架最大水平推力 $f_{max}=\Sigma f\times\zeta$（kN）

式中：Σf——多管水平推力之和。

非法定计量单位与法定计量单位换算表

表 17

量的名称	非法定计量单位		法定计量单位		单位换算关系
	名称	符号	名称	符号	
力、重力	千克力	kgf	牛顿	N	1kgf = 9.80665N
	吨力	tf	千牛顿	kN	1tf = 9.80665kN
力矩、弯矩、扭矩	千克力米	kgf·m	牛顿米	N·M	1kgf·m = 9.80665N·m
	吨力米	tf·m	千牛顿米	kN·m	1tf·m = 9.80665kN·m
应力、材料强度	千克力每平方毫米	kgf/mm^2	牛顿每平方毫米（兆帕斯卡）	N/mm^2（MPa）	$1kgf/mm^2 = 9.80665N/mm^2$（MPa）
	千克力每平方厘米	kgf/cm^2	牛顿每平方毫米（兆帕斯卡）	N/mm^2（MPa）	$1kgf/mm^2 = 9.80665N/mm^2$（MPa）
弹性模量变形模量	千克力每平方厘米	kgf/cm^2	牛顿每平方毫米（兆帕斯卡）	N/mm^2（MPa）	$1kgf/cm^2 = 0.0980665N/mm^2$（MPa）
土建常用单位	吨力每平方米	tf/m^2	牛顿每平方毫米（兆帕斯卡）	N/mm^2（MPa）	$1tf/m^2 = 9.80665kN/m^2 \approx kPa$
	吨力每立方米	tf/m^3			$1tf/m^3 = 9.80665kN/m^3$

注：非法定计量单位与法定计量单位的换算，可采用近似整数换算值。例如：1kgf≈10N。

$1kgf/cm^2 \approx 0.1N/mm^2$（MPa）。

参　考　文　献

[1]　建筑地基基础设计规范．GB 50007—2002

[2]　建筑结构荷载规范．(GBJ 9—87) GB 50009—2001

[3]　混凝土结构设计规范．GB 50010—2002

[4]　建筑抗震设计规范．(GBJ 11—89) GB 50011—2001

[5]　钢结构设计规范．GB 50017—2003

[6]　施岚青等编．混凝土结构规范应用指南．1991

[7]　建筑结构静力计算手册．中国建筑工业出版社，1974

[8]　建筑结构设计手册·管道支架．中国建筑工业出版社，1973

[9]　陈胜颐编．钢结构设计手册．烃加工出版社，1990

[10]　工业锅炉房设计手册．机械出版社，1990

[11]　土建结构计算手册．重庆钢铁设计院，1978

[12]　简明建筑结构设计手册．建筑出版社，1985

[13]　建筑结构综合设计手册．河南省科技出版社，1989

[14]　吴德安主编．混凝土结构计算手册．中国建筑工业出版社，2002

[15]　中南建筑设计院混凝土结构计算图表．中国建筑工业出版社，2002

编　后　话

随着计算机的普遍应用，利用微机进行设计和绘图工作，已成为实现工程设计现代化的重要手段。应用本手册进行热力管道支架设计时，一、支架及基础的计算工作，可利用查本手册的相关图、表来完成；二、绘图工作，可按照本图册的通用图的图形自行编制软件，由绘图机绘出设计图，再将查得的计算结果填入图中。这样便可实现热力管道支架设计工作微机化了。

本设计手册的编制工作始于20世纪80年代，是在边计算、边使用、边修改、边充实，日积月累而成。其中滑动支架通用图，早已成为我院土建设计的通用图，并曾获河北省1991年勘测、设计QC成果发布会二等奖。《架空热力管道支架简化计算图册简介》论文，获1994年河北省土建学会学术交流优秀论文奖，后又发表在《区域供热》1995年第4期上。直埋热力管道固定支墩优化设计一文，发表在《区域供热》2001年4期上。对于支架、支墩的设计新法受到了广泛的欢迎，有不少单位、个人纷纷来信、来电催问手册何时出版，设计人员的迫切心情溢于言语字里行间，我深受感动。我遂于退休之后，昼夜突击，在原来仅有相关图的单纯的图册基础上，进行全面充实、修改，并按正规计算手册的要求，系统编写文字说明、计算例题、摘录设计资料、绘制通用图，前后两次历时两年始完成初稿。该设计手册是积我十年余设计心血之结晶，束之高阁实在可惜，我愿将她奉献出来，以善了我无愧于祖国的夙愿。

本手册初稿经河北省建筑设计院王永祯总工程师审阅，提出了不少宝贵意见，我又作了增补和修改，使之更加完善。我设计院十余位同志又参与校对、绘图、复印等工作，才使本设计手册问世，在此一并特表谢意。

王希杰　2004年9月

于石家庄市热力煤气规划设计院